科学出版社“十四五”普通高等教育本科规划教材

新工科·食品科学与工程类融合创新型系列教材

丛书主编　朱蓓薇　陈　卫

食品加工新技术

主编　廖小军　赵　靓　张洪超

科学出版社

北　京

内 容 简 介

本书共 23 章，主要介绍食品加工领域的代表性新技术，涵盖食品热加工新技术（如欧姆加热技术）、食品非热加工新技术（如超高压技术）、食品单元操作新技术（如膜分离技术）及前沿食品加工新技术（如细胞培养肉组织化构建技术）。书中详细阐述了这些技术的基本原理、工艺流程、关键设备，并结合具体案例陈述了它们在食品加工中的应用方式和实际效果。本书旨在为食品科学与工程、食品质量与安全、食品营养与健康等专业的学生提供较全面的技术解析和实践指导，同时可以帮助读者全面理解现代食品加工技术体系及其发展趋势。

本书适合作为食品科学与工程、食品质量与安全、食品营养与健康等相关专业本科生或研究生的教材，也可供相关领域的专业人士参考。

图书在版编目（CIP）数据

食品加工新技术 / 廖小军, 赵靓, 张洪超主编. -- 北京 : 科学出版社, 2025. 6. -- (科学出版社“十四五”普通高等教育本科规划教材) (新工科·食品科学与工程类融合创新型系列教材). -- ISBN 978-7-03-082541-4

Ⅰ. TS205

中国国家版本馆 CIP 数据核字第 2025TL6311 号

责任编辑：席　慧　林梦阳　韩书云 / 责任校对：严　娜
责任印制：赵　博 / 封面设计：金舵手世纪

科学出版社 出版
北京东黄城根北街 16 号
邮政编码：100717
http:// www.sciencep.com

北京富资园科技发展有限公司印刷
科学出版社发行　各地新华书店经销

*

2025 年 6 月第　一　版　开本：787×1092　1/16
2025 年11月第二次印刷　印张：14 1/2
字数：340 000

定价：59.80 元

（如有印装质量问题，我社负责调换）

编委会名单

主　编　廖小军（中国农业大学）

赵　靓（中国农业大学）

张洪超（中国农业大学）

参　编（按姓氏汉语拼音排序）

戴瑞彤（中国农业大学）　董　丽（中国农业大学）

范大明（西南大学）　高梦祥（长江大学）

季俊夫（中国农业大学）　巨浩羽（河北经贸大学）

劳　菲（中国农业大学）　李春保（南京农业大学）

林松毅（大连工业大学）　刘东红（浙江大学）

令　博（西北农林科技大学）　饶　雷（中国农业大学）

邵乐乐（安徽农业大学）　宋　弋（中国农业大学）

王　洁（南京农业大学）　王绍金（西北农林科技大学）

王文骏（浙江大学）　吴晓蒙（中国农业大学）

肖红伟（中国农业大学）　谢　晶（上海海洋大学）

许　粟（贵阳学院）　张　昊（南京农业大学）

张舒雨（厦门海洋职业技术学院）　张娜娜（江南大学）

章建浩（南京农业大学）　赵　婧（中国农业大学）

总　序

2023年2月教育部等五部门关于印发《普通高等教育学科专业设置调整优化改革方案》的通知中指出，主动适应产业发展趋势，主动服务制造强国战略，围绕“新的工科专业，工科专业的新要求，交叉融合再出新”，深化新工科建设，加快学科专业结构调整。推动现有工科交叉复合、工科与其他学科交叉融合、应用理科向工科延伸，形成新兴交叉学科专业，培育新的工科领域。

食品产业的发展关系国民经济产业的转型升级，深化新工科建设对食品科学与工程类专业的发展提出了新的要求。面对新工科的新背景、新理念、新内容、新要求，需要我们积极探讨食品科学与工程学科的新增长点，在教育理念、培养要求、教育途径等方面进行改革创新，优化食品类专业课程体系建设，带动食品类专业教育创新发展，培养多元化创新型人才，引领食品行业的发展方向。在这样的大背景下，“新工科·食品科学与工程类融合创新型系列教材”应运而生。本系列教材由科学出版社组织，大连工业大学、江南大学、中国农业大学、南昌大学、南京农业大学、浙江大学、东北农业大学、华南农业大学、华南理工大学等多所高校共同参与编写，旨在以物联网、人工智能、大数据等为突破口，扶强培新，进一步凝练学科领域新方向，以育人为初心，构建科教产深度融合的特色人才培养模式。

本系列教材的编写理念突出将现有的食品科学与工程、生物工程、生物技术、大数据、储运物流、市场营销等学科专业向食品营养、安全和生命科学聚集，实现由传统定性的生物营养研究向精准定量、特定人群营养膳食拓展，由传统的食品加工向食品营养与功能食品拓展，由传统的食品加工装备向人工智能制造装备技术拓展。

本系列教材的出版充分体现了工科优势高校要对工程科技创新和产业创新发挥主体作用，综合性高校要对催生新技术和孕育新产业发挥引领作用的特色，推进产教融合、科教融合和双创融合，推动学科交叉融合和跨界整合，培育新的交叉学科增长点，对深化新工科建设，培养复合型、综合型的人才，进一步推动中国食品学科的发展具有重要意义。

中国工程院院士
2023年9月

前　言

食品工业作为国民经济的基础性、支柱性产业，是乡村振兴的重要载体、健康中国的关键支撑，对建设农业强国、推进中国式现代化具有重要作用。2024 年，我国 4.3 万家规模以上食品工业企业实现营业收入超 9 万亿元，占国内生产总值的 6.7%。世界正经历百年未有之大变局，食品加工技术作为食品工业的核心技术，也经历着前所未有的变革。随着科技的不断进步和消费者对健康饮食需求的日益增长，现代食品加工不仅要保障食品安全，还要提升食品的营养、风味等品质，从而满足不同人群和特殊场景的个性化需求。近年来，全球加快布局食品加工制造发展战略，技术创新呈现出绿色化、营养化、数智化等趋势。“十四五”以来，我国食品加工技术取得重要突破，支撑了行业的蓬勃发展，但一些关键节点技术仍然存在基础理论薄弱、装备依赖进口、工艺高耗低效等问题，制约了产业的转型升级。因此，构建并完善食品加工新技术的知识体系，对于推动我国食品产业的高质量发展、提升国际竞争力具有重要意义。

通过编写《食品加工新技术》一书，我们系统梳理了食品加工制造领域的技术突破与发展现状，旨在为食品科学与工程、食品质量与安全、食品营养与健康等专业的学生、研究人员和从业人员提供专业的参考资料。本书系统阐述了现代食品加工技术体系的主要领域，共分为四大部分：食品热加工新技术、食品非热加工新技术、食品单元操作新技术及前沿食品加工新技术。其中第一部分介绍了在传统热加工基础上开展创新延伸的新型物理场热加工技术，包括欧姆加热、微波和射频三个最有代表性的技术，涉及果蔬、肉类、粉体等食品的杀菌、钝酶、干燥等多个应用场景；第二部分聚焦新型非热物理加工技术和基于自由基氧化的“最少加工”技术，既包括商业化程度较高的超高压、超声波、超临界和亚临界流体技术，也包括目前仍在实验测试阶段的低温等离子体、超高压微射流、磁场等技术，涉及果蔬、肉类、水产等食品在预处理、提取、杀菌、发酵、均质等工序的应用；第三部分则探讨了针对分离、干燥、冷冻、包埋等重要单元操作的新型加工技术，旨在进一步提高乳制品、果蔬汁及功能食品等传统或新兴食品的加工效率；第四部分介绍了前沿的细胞培养肉组织化构建、植物肉加工、大数据技术及智能食品工厂，提出了工业 4.0 背景下跨学科知识融合新概念，并展示了其在食品加工领域的创新应用。

本书采用统一的结构编排。每章节开头都提供内容纲要和思维导图，便于读者系统学习和快速查阅。章末设置思考题和主要参考文献，以促进读者的深入理解和应用能力的提升。每章节的主题内容涵盖技术背景、发展历程、主要工艺、装备参数等基础知识，并通过典型案例分析，结合具体应用的详细解读，帮助读者实现理论与实践的有机结合，从而高效掌握食品加工新技术及其实际应用方法。作为新形态教材，全书每章均配有数字化资源，包括设备彩图、原理视频及其他补充资料，为读者提供多维度的学习支持，从而提升整体学习效果。

本书由来自 13 所高校食品领域的知名专家联合编写，他们在各自主题方向拥有丰富的科研经验和深厚的学术背景。其中第一章由廖小军、赵靓、赵婧、张洪超共同编写；第二章由戴瑞彤和邵乐乐共同编写；第三章由范大明和张娜娜共同编写；第四章由王绍金和令博共同编写；第五章由赵靓编写；第六章由刘东红和王文骏共同编写；第七章由饶雷编写；第八章由章建浩和张昊共同编写；第九章由林松毅和张舒雨共同编写；第十章、第十三章和第二十三章由张洪超编写；第十一章由董丽编写；第十二章由高梦祥编写；第十四章由肖红伟和巨浩羽共同编写；第十五章由许粟编写；第十六章由谢晶编写；第十七章由季俊夫编写；第十八章由劳菲编写；第十九章由李春保和王洁共同编写；第二十章由赵婧编写；第二十一章由宋弋编写；第二十二章由吴晓蒙编写。全书总体设计和编排由廖小军完成，全书由廖小军、赵靓和张洪超统稿并做文字润色。

习近平总书记在党的二十大报告中强调："深入实施制造业重大技术改造升级和大规模设备更新工程，推动制造业高端化、智能化、绿色化发展，让传统产业焕发新的生机活力。"联合国粮食及农业组织在"The future of food and agriculture: trends and challenges"中明确了2050年提高农业生产力以满足50%的增长需求，其中食品加工是重要的支撑环节。国内外相关战略决策都直接或间接地提出对食品加工技术创新的迫切需求。本书的编写正是在这样的全球共识背景下，旨在为读者提供一个全面深入、专业可靠、与时俱进的现代食品加工技术学习平台。

科学出版社的编辑们在全书编写过程中给予督促鼓励并提出修改建议，在此致谢。同时也感谢北京软体机器人科技股份有限公司、山西力德福科技有限公司、北京速原中天科技股份公司为本书提供了丰富的数字资源支持。由于教材篇幅的限制、知识更新的动态性及资料收集的局限性，书中难免有疏漏或不足之处，希望得到同行专家和广大读者的建议和指正，以便我们在后续版本中进行补充和更正。

编　者

2025年5月于北京

目　录

《食品加工新技术》教学课件索取单

凡使用本书作为教材的高校主讲教师，可获赠教学课件一份。欢迎通过以下两种方式之一与我们联系。

科学 EDU

1. 关注微信公众号“科学EDU”索取教学课件

关注→“样书课件”→“科学教育平台”

2. 填写教学课件索取单拍照发送至联系人邮箱

姓名：	职称：	职务：
学校：	院系：	
电话：	QQ：	
电子邮箱（重要）：		
所授课程1：		学生数：
课程对象：☐研究生　☐本科（　　年级）☐其他		授课专业：
所授课程2：		学生数：
课程对象：☐研究生　☐本科（　　年级）☐其他		授课专业：
使用教材名称/作者/出版社： 食品专业教材 最新书目		

联系人：林梦阳　咨询电话：010-64030233　回执邮箱：linmengyang@mail.sciencep.com

第一章 绪　　论

本章系统梳理食品加工技术从传统热加工向非热处理、智能化制造的发展历程，通过简述食品加工新技术的主要类别、应用现状和发展趋势，建立全书的内容知识框架，明确其在提升食品安全、营养保留及低碳转型中的核心价值。

本章思维导图

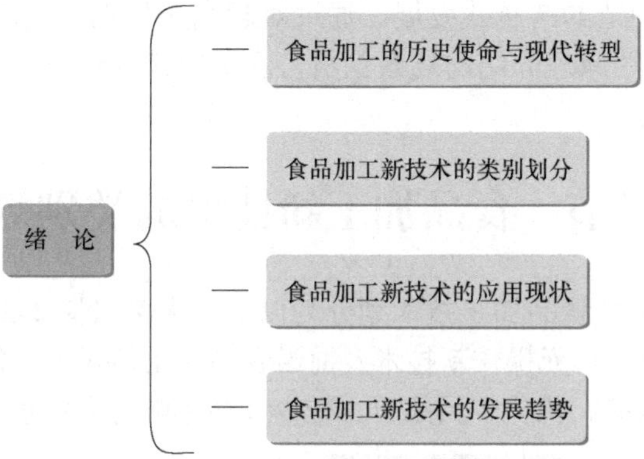

第一节 食品加工的历史使命与现代转型

食品加工是人类文明发展的重要基石。从蒙昧时期的火燎烟熏、自然发酵，到工业革命催生的罐头封装、低温贮藏，每一次技术革新都深刻重塑了人类与食物的关系。19 世纪初，法国人 Nicolas Appert 开创性地采用玻璃罐密封结合沸水杀菌技术，成功实现了军用食品的长效保存。这项为拿破仑军队研发的保鲜技术，不仅开启了食品工业化生产的先河，更在客观上推动了近代食品科学体系的建立。然而，直到半个世纪后，Louis Pasteur 揭示了微生物代谢与食品腐败的本质关联，人类才真正破解食品热处理技术的科学密码。经历两个世纪的发展，热处理技术至今仍是现代食品工业中最具普适性的加工方式。

纵观人类文明史，食品加工技术的迭代演进显著提升了食物系统的稳定性。通过有效控制有害致病菌与腐败菌，不仅大幅延长了食品的保质期，还显著降低了食源性疾病的发生率。更重要的是，这一过程催生出了数以万计的食品新形态，并通过全球食品的流通构建起横跨五大洲的贸易网络。

进入 21 世纪，面对全球人口突破 80 亿的生存压力、气候剧变带来的生态挑战，以及消费者对品质安全的极致追求，食品工业迎来了“高效-绿色-智能”的发展新纪元。传统加工技术在品质调控、营养保留、环境能耗等方面的局限性日益凸显，如巴氏杀菌可能导致食品中热敏性维生素损失高达 50%以上，冷冻干燥工艺的碳排放量可达 300kg/t 产品，超加工食品摄入对人体健康的影响受到关注。在此背景下，以非热加工、精准智控、低碳循环为特征的食品加工新技术正在重塑全球食品工业的价值链条。图 1-1 展示了食品加工技术发展的历史进程和转型方向。

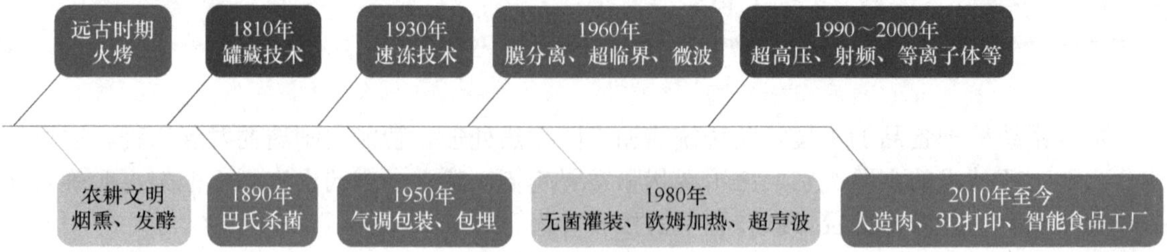

图 1-1　食品加工技术简史

本书聚焦现代食品加工领域的关键技术，系统梳理了食品加工技术从热加工到非热加工、从传统工艺到智能制造的跨越式发展。通过对超高压处理、高压脉冲电场、食品 3D 打印等 20 余项代表性技术的原理介绍与场景剖析，旨在为读者构建一个全面、专业、立体的现代食品加工技术知识体系。

第二节　食品加工新技术的类别划分

在本书中，我们将新型食品加工技术划分为以下四大类（图 1-2）：食品热加工新技术、食品非热加工新技术、食品单元操作新技术及前沿食品加工新技术，各类技术通过不同的作用机制，在提升食品加工效率、优化产品品质、减少环境影响等方面展现出显著的优势。

图 1-2　食品加工新技术的类别划分

1．食品热加工新技术　作为应用最为广泛的食品加工手段，热处理技术通过较高温度实现杀菌、干燥、浓缩、漂烫等核心功能。其关键在于对食品物料温度分布的准确控制。传统外源加热方式自外向内的传热机制导致物料内外温差显著，当物料内部中心达到适宜温度时，外部难免过热，致使热敏性营养成分流失。而基于电磁场作用的欧姆加热、微波加热等技术，则通过物料内部产热，将传热效率提升 2～3 倍，降低了热加工对食品品质的负面影响。近年来，新型热加工技术在实验室和工业级别的应用都取得了一定的突破。然而，由于具体物理加热机制的差别，此类技术的工程化应用仍需解决电磁场均匀性控制、连续化设备设计等关键问题。

2．食品非热加工新技术　非热加工新技术在常温或低温条件下通过物理场效应实现加工目标，主要包括超高压技术（HPP）、高压脉冲电场（PEF）等。近 20 年来，非热加工新技术已成为食品加工技术领域的热点方向。由于这些技术在食品杀菌、钝酶、改性等处理过程中没有明显的热效应，因此在食品营养提升和风味保留方面具有显著优势。然而，非热加工新技术的作用原理相对于热加工更加复杂，目前这方面的研究还有待进一步深入；同时，此类技术在装备制造和成本方面也提出了更高的要求，亟待进行更高程度的商业化应用研发。

3．食品单元操作新技术　涉及分离、干燥等基础工序的加工技术革新对提升制造效率具有关键作用。例如，膜分离技术通过材料创新（如陶瓷膜、石墨烯膜）提升了分离精度，新型冷冻技术采用液氮喷雾速冻可精准调控果蔬细胞内冰晶尺寸。这些技术创新在提升食品加工效率和产品品质方面发挥了重要作用，对食品工业的绿色化、高端化转型和可持续发展具有重要价值。

4．前沿食品加工新技术　“未来食品”和“食品智造”等概念已经成为食品前沿方向的高频词汇。在生物合成、人工智能等新兴技术的加持下，食品加工领域也催生了新一代前瞻性技术。例如，细胞培养肉组织化构建技术通过三维支架和生物反应器实现肌肉组织体外培育，食品 3D 打印技术结合流变学调控定制化生产特殊膳食产品，智能食品工厂系统通过工业物联网实现工艺参数实时优化等。这些技术虽处于产业化初期，但通过跨学科交叉融合，推动着颠覆现有食品制造模式的新变革。

第三节　食品加工新技术的应用现状

现代食品加工新技术的研发与商业化应用大多集中于欧美等发达国家，由少数头部企业实现商业化生产。在基于传统加工工序升级的技术中，膜分离、干燥、急冻技术等早期创新已形成较为成熟的应用体系。近年来，超高压技术、植物肉加工技术和微波技术等新兴领域在不同细分市场实现了较高程度的商业化应用。其中，超高压技术处于产业化领先地位，而低温等离子体、欧姆加热、脉冲强光等技术也已进入局部应用阶段，展现出优异的发展潜力。同时，增材制造、智能食品工厂、大数据等跨学科技术发展迅速，已积累多个具体应用案例，并呈现出广阔的市场前景。当前尚未实现商业化应用的技术普遍面临成本过高、安全性待验证及机制研究不足等问题，但通过技术迭代与产业链协同优化，预计将在短期内取得实质性突破。表 1-1 所列代表性案例表明，食品加工新技术的商业化产品正逐步进入消费市场，有效提升了食品工业的整体发展水平。

表 1-1　食品加工新技术的代表性商业化应用实例

技术名称	公司品牌	产品类型	工艺参数	市场反馈
超高压技术	法国 Cinq Degrés Ouest	生鲜水产制品	压强 200～300MPa，加工时间约 90s	出肉率可达 100%，货架期延长 2 倍
	中国润兴、唯可鲜	非浓缩还原果蔬汁	压强 400～600MPa	进入中国大众消费市场，风味、营养、品质广受好评
	美国 Hormel Foods	即食肉制品	压强 400～600MPa	生产鸡胸肉、火腿切片等，进入欧美市场

续表

技术名称	公司品牌	产品类型	工艺参数	市场反馈
脉冲强光技术	美国 Xenon	果蔬或装备表面消毒	波长 200～1100nm，脉冲频率 1～20 次/s	多种型号商业化设备，可用于连续化生产线
微波技术	印度 Tata Smart Foodz	预制调理食品	微波 915MHz 辅助高温灭菌	在印度市场得到风味、营养、品质好评
细胞培养肉组织化构建技术	新加坡 Eat Just	人造鸡肉制品	鸡成纤维细胞系，选择性培养诱导生长	通过新加坡监管审查，全球首个获批销售的细胞培养肉产品
增材制造技术	瑞士 Mona Lisa 3D Studio	定制化巧克力	结合熔融沉积成型与热响应设计	服务高端餐饮，全球首款规模生产的个性化 3D 打印巧克力
植物肉加工技术	美国 Impossible Foods	植物基汉堡肉饼	利用高水分挤压技术模拟肉的质构	在全球数万家超市和餐厅销售，取代部分传统肉制品市场份额

近年来，我国食品加工新技术的研究和应用呈现追赶态势。食品加工新技术研发体系呈现系统性突破，国家知识产权局数据显示，2023 年我国食品加工相关的授权专利数量占全球总量的近 60%。同时，食品加工装备制造能力逐步提升，高速无菌灌装等生产线实现进口替代，超高压等非热杀菌装备也打破了国外垄断。在标准体系建设方面，国家标准化管理委员会已发布《超高压食品质量控制通用技术规范》（GB/T 41645—2022）等国家标准，覆盖非热加工、智能装备等新兴领域。这种“基础研究-工程转化-标准引领”的创新生态，正加速我国从技术追随者向并行领跑者转变。

第四节　食品加工新技术的发展趋势

食品加工技术的迭代，本质上是基础科学认知与工程实践结合的产物。自 Nicolas Appert 发明罐藏技术以来，食品工业已历经三次技术革命：19 世纪的机械化热加工、20 世纪的自动化控制、21 世纪的数字化赋能。当前，全球食品工业正处于第四代技术变革期，随着消费者对食物、营养、安全科学认识的深入，提出了个性化新需求，这一趋势正推动食品加工技术朝着更高效、更环保、更智能的方向发展。食品加工新技术未来发展的热点方向可总结为以下几点。

1．智能化生产系统　基于工业 4.0 架构的智能工厂正在重构生产范式。通过物联网、人工智能和自动化技术的高度整合，食品生产将实现更高的效率和更强的灵活性。例如，通过物联网传感器实时采集温度、pH、黏度等多种关键工艺参数；结合数字孪生技术构建预测模型，实现杀菌效率动态优化。基于加工、物流、仓储乃至消费端全链条的数据共享，以及强大的深度学习算法体系，加工过程智能控制将得到大幅提升。

2．协同增效技术体系　多技术联用成为突破单一技术瓶颈的有效路径。通过“HPP＋”技术，如超高压技术（HPP）联合温和热处理（55～60℃），可将芽孢灭活效率提升 2～3 个对数。通过破解能量场耦合机制、工艺参数匹配等关键问题，利用不同加工技术的协同效应，可以取长补短，实现功能的全面化和效能的最大化。

3．个性化精准制造　个性化定制技术正从概念验证走向产业化。食品 3D 打印技术通过调控材料的流变特性和热传导系数，已实现食品质构参数±5%的精确控制，为食品个性定制的生产模式做出了优秀样板。营养医学研究表明，基于代谢组学数据生成个性化配方，可以提高个体对营养的吸收率。消费者的营养需求和饮食偏好将催生更多的个性化产品及更灵活的生产制造方式。

4．可持续低碳技术 联合国《2030 年可持续发展议程》提出消除饥饿、保障粮食安全、推广低碳加工技术等可持续发展目标（SDG）。例如，超临界流体技术可以大量减少化学试剂的使用、降低能耗；细胞培养肉和植物肉生产较传统养殖业可降低土地使用面积、减少温室气体排放。随着环保意识的增强，可持续食品加工技术将受到更多关注。

思 考 题

1．食品加工技术发展中的里程碑有哪些？

2．列举 1～2 项食品加工新技术的商业化应用案例。

3．食品加工新技术的未来发展有哪些推动因素？

主要参考文献

廖小军，赵婧，饶雷，等．2022．未来食品：热点领域分析与展望．食品科学技术学报，40（1）：1-14

Khouryieh H A. 2021. Novel and emerging technologies used by the U.S. food processing industry. Innovative Food Science and Emerging Technologies, DOI:10.1016/j.jfset.2020.102559

Knorr D, Watzke H. 2019. Food processing at a crossroad. Frontiers in Nutrition, 6: 1-8

第二章　欧姆加热技术

欧姆加热（Ohmic heating），又称焦耳加热或通电加热，是一种新型的产品热加工技术，利用产品物料本身具有电阻，当电流通过时可直接将电能转化成热能，从而使产品快速且均匀地升温。本章将介绍欧姆加热技术的发展进程、原理、装备及其对食品中常见微生物的杀菌效果与机制，并以果蔬加工为典型案例进行介绍。

本章思维导图

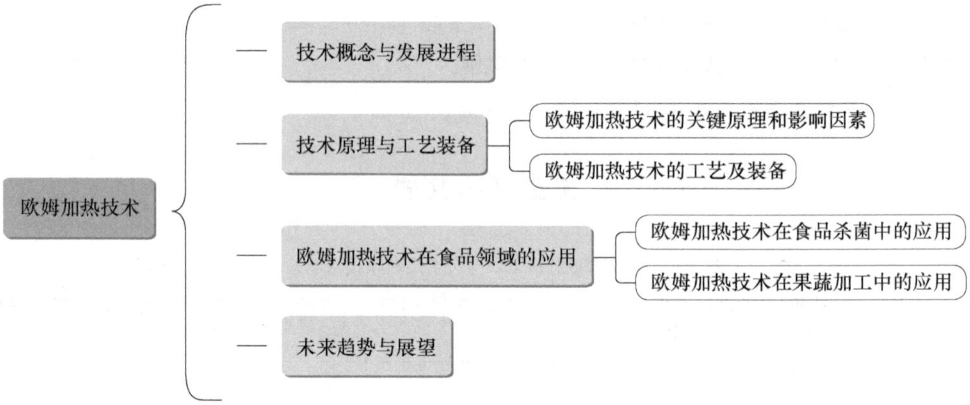

第一节　技术概念与发展进程

热处理是食品行业应用最广泛、历史最悠久的加工方式之一。传统热处理技术基于热传导、热对流和热辐射的传热机制，可有效控制微生物，保证加工产品的安全性。然而传统热处理技术也存在诸多缺陷，如其传热速率取决于传导、对流或辐射。在许多传统热处理中，热量首先由加热介质（如热水、水蒸气）传递给与其直接接触的食品物料表面，然后依靠食品物料内部的对流和传导进行热量传递，从而使全部物料达到所要求的温度。要使物料内部达到目标温度，其外部必然过热，这势必会导致产品温度分布不均、营养物质遭破坏、感官品质严重劣化。为了解决传统热处理技术存在的上述问题，近年来许多新型热加工技术逐渐受到关注，如欧姆加热技术。

1841 年，焦耳定律的发现揭示了电能和热能的转化关系，同时也为欧姆加热技术的发展奠定了理论基础；19 世纪末，电的商业化应用为欧姆加热技术的发展奠定了现实基础。欧姆加热技术的发展历史可以追溯至 1882 年，当时，Flower 率先研制出了用于加工肉的欧姆加热装置；1897 年，Jones 发明了用于液体食品杀菌的欧姆加热设备（Jaeger et al.，2016）。20 世纪初逐渐有了利用电能加热物料的专利技术；1920 年，美国进行了欧姆加热的首次商业化应用，当时主要采用碳电极和 220V、60Hz 交流电加热，并将其用于牛奶的消毒，加工人员将该过程称为“Electropure”处理。至 1950 年，已经有 50 家工厂使用该技术加工生产牛奶，消费者数量也达到5万名左右。在此期间，欧姆加热技术也获得了多项美国专利授权，如香肠的电加热技术、蔬菜的电加热漂烫技术等。然而，由于当时存在技术和材料上的问题，同时用电成本的增加和其他热处理技术的进步（如超高温瞬时灭菌技术），欧姆加热技术逐渐衰退。直至20世纪80年代，欧洲学者关注到欧姆加热技术在食品杀菌储藏领域的潜力，才使得该技术逐渐迎来复兴。1984年，英国APV Baker公司设计制造了连续型欧姆加热设备，可使高温瞬时技术推广应用于含颗粒（粒径高达25mm）食品的加工。自1991年以来，英国、日本、法国和美国已将该技术及设备应用于低酸或高酸性食品的加工（高福成和郑建仙，2020）。欧姆加热技术具有加热均匀、升温迅速、环境友好、能量利用率高、易操作、加工食品品质好等优点，因此，近年来欧姆加热技术已被广泛应用于杀菌、漂烫、提取、干燥和解冻等食品加工领域。

数字资源2-1

第二节　技术原理与工艺装备

一、欧姆加热技术的关键原理和影响因素

（一）欧姆加热的原理

如图2-1所示，欧姆加热是利用食品物料自身的导电性来加工食品物料。当电流通过食品物料时，由于食品物料自身的阻抗作用，可以将电能直接转化成热能，从而达到加热食品物料的目的。食品物料是否适合欧姆加热取决于该食品的导电性。绝缘体如不能离子化的共价键流体油脂、乙醇、糖浆，以及非金属的固体物质如骨质成分、纤维素、冰晶等，不能直接使用欧姆加热技术（李冬生和曾凡坤，2007）。所幸的是绝大多数食品均含有溶解了一定量离子盐的游离水，因此便成了导体。能用泵送的食品，其水分含量都在30%以上，具有导电性，所以可有效地使用欧姆加热技术。

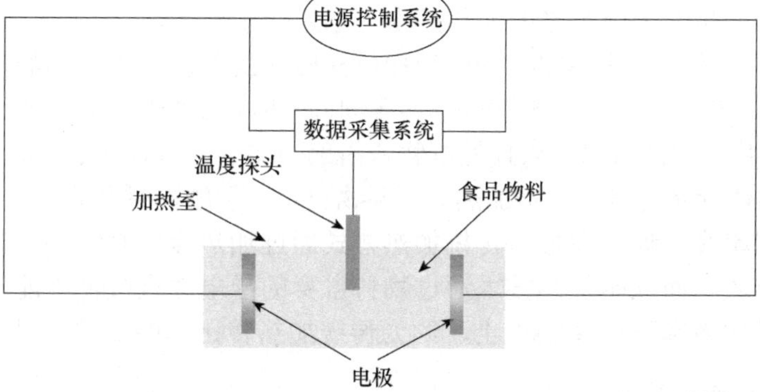

图2-1　欧姆加热的原理

根据焦耳定律，欧姆加热过程中产生的热量（Q）可由下述公式求得：

$$Q=(U^2/R)\cdot t \tag{2-1}$$

式中，Q为热量（J）；U为电压（V）；R为电阻（Ω）；t为时间（s）。

在被加热物料内部的任一点，通入电流所产生的热量（Q）可通过下式计算得到：

$$Q=K(\mathrm{grad}V)^2=K(\nabla V)^2 \tag{2-2}$$

式中，Q 为某点处产生的热量（W/m^3）；K 为某点处的电导率（S/m）；grad$V$ 为任一点处的电位梯度（V/m）；∇为符号算子 $\frac{\partial}{\partial x}\vec{i}+\frac{\partial}{\partial y}\vec{j}+\frac{\partial}{\partial z}\vec{k}$，其中 x、y、z 分别为坐标轴 x、y、z 的值，$\vec{i}$、$\vec{j}$、$\vec{k}$ 分别为 x、y、z 轴上单位向量。

电位分布可由 Laplace 方程给出，即

$$\nabla(K\nabla V)=0 \tag{2-3}$$

且电位分布取决于介质中电导率的分布及设备的几何形状。

物料内部产生热量必将引起温度的变化。温度变化除了与电化学性质有关，还与物料的密度（ρ，kg/m^3）、比热容［C_p，J/（kg·K）］和热导率［λ，W/（m·K）］有关。

对于黏稠的液体或固体（即无对流），结合系统内任一点处的热量产生和热量传递方程可得

$$\nabla(\lambda\nabla T)+Q=\rho C_p\frac{\partial T}{\partial t} \tag{2-4}$$

式中，∇T 为系统内任一点处的温度变化情况。

已知物理性质随温度变化的关系的数据，由式（2-2）～式（2-4）求得温度场后，即可代入下式，以计算合理杀菌强度（F）值条件下所必需的杀菌时间（t）。

$$F=\int_0^t 10\frac{T-T_{ref}}{z}\mathrm{d}t \tag{2-5}$$

式中，T_{ref} 为参考点温度；z 为在特定灭菌条件下，微生物的 D 值（杀灭 90%原有微生物所需时间）变化一个对数单位（即缩短 90%）时所需改变的温度值。

欧姆加热可视为一种内部产热技术，不依赖于两相间的热传递，基于其独特的加热原理，与传统加热方式相比，欧姆加热技术的优势主要体现在如下几方面。

（1）加热速率大。传统加热方式大多通过热传导、热对流和热辐射将热量从加热介质传递到食品物料表面，而后热量在物料内部进行传递，而欧姆加热的热量则是电流在食品物料的阻抗作用下直接产生，因此后者的加热速率可远远快于前者。

（2）加热均匀。欧姆加热不需要物料和加热介质间的温差作为传热的推动力，而是在物料的整个体积内自身产生热量。当被加热物料各向同性时，欧姆加热没有传统加热过程中热量传递存在的温度梯度，因此可以有效地控制物料内部的加热历程和冷点。对于液体、含颗粒的液体、半固体及固体食品物料，欧姆加热可实现物料内外层的同时升温。

（3）能量利用率高，环境友好。传统加热方式通过加热介质对物料进行加热，在加热过程中有大量热量损失，而欧姆加热技术通过物料自身的导电性直接把电能转化成热能，热量损失较少，能量转化效率可达 95%以上，约为传统加热转化率的 2 倍，且不存在热惯性。

（二）影响欧姆加热的因素

1. 电导率 电导率（σ，S/m）是影响欧姆加热速率的关键性参数。在恒定电压强度下，欧姆加热过程中产生的热量与电导率呈正相关。食品物料的电导率并不是常数，其与温度、离子强度、黏度、质构、固形物含量和非导电成分（如脂肪和气泡等）有关。通常认为，室温条件下电导率在 0.01～10S/m 的食品物料适合使用欧姆加热处理（Cappato et al.，2017）。食品物料按照电导率可分为三类：导电性好的食品（$\sigma>0.05$S/m）、导电性适中的食品（0.005S/m$\leqslant\sigma\leqslant$

0.05S/m）和导电性差的食品（σ<0.005S/m）。在室温下，果汁的电导率为 0.1～1.6S/m，水果和切片蔬菜的电导率为 0.05～0.15S/m，猪肉的电导率为 0.64～0.86S/m。上述食品物料的电导率均大于 0.05S/m，适合使用欧姆加热技术处理。而纯水的电导率较差，为 0.055μS/m，因此未加盐的自来水一般不适宜使用欧姆加热技术处理。

食品物料的电导率会随温度的升高而增加，这是由于温度升高时食品物料的黏度会下降，同时离子移动速度也会加快。在欧姆加热的过程中，西瓜汁、葡萄柚汁、杏泥和肉块的电导率均随温度的升高而呈线性增加，电导率随温度变化的线性函数关系如式（2-6）所示。除此之外，有研究表明，利用欧姆加热技术处理草莓果浆（26.5°Brix）过程中，电导率与温度呈二次函数关系，这可能是由于果浆中存在空气（Castro et al.，2004）。气泡的电导率可视为零，有研究人员发现，利用欧姆加热技术浓缩桑葚汁时，当温度超过 41℃时会形成气泡，导致电导率下降，研究者认为气泡是由高电流密度区域的沸水或者电极附近电化学反应副产物（如 H_2 和 O_2）所致（Darvishi et al.，2020）。

$$\sigma_T = \sigma_{ref}\left[1 + m\left(T - T_{ref}\right)\right] \tag{2-6}$$

式中，σ_T 为温度 T（℃）时的电导率（S/m）；σ_{ref} 为参考点温度 T_{ref}（℃）时的电导率（S/m）；m 为常数。

2．电场强度 根据焦耳定律，外加电场强度增加时欧姆加热速率也会增加。外加电场强度受到输入电压和电极间距的影响。例如，输入电压为 400～4000V，当电极间距为 10～15cm 时，欧姆加热的电场强度可达到 20～400V/cm。在食品物料理化性质不变的情况下，可综合考虑物料流量、物料比热容和升温速度后确定电场强度。

3．食品物料的理化性质 食品组成成分对欧姆加热的效果有显著影响。由于脂肪的导电性较差，食品中的脂肪含量对其电导率有显著影响。脂肪颗粒对电流具有阻碍作用，通常随着脂肪含量的增加，食品电导率下降。含淀粉质的颗粒对欧姆加热也有影响，主要是淀粉糊化使液体黏度增加。固体颗粒种类、大小、数量也会影响食品的电导率，加热速率也会随之变化。除了脂肪含量，有研究表明液体食品的浓度同样对其电导率有明显影响。在使用欧姆加热浓缩桑葚汁时，其电导率随着水分含量的下降而增加。随着水分的蒸发，离子浓度的增加是电导率增加的主要原因。有研究表明，在藤黄果汁欧姆加热巴氏杀菌过程中，电导率也随果汁浓度的增加而升高，这是因为在浓度较高的果汁中，单位体积的导电性成分（如有机酸、矿物质和维生素等）含量也较高（Khuenpet & Jittanit，2020）。然而，Icier 等（2017）却发现，当石榴汁中总可溶性固形物（total soluble solid，TSS）含量达到 25%～40%时，在欧姆加热处理（7.5V/cm）过程中，石榴汁的电导率随浓度的增加而下降。出现上述现象可能是因为当果汁浓度较大时，含量较高的糖和 TSS 会阻碍果汁中离子的移动。

二、欧姆加热技术的工艺及装备

虽然欧姆加热的原理仅是将通过食品物料的电能转化成热能，但欧姆加热系统的设计需要考虑诸多因素，如食品物料的电导率、输入电压强度、电极材料及其位置和电极间距等。欧姆加热设备一般主要由电源、电极、加热室（加热单元）和数据采集系统（基本由传感器和电脑组成）组成，在进行规模化生产时还需要可调变压器、接地故障保护装置和其他安全防护装置。对于连续式欧姆加热设备则还需要泵、连接管、阀门和流量控制系统等。

（一）电源

电源作为欧姆加热系统的供电设备，其选择会直接影响欧姆加热对食品物料的处理效果。欧姆加热设备的电源可分为直流电和交流电两类。由于直流电在处理过程中可发生明显的电极反应和电化学反应而造成电极腐蚀和食品污染，因而极少使用。交流电又可分为低频交流电（50Hz 和 60Hz）和高频交流电。在欧姆加热技术早期研究的过程中，所采用的电源多为低频交流电，近年来随着对欧姆加热技术研究的深入，研究人员发现低频电源也会引起食品物料的电化学反应，而高频电源则能有效降低电极材料的腐蚀和黏附污染等问题。除了频率，欧姆加热设备所采用的交流电波形也会对电导率和加热过程产生重要影响。有研究表明，使用 4Hz 正弦波和锯齿波作为欧姆加热电源处理萝卜时，其电导率在相同温度下要显著高于方波处理组（Lima & Sastry，1999）。

（二）电极

电极是欧姆加热系统的重要组成部分，每个欧姆加热设备至少包含两个电极。电极与食品物料直接接触，因而电极材料的选择不仅影响欧姆加热效率，还对最终产品的质量具有重要作用。自 19 世纪提出欧姆加热技术之后，电极材料一直是制约其大规模应用的重要因素。随着新型导电材料的出现，研究人员尝试过不锈钢电极、铝电极、石墨电极、铂金电极、钛电极、镀铂钛电极等。当采用铝电极时，如果电场的变化频率大于离子的扩散移动速度时，会发生电极的腐蚀和食品物料的分解；金属钛的化学性质较稳定，不容易被腐蚀，适合作为欧姆加热装备的电极，但是其成本较高，加工性能不好。综合考虑材料的价格、电阻和产品质量等因素，不锈钢是制作欧姆加热设备电极的最佳材料。同时，合理增加电源的频率可有效阻止电极腐蚀和金属分解。

数字资源 2-2

（三）加热室（加热单元）

常见的欧姆加热装置可分为批式（间歇式）和连续式。两者的主要差别是后者需要管道系统和泵来输送食品物料。无论是批式欧姆加热设备还是连续式欧姆加热设备，加热室都是非常重要的部件。

典型批式欧姆加热设备的加热室有两种类型：一种是由绝缘圆筒和一对电极组成的圆筒状加热室（图 2-2A），另一种是由绝缘盒和一对电极组成的盒状加热室（图 2-2B）。盒状加热室属于半开放式，因此常被用于食品的浓缩和解冻。加热室绝缘材料一般有聚四氟乙烯、聚碳酸酯、耐热玻璃、聚氯乙烯等。美国俄亥俄州立大学的 Sastry 教授等曾设计了一款由一对薄片电极和绝缘软包装材料组成的可变形加热室，用于长时间太空旅行中给食品加热。

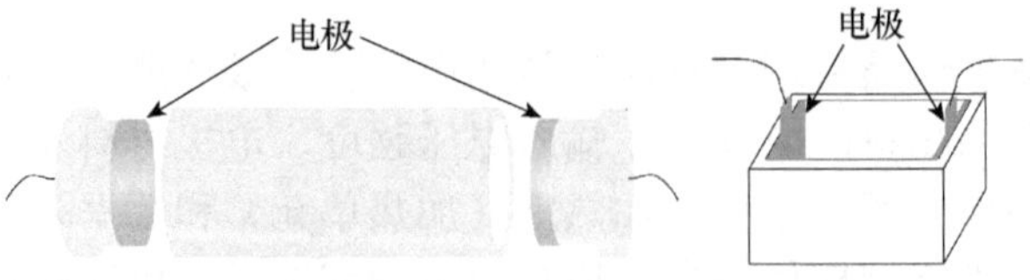

A 圆筒状加热室　　B 盒状加热室

图 2-2　批式欧姆加热设备的加热室

批式欧姆加热设备制造和维修方便，但其容量小、单机生产能力不大，适用于小批量生产或作为试验设备。

与批式欧姆加热设备相比，连续式欧姆加热设备的加热室要更加多样。根据食品物料运动方向与电场方向的关系，可以将连续式欧姆加热设备的加热室分为错流式和并流式两大类。错流式加热室的食品物料运动方向与电场方向垂直。根据电极形状和位置，错流式加热室有平板电极加热室、同轴电极加热室、平板多孔电极加热室。并流式加热室的食品物料运动方向与电场方向平行，可分为环状电极加热室、圆柱电极加热室和矩形电极加热室（图 2-3）。

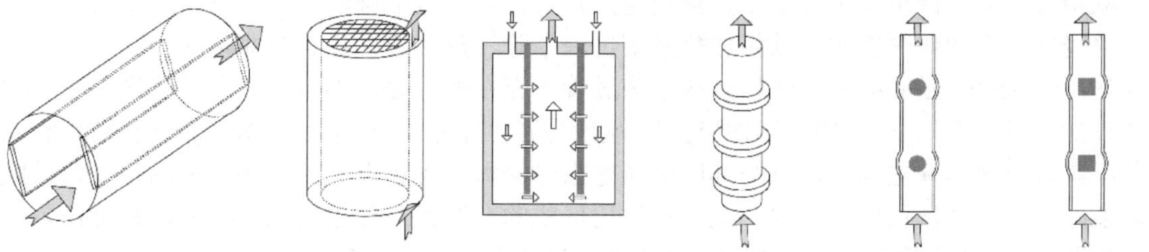

图 2-3　连续式欧姆加热设备的加热室（引自单长松等，2017）

第三节　欧姆加热技术在食品领域的应用

一、欧姆加热技术在食品杀菌中的应用

（一）欧姆加热的杀菌效果

欧姆加热对多种不同食品体系均具有显著的杀菌效果，如果汁、香肠、牛奶、豆浆、肉糜、大豆酱等。电场强度和频率都会影响欧姆加热的杀菌效果。一般而言，随着电场强度的增加，欧姆加热的杀菌效率也随之增加。有研究报道，在相同温度条件下，所有欧姆加热处理组（5V/cm、10V/cm 和 20V/cm，20kHz）对生理盐水中枯草芽孢杆菌（*Bacillus subtilis*）芽孢的杀灭效果均好于传统加热处理组，其中 20V/cm 欧姆加热效果最佳（Murashita et al.，2017）。另外，电场强度对不同种类微生物的作用也有差异。酵母对欧姆加热更为敏感，而细菌和真菌则次之。欧姆加热对微生物的作用机制仍不清晰。一方面，当频率较低时，跨膜电位振荡较小，延长了细胞内离子适应电场的时间，从而导致结合在细胞壁内壁的离子数量增加，增强了非热效应的效果；另一方面，当频率较高时，单位时间内电场振荡次数增加，离子与细胞膜（壁）碰撞的概率增加，因而可能会对细胞造成更多的破坏。

除了欧姆加热设备参数对其杀菌效果有显著影响，食品体系的成分及理化特性同样对杀菌效果起到关键作用。有学者发现，欧姆加热处理 1min 即可使脱脂奶中单增李斯特菌（*Listeria monocytogenes*）数量从 5.6log CFU/mL 降至检测限以下（＜1log CFU/ mL），而相同条件的传统加热处理仅使细菌数量下降 3.65log CFU/mL（Kim & Kang，2015）。该研究团队进一步利用欧姆加热技术将脱脂奶和奶油分别加热到 65℃并保持 1min，两种产品所含大肠杆菌数量分别下降 4.96log CFU/mL 和 1.48log CFU/mL。欧姆加热对脱脂奶的杀菌效果显著优于传统加热，而这两种加热方式对奶油的杀菌效果则无显著差异。pH 对经欧姆加热处理的柑橘汁中鼠伤寒沙门菌的杀菌效果同样有显著影响，pH 2.5 时杀菌速率最快，其次为 3.0、4.5、4.0 和 3.5。果汁中的有机酸（如苹果酸和柠檬酸）可渗透进入细菌中导致其细胞内 pH 降低。在 pH 较低的果汁中，酸效应可与欧姆加热协同作用于细菌的细胞膜、DNA 和酶等，从而导致细菌更易死亡。

（二）欧姆加热杀菌机制研究进展

欧姆加热的杀菌机制主要基于其热效应，热效应可导致细菌酶失活和蛋白质变性等。但近年来越来越多的研究表明，欧姆加热杀菌过程中除了热效应，还存在非热效应。其中，电穿孔作用（electroporation）是欧姆加热杀菌过程中存在的主要非热效应。电穿孔作用是指细菌在外加电场的作用下，细胞膜出现孔洞，从而导致细胞膜的通透性增加，细胞内容物泄漏。细胞膜具有特定的介电强度，且与其脂质（充当绝缘体）含量有关，当外加电场强度超过膜的阈值时，电穿孔作用即可发生。电穿孔作用形成的孔洞大小与电场强度有关，并可在短时间内重新复原。有学者研究了欧姆加热的外加电场对酿酒酵母（*Saccharomyces cerevisiae*）细胞壁、细胞膜和细胞内容物的影响，研究结果表明，酵母细胞内的多种重要成分，包括氨基酸、蛋白质、核酸、辅酶等泄漏到培养基中，且当温度低于 50℃时，传统加热和欧姆加热处理所致细胞内容物泄漏量相似；而当温度超过 50℃时，欧姆加热处理细胞内容物泄漏量要高于传统加热处理组（Yoon et al.，2002）。该研究者经过进一步研究发现，细胞内容物泄漏量与酵母细胞损伤程度和加热方式有关，且蛋白质泄漏量随欧姆加热电场强度的升高（10～20V/cm）而显著增加，20V/cm 处理组泄漏的蛋白质和核酸量分别是 15V/cm 处理组的三倍和两倍。

尽管欧姆加热处理所采用的交流电可大大减少电化学反应的发生，但仍有研究表明，欧姆加热处理过程中依然会出现电化学反应和电极腐蚀现象。在欧姆加热非热效应中，除了电穿孔作用，上述电化学反应的副产物中也有许多成分可能对微生物具有灭活作用，包括羟自由基、氯、过氧化氢和金属离子等。虽然上述研究证明了电化学反应副产物的存在，但部分产物存在的时间较短，对微生物的灭活作用有限。在使用欧姆加热技术加热葡萄汁时，交流电（120V，60Hz，碳电极）产生的副产物（如氯）可能有助于灭活其中存在的葡萄酒酵母（*Saccharomyces ellipsoideus*），但是经研究发现，当电流停止时上述副产物立即消失。

细菌营养体与其芽孢的形态结构有着显著区别，非热效应并不能完全解释欧姆加热对芽孢的灭活作用。有学者提出，欧姆加热灭活芽孢是热效应和电效应共同作用的结果，其中温度的升高可使芽孢核心离子化合物［如吡啶二羧酸钙（DPA-Ca）］的释放增加（Somavat et al.，2012）。吡啶二羧酸（dipicolinic acid，DPA）占芽孢干重的 5%～15%，是调控其耐热性的重要因子。DPA 常以钙盐形式存在（DPA-Ca），与芽孢核心脱水直接相关，也是芽孢形成的重要特征。DPA-Ca 等离子化合物的存在会导致芽孢在欧姆加热处理过程中电导率增加，从而使其更易受到电效应的影响。由于上述结构和化合物在营养体细胞中并不存在，因而这些效应在正常营养体中不会发生。为了进一步厘清欧姆加热对芽孢的非热灭活机制，有学者采用了三种枯草芽孢杆菌突变体芽孢，以研究欧姆加热对哪种芽孢成分影响更显著（Schottroff et al.，2019）。这三种突变体分别为小分子酸溶性 DNA 结合蛋白缺失突变体、芽孢衣缺失突变体和芽孢萌发皮层溶解酶 SleB 缺失突变体。通过比较欧姆加热和传统加热对突变体和野生型菌株芽孢的灭活作用，发现电效应对芽孢核心的影响要强于对芽孢衣和 SleB 的影响，这种影响可能是电场在高温作用下破坏了蛋白质与 DNA 的结合，从而导致蛋白质泄漏量增加，且暴露出来的 DNA 更易受到热损伤。如该研究者所述，欧姆加热对芽孢的影响是一个复杂的研究课题，仍需要大量的后续研究。

二、欧姆加热技术在果蔬加工中的应用

（一）浓缩

由于浓缩后的果蔬汁化学性质相对稳定，因此新鲜果蔬汁通常需要经过浓缩处理以延长货架期。另外，浓缩还可以降低运输、储存和包装的成本。然而，传统的热浓缩技术会严重影响果蔬汁的颜色、风味和生物活性物质。如今，已出现多种新型浓缩技术，如膜浓缩和冷冻等。但是，上述新型浓缩技术操作复杂，设备成本相对高昂。欧姆加热浓缩技术在较好保留产品质量的同时还可显著缩短处理时间，且能量利用率高、无污染。

案例 2-1

桑葚汁的浓缩

桑葚是我国传统的药食两用资源，除鲜食外，还可以被加工成果干、果汁、浓缩汁、果酱、果冻、果酒等产品。桑葚是天然抗氧化剂、氨基酸、矿物质的良好来源。然而，新鲜桑葚采收后品质会快速发生劣变，因此需对其进行加工。欧姆加热浓缩桑葚汁示意图如图 2-4 所示。

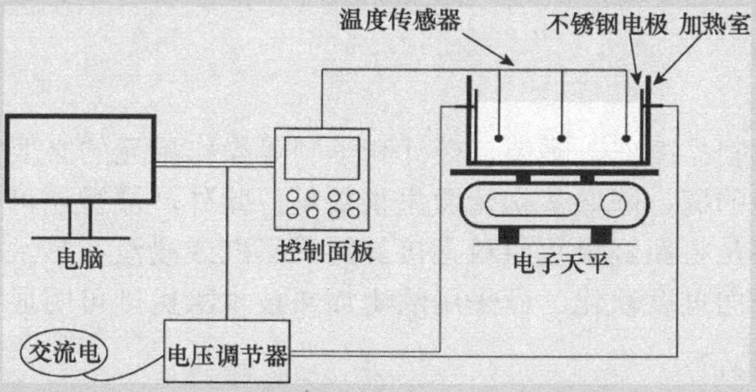

图 2-4 欧姆加热浓缩桑葚汁示意图（引自 Darvishi et al.，2020）

使用欧姆加热和传统加热方法浓缩桑葚汁，当其水分含量从 11.86kg/kg 干物质下降到 2.39kg/kg 干物质时，欧姆加热（15V/cm、20V/cm、25V/cm、30V/cm）所消耗的能量为 3.33～3.82MJ/kg 水，而传统加热所消耗的能量则高达 17.50MJ/kg 水，且欧姆加热的浓缩效率比传统加热方式提高了 38%～46%。

案例 2-2

欧姆加热辅助真空浓缩法浓缩酸樱桃汁

酸樱桃富含花青苷、3-芦丁苷、槲皮素、绿原酸、对香豆酸等多酚类活性成分，

对糖尿病、肥胖、心血管疾病等都有一定的预防作用，具有良好的健康益处和经济价值。然而酸樱桃中因苹果酸含量较高，其鲜食口感酸涩，通常被加工成果汁、果酱、果酒或干果等产品。传统加热真空浓缩法和欧姆加热辅助真空浓缩法浓缩樱桃汁如图 2-5 所示。将樱桃汁总可溶性固形物含量浓缩至 65%，欧姆加热辅助真空浓缩法所消耗的能量随电压梯度（10V/cm、12V/cm 和 14V/cm）增加而显著下降，且显著提升了浓缩效率。

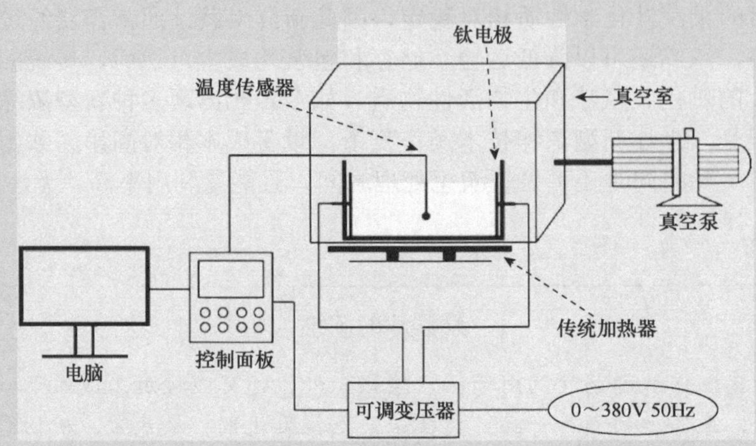

图 2-5　传统加热真空浓缩法和欧姆加热辅助真空浓缩法浓缩樱桃汁示意图
（引自 Sabanci & Icier，2020）

（二）漂烫

漂烫通常是果蔬制品冷冻、罐装、榨汁和干制等操作单元的必要前置步骤。漂烫的主要目的是钝化果蔬中的酶，降低其初始微生物数量。此外，漂烫还可以软化果蔬的纤维组织。传统热漂烫大多是将新鲜果蔬原料直接暴露于蒸汽或浸没在热水中，但是传统热漂烫方法容易导致产品表面过度软化。而采用欧姆加热技术漂烫则可明显缩短漂烫时间，提高产品质量。

案例 2-3

欧姆加热漂烫洋蓟

洋蓟（*Cynara scolymus*），又名菜蓟，以“蔬菜之皇”著称，是菊科菜蓟属药食兼用草本植物。洋蓟原产于地中海，19 世纪被引入我国并广泛栽培。洋蓟的主要可食部分是软化的茎叶、肉质花托和苞片，富含多种微量元素、矿物质及洋蓟素、绿原酸、木犀草素等功能性成分，具有较高的营养价值和保健功能。过氧化物酶（POD）是一种非常耐热的酶，并且在蔬菜中含量较高，因此其活性常被作为判断蔬菜漂烫程度的指标。洋蓟富含多酚氧化酶（PPO），多酚氧化酶也是导致果蔬在加工贮藏过程中氧化褐变的重要酶类。传统热水漂烫和欧姆加热漂烫对洋蓟漂烫期间过氧化物酶、多酚氧化酶活性的影响，以及对洋蓟漂烫后贮藏期间蛋白质、多酚和绿原酸含量的影响分别如图 2-6 和表 2-1 所示。

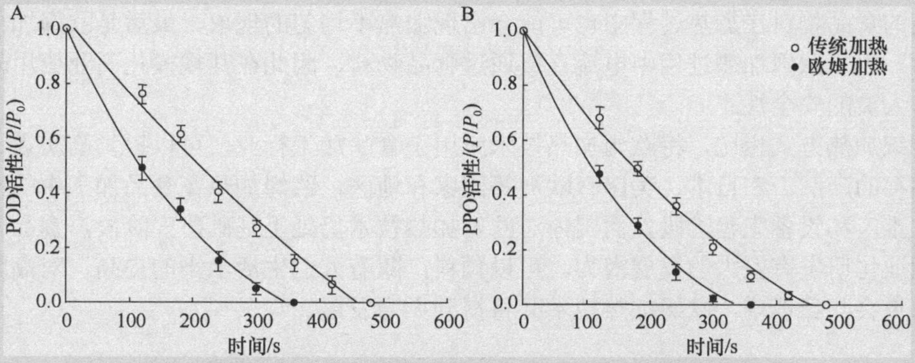

图 2-6　不同漂烫方法对洋蓟漂烫期间过氧化物酶和多酚氧化酶活性的影响（引自 Guida et al.，2013）

P. 某时间点 PPO 活性；P_0. 时间为 0 时的 PPO 活性

表 2-1　不同漂烫方法对洋蓟漂烫后贮藏期间蛋白质、多酚和绿原酸含量的影响（引自 Guida et al.，2013）

贮藏时间/天	蛋白质含量/（g/100g 鲜重）		多酚含量/（mg/100g 鲜重）		绿原酸含量/（mg/100g 鲜重）	
	欧姆加热（360s）	传统加热（480s）	欧姆加热（360s）	传统加热（480s）	欧姆加热（360s）	传统加热（480s）
0	3.01±0.45	2.76±0.43	2116.98±20.43	1191.31±19.98	1407.0±0.3	466.1±0.1
30	2.60±0.32	2.10±0.31	636.81±4.03	405.97±3.71	191.0±0.1	47.9±0.3
90	1.82±0.28	0.80±0.20	482.32±3.08	314.25±2.99	88.6±0.3	24.3±0.1

欧姆加热漂烫可有效钝化洋蓟中过氧化物酶和多酚氧化酶的活性，且其钝化速度（360s）比传统漂烫方式（480s）更快。欧姆加热漂烫后，产品软化更加均匀，热水与洋蓟中心温度之差不超过 1℃。传统漂烫方式处理的洋蓟，其表面软化过度而中心则软化不足。欧姆加热漂烫的洋蓟在罐藏过程中蛋白质、多酚和绿原酸含量均高于传统热水漂烫方式。

第四节　未来趋势与展望

虽然欧姆加热技术在食品热加工领域的发展具有非常广阔的前景，但目前仍存在着不少亟待解决的问题。首先是电解反应和电极腐蚀问题。虽然目前欧姆加热技术大多采用交流电，但欧姆加热处理过程中仍可能会发生电解反应，尤其是采用不锈钢金属电极时这种现象更明显。电解反应不仅会导致金属电极的腐蚀，其产生的金属离子还可能会促进食品物料（如水果、蔬菜、肉类）中活性物质的氧化降解。在加热过程中，食品中的某些物料组分如蛋白质、脂肪等会黏附在电极表面，从而影响加热效率和产品质量。虽然通过提高电源的频率可以抑制这些组分在电极表面的黏附，但电场条件下的黏附机制尚不明确。其次是加热均匀性问题。食品物料体系复杂多样，如果食品物料特别是固液两相混合不充分，可能造成加工原料各处电导率不同，从而会导致加热过程中温度分布不均匀，出现冷点和过热等现象。此外，气体含量较高的食品物料在加热过程中也可能会出现加热不均匀的现象。最后是欧姆加热技术的安全问题。由于欧姆加热过程中电流直接通过食品物料，因此在其规模化商业应用时还需要考虑操作人员的安全性。

与传统加热方式相比，将欧姆加热技术应用于食品加工行业，可以提供高质量、高附加值、耐储存的产品。在日本、美国、欧洲等国家和地区，欧姆加热在食品加工中的应用正处于商业化推广和设备完善阶段，而国内对欧姆加热技术仍处于基础研究阶段，食品欧姆加热装置的商业化研发有巨大的发展潜力。可以预料，随着人们生活水平的提高，对高附加值食品的需求量会与日俱增，欧姆加热技术必将得到大力发展。

思 考 题

1．简述欧姆加热的基本原理及其特点。
2．影响欧姆加热的因素有哪些？
3．简述欧姆加热杀菌的机制。

主要参考文献

高福成，郑建仙．2020．食品工程高新技术．2 版．北京：中国轻工业出版社：245-254

李冬生，曾凡坤．2007．食品高新技术．北京：中国计量出版社：177-180

单长松，李法德，王少刚，等．2017．欧姆加热技术在食品加工中的应用进展．食品与发酵工业，43（10）：269-276

Cappato L P, Ferreira M V S, Guimaraes J T, et al. 2017. Ohmic heating in dairy processing: Relevant aspects for safety and quality. Trends in Food Science & Technology, 62: 104-112

Castro I, Teixeira J A, Salengke S, et al. 2004. Ohmic heating of strawberry products: electrical conductivity measurements and ascorbic acid degradation kinetics. Innovative Food Science & Emerging Technologies, 5(1): 27-36

Darvishi H, Salami P, Fadavi A, et al. 2020. Processing kinetics, quality and thermodynamic evaluation of mulberry juice concentration process using Ohmic heating. Food and Bioproducts Processing, 123: 102-110

Guida V, Ferrari G, Pataro G, et al. 2013. The effects of Ohmic and conventional blanching on the nutritional, bioactive compounds and quality parameters of artichoke heads. LWT-Food Science and Technology, 53(2): 569-579

Icier F, Yildiz H, Sabanci S, et al. 2017. Ohmic heating assisted vacuum evaporation of pomegranate juice: Electrical conductivity changes. Innovative Food Science & Emerging Technologies, 39: 241-246

Jaeger H, Roth A, Toepfl S, et al. 2016. Opinion on the use of Ohmic heating for the treatment of foods. Trends in Food Science & Technology, 55: 84-97

Khuenpet K, Jittanit W. 2020. The effects of pasteurization by conventional and Ohmic heating methods and concentration processes on the Madan (*Garcinia schomburgkiana* Pierre) juice properties. Applied Engineering in Agriculture, 36(2): 205-219

Kim S S, Kang D H. 2015. Effect of milk fat content on the performance of Ohmic heating for inactivation of *Escherichia coli* O157:H7, *Salmonella enterica* serovar typhimurium and *Listeria monocytogenes*. Journal of Applied Microbiology, 119(2): 475-486

Lima M, Sastry S K. 1999. The effects of Ohmic heating frequency on hot-air drying rate and juice yield. Journal of Food Engineering, 41(2): 115-119

Murashita S, Kawamura S, Koseki S. 2017. Effects of Ohmic heating, including electric field intensity and frequency, on thermal inactivation of *Bacillus subtilis* spores. Journal of Food Protection, 80(1): 164-168

Sabanci S, Icier F. 2020. Enhancement of the performance of sour cherry juice concentration process in vacuum evaporator by assisting

Ohmic heating source. Food and Bioproducts Processing, 122: 269-279

Schottroff F, Pyatkovskyy T, Reineke K, et al. 2019. Mechanisms of enhanced bacterial endospore inactivation during sterilization by Ohmic heating. Bioelectrochemistry, 130: 107338

Somavat R, Mohamed H M H, Chung Y K, et al. 2012. Accelerated inactivation of *Geobacillus stearothermophilus* spores by Ohmic heating. Journal of Food Engineering, 108(1): 69-76

Yoon S W, Lee C Y J, Kim K M, et al. 2002. Leakage of cellular materials from *Saccharomyces cereviside* by Ohmic heating. Journal of Microbiology and Biotechnology, 12(2): 183-188

第三章 微 波 技 术

微波技术是利用微波能量来加热和处理食品或其他材料，是一种现代技术。这种技术与传统的加热方法相比，具有速度快、效率高、能耗低等显著优势。本章主要介绍其技术概念与发展进程、技术原理与工艺装备、对食品组分的影响、在食品工业及家庭中的应用等方面，并对微波技术的未来发展趋势进行了展望。

本章思维导图

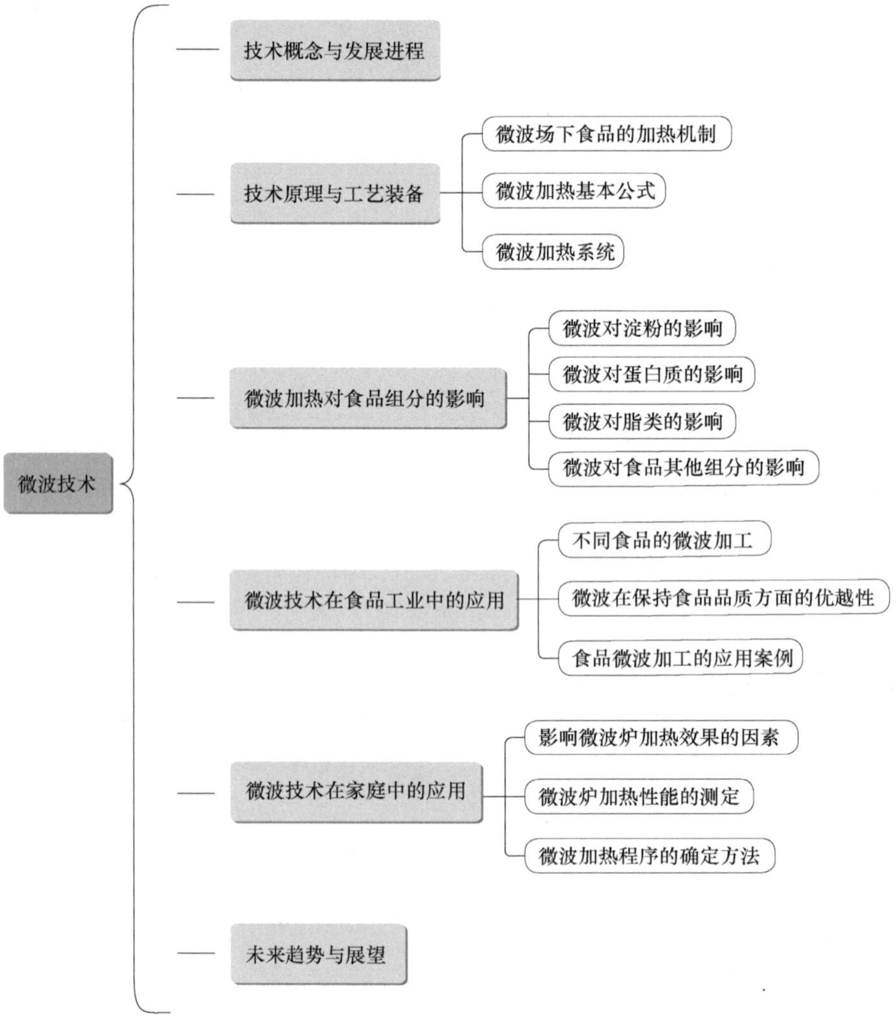

第一节　技术概念与发展进程

微波（microwave）是指频率在 300MHz～300GHz（波长为 1～1000mm）的电磁波，由于这种电磁波的波长非常短，故称作微波。微波技术的发展可以追溯到 20 世纪初期，最初主要被应用于军事领域，尤其是雷达技术中，这一时期为微波技术奠定了基础。在微波加热过程中，物料中的极性分子（水分、蛋白质、脂肪等）产生剧烈摩擦和碰撞，将电磁波转化为热能迅速升温。相比常规加热的外部加热模式，微波利用介质损耗原理，采取内部加热的方式，因此具有选择性、即时性、高效性、高穿透性等优势。

微波频率范围内的电磁波也可被用于电信领域，为避免互相干扰，国际上对微波频率范围制定了统一的规则，即工业（industry）、科学（science）和医疗（medical care）用电波频带，简称 ISM 频带。如表 3-1 所示，其中常见频率有 433MHz、915MHz、2375MHz 和 2450MHz 等。食品工业中常用的微波频率为 915MHz 和 2450MHz，其中前者穿透深度大，多用于食品工业而非家用或商用微波炉。这些特定频率的选择反映了微波技术在各个领域的不断进步和优化，以满足不同应用的需求。

表 3-1　ISM 分配的部分频带（引自 Datta & Ramaswamy，2001）

频率/MHz	频率容差（+/−）	允许使用地区
433	0.2%	澳大利亚、荷兰、葡萄牙、德国、瑞士、英国
915	3MHz	南北美洲
2375	50MHz	阿尔巴尼亚、保加利亚、匈牙利、俄罗斯、罗马尼亚、捷克、斯洛伐克
2450	50MHz	全球除 2375MHz 使用地区外的所有地区

除了防止微波交互干扰的规则，还需要注意微波工作的安全规则。首先，在微波工作环境中，要考虑人体最大微波暴露和吸收量，特别要考虑敏感器官（如眼睛）。另外，微波设备的最大辐射量应控制在 5mW/cm^2（距离微波源 5cm 处测量）。

第二节　技术原理与工艺装备

一、微波场下食品的加热机制

微波能在 0.3～300GHz 的某些频段内以电磁波的形式传输。当微波作用于介电物料时，部分能量从物料中透射出去，部分能量被物料反射，部分能量被物料吸收转化为热能，然后以热的形式消散。在食品加工常用的微波频率下，主要涉及离子电导和偶极极化两种热耗散机制，如图 3-1 所示。微波场下极性分子有根据交变电场定向排列的倾向，由于电场变化与极性分子的响应无法完全同步，电场方向与极性分子取向间存在相位

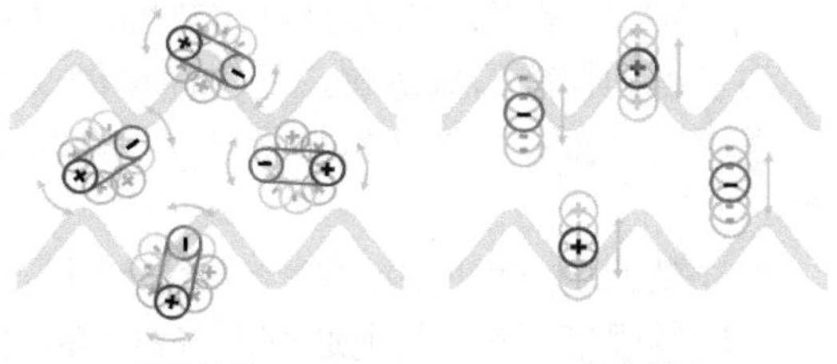

图 3-1　微波加热在食品加工中的主要热耗散形式

差，会引起偶极子之间的摩擦、旋转和碰撞现象，最后产生能量损失并转化成热量，这种机制称为偶极极化。离子电导是指当带电粒子位于交变电磁场中时，为了与电场方向同步变化，粒子快速转变迁移方向；在含复杂组分的食品体系中，带电粒子可以在物料中自由穿梭并引起粒子间的摩擦碰撞，从而引起食品的温度升高。

物料中耗散的功率与微波源的频率、物料的介电损耗及物料内部场强的平方成正比。

单位体积消耗功率（P）可表示为

$$P=\omega\varepsilon_0\varepsilon'(\tan\delta)E_{\mathrm{rms}}^2=2\pi f\varepsilon_0\varepsilon''E_{\mathrm{rms}}^2 \tag{3-1}$$

式中，ε_0为自由空间的介电常数（8.85×10^{-12}F/m）；f为微波频率（Hz）；ω为微波角频率；ε'为被加热材料的介电常数；$\tan\delta$为被加热材料的介电损耗正切；E_{rms}为被加热材料内部的电场强度（V/m）；ε''为被加热材料的介电损耗。

物料在辐射器或谐振腔中吸收微波能。综合考虑所有特性，才可能确定适合微波加工的食品物料和微波加工工艺，并了解微波加热过程中多种因素相互作用的机制。只有这样，才能充分利用微波加热的独特优点，即热源与物料间无需接触、加热速率大、选择性吸收等。

国际公约规定了只有少数几个频率可以被用在工业、科研和医学领域中，其中最常用的是 2.45GHz。在此频率下，交变电场使水分子取向每秒改变 2.45×10^9次，从而产生大量的热，使温度以每秒 10℃的速度攀升。水是生物物料的主要成分，水分含量会直接影响微波加热效果。此外，也有许多次要因素共同影响微波加热效果，如物料中的离子（主要是盐含量）及复合物料的比热容。食品物料的比热容是影响食品微波加热的重要因素。当给予相同的热量时，低比热容物料升温非常迅速。例如，油的比热容就非常低，因此含油物料的比热容也相对较低，通常比水的比热容低一半，因此对于含油物料而言，比热容会成为影响微波加热的决定因素。

二、微波加热基本公式

工业微波一般采用较高的微波频率。在这些频率下，电子元件不会保持惰性。因此，电子电路可被形象化为波导。微波加热通常根据传输和反射能量测量，而不是电压和电流。精确测量微波加热过程对微波工程师而言是一个挑战，计算微波转化为热能的有效转化率及其数学建模这类基本问题仍有待进一步解决研究。在数值分析过程中，稍有偏差就会落入潜在的“陷阱”中，从而得到似是而非的结果。因此，下面仅对控制方程进行简单的介绍。微波产生的热量用传导方程描述如下：

$$\rho C_{\mathrm{p}}\frac{\partial T}{\partial t}=\lambda\nabla^2T+Q \tag{3-2}$$

式中，ρ为材料密度；C_{p}为材料比热容；$\partial T/\partial t$为温度（T）对时间（t）的变化；λ为热导率。

为了得到精确的数值解，这个简单的表达式应包括对流传热及传导传热。

电磁场（微波）是产生热量（Q）的热源，因此Q值是微波频率及材料吸收能量能力的函数。

推导微波场方程所用的两个方程分别是安培定律和法拉第定律，它们都是麦克斯韦电磁方程，磁场强度（H）及电通密度（D）的关系式如下：

$$\nabla\times H=\sigma E+\frac{\partial D}{\partial t} \tag{3-3}$$

式中，σ 为电导率。

电场强度（E）及磁通密度（B）的关系式为

$$\nabla \times E = -\frac{\partial B}{\partial t} \tag{3-4}$$

此外，可以建立一个无磁性材料的微波公式。对于介电材料而言，可以得到关系式：

$$\nabla^2 E = -\mu\varepsilon\frac{\partial^2 E}{\partial t^2} \tag{3-5}$$

式中，μ 为磁导率，代表与磁场的交互；ε 为介电常数，代表非电导材料与电场相互作用。单位体积能量耗散用生热率（$\dot{Q}$）表示，因此用下列关系式表示微波过程产生的热量：

$$\dot{Q} = \frac{\sigma_\varepsilon |E|^2}{2} \tag{3-6}$$

电导率项 σ_ε 包括电导率和介电常数（ε）的虚部或是介电损耗。在工业微波加热计算过程中，无论微波加热的是否为食品物料，首先要用的都是这个公式。然而当我们考虑微波加热食品的时候，不得不考虑多种因素的影响，从而对未知的过程进行修正。因此相比而言，模拟非食品的微波加热过程相对容易。

三、微波加热系统

微波加热系统主要由电源、微波发生器、波导、微波加热器和冷却系统构成，见图 3-2。

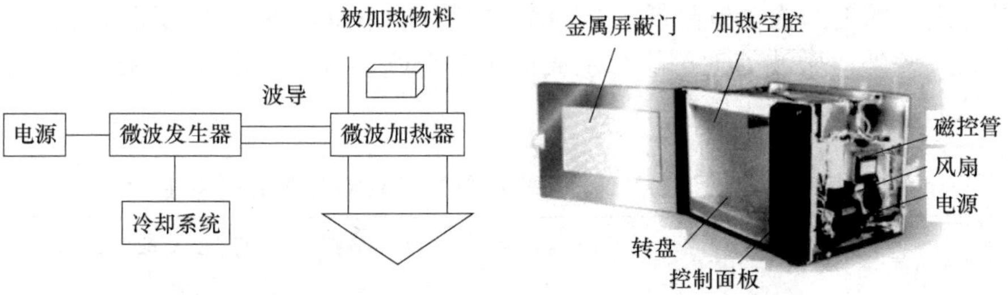

图 3-2 微波加热系统的组成和家用微波炉的组件
（引自孔庆军和任雪艳，2019；Datta & Ramaswamy，2001）

微波发生器能够将电源提供的电能转换成微波能量，目前以磁控管为主。磁控管是一种真空二极管，中心有圆筒形电子发射阴极，周围分布着具有特定结构的阳极，其特点是阳极块上有许多谐振腔，构成谐振系统，因此常被称作“多腔磁控管”。

波导在传输高频电磁波时损耗较低，因此可用于微波能的传输。波导一般是横截面为圆形或矩形的中空导体，其内部尺寸的大小决定了最小传输频率（即截止频率）。

微波加热器是微波场和物质相互作用的空间，微波设备的类型往往就是加热器的类型。按照被加热物料和工作特性，大致可分为箱型、隧道型、波导型、辐射型和慢波型（表面波型）几种。选择微波加热器时，要考虑加工物料的形状、数量及加工要求。比如，在需要连续生产时，往往采用隧道型加热器；大件、块状物料往往采用箱型加热器；片状、薄膜状物料适合采用波导型加热器等。

第三节 微波加热对食品组分的影响

食品的组分包括水、碳水化合物、蛋白质、脂类、无机盐等，这些组分各自具有不同的性质，其在微波场下的响应也各不相同。要想了解微波对食品的作用机制，首先要了解食品中各个组分与微波作用的机制及其在微波场下的响应机制。

一、微波对淀粉的影响

淀粉是食品尤其是米面类制品最主要的组成成分，提供了人类日常所需的大部分能量。此外，原淀粉或是经过各种物理、化学等手段改性的淀粉能够作为增稠剂、稳定剂等食品添加剂被应用于食品工业生产中。淀粉的分子量较大、链段片层结构复杂，在微波场下可能会发生溶胀、糊化，甚至断链等变化。

淀粉属于低耗有机介电材料范围，为较弱微波吸收材料及极弱磁感应材料。固态粉末状米淀粉不会发生显著的极化现象，其介电参数都较低，即使是经过糊化后再干燥的淀粉（水分含量 10%），其介电特性也无显著变化。介电性质的变化显著依赖于体系中的水分含量，通常水分含量越高，介电损耗正切越高。除了水分含量，还有多种因素影响淀粉体系的介电常数及损耗，如温度、盐含量、淀粉种类、微波频率等。研究对象所含淀粉种类不同，所施加的微波场能量及体系中水分含量不同，会呈现不同的介电特性，具体如表 3-2 所示。淀粉结构在微波场下的变化与淀粉种类、体系水分含量、介电参数、微波参数等密切相关。微波处理后淀粉无定形组分含量升高，螺旋结构含量降低，从而结晶度可能下降，这可能与微波处理过程中淀粉发生糊化相关。此外，微波处理可能会生成更小聚合度的分子链段，不易组合包裹至结晶片层区域中，从而造成结晶度下降。

表 3-2 部分淀粉及淀粉质物料在 2450MHz 下的介电特性

对象	水分含量/%	温度/℃	加热方式	介电常数 (ε')[c]	介电损耗 (ε'')	介电损耗正切 ($\tan\delta$)	穿透深度 (D_p) /cm
大米淀粉	＜1	室温	—	2.7	0.0～0.2	＜0.1	—
	91	室温	—	74.2	9.9	0.133	1.70[a]
	95	室温	—	76.7	9.7	0.126	1.76[a]
	99	室温	—	78.4	9.8	0.125	1.76[a]
	94	50	微波	77.5	10.4	0.135	1.65[a]
	94	75	微波	76.4	10.5	0.139	1.62[a]
马铃薯淀粉	90	室温	—	72.1	11.2	0.155	1.48[a]
玉米淀粉	90	40	烘箱	70.4[b]	6.5[b]	0.092[b]	2.52[a]
小麦淀粉	66.7	40	—	61.5	10.3	0.167	1.49[b]
木薯淀粉	50	30	—	42.7	8.7	0.2	—

a. 相应参考文献中未提及穿透深度，由介电参数计算而得；b. 这些数据根据相应参考文献中的图表估算而来；c. 本表所列数据为相对介电常数

二、微波对蛋白质的影响

蛋白质作为食品中主要的基础功能性成分，决定了食品的组织结构、感官及营养特性，其在食品加工贮藏过程中发生物理、化学性质的变化会直接影响食品的品质。蛋白质作为一种生物大分子，具有多变的氨基酸序列结构及复杂精细的高级结构。在微波场下，蛋白质部分基团由于偶极极化，可能会发生扭转振动造成整体空间构象的变化。此外，酶作为一种具有特殊活性的蛋白质，其活性中心位点可能是某些金属离子，这些金属离子在微波场下会产生离子电导效应，进而影响蛋白质整体的结构与功能。

通过查阅 Springer 出版的 *Encyclopedia of Biomedical Engineering*，不难发现蛋白质和多肽具有相对较高的介电常数。蛋白质与水通过氢键、疏水相互作用及离子相互作用等结合形成水合蛋白质，其水合程度与其所带电荷性质、极性基团等和所在溶液的性质相关。一些外界因素如温度、频率等，也会影响蛋白质粉末及溶液的介电特性。温度会影响蛋白质的水合能力，从而影响体系介电参数。同时温度也会影响溶液体系的黏度，改变体系的电导率，影响体系的介电损耗。

三、微波对脂类的影响

脂类和含脂食品对微波加热特别敏感，微波场下温度响应较强，微波加热会促进脂质的氧化，但也会引起脂质水解和聚合。微波条件（功率、温度和时间）及食物成分不同，脂类氧化程度也会不同，如表 3-3 所示。

表 3-3 常见脂类的介电特性

样品名称	频率/温度	介电参数
植物油[a]	26℃	ε'：3.252～4.478
烹调油[b]	300MHz，1000MHz，3000MHz；77°F，120°F，180°F	ε'_{300M}：2.603～2.879；ε''_{300M}：0.092～0.174； ε'_{1000M}：2.530～2.715；ε''_{1000M}：0.134～0.175； ε'_{3000M}：2.420～2.594；ε''_{3000M}：0.117～0.168
菜籽油[c]	8.93GHz；303～333K	ε'：2.390～2.499；ε''：0.255～0.417
芥子油	9.42GHz；40℃	ε'：2.10；ε''：0.05
黄油	500～3000MHz；30～75℃	ε'：13.0～28.0；ε''：2.0～8.0 ε'_{915M}：13.4～25.8；ε''_{915M}：2.8～4.9； ε'_{2450M}：12.4～24.5；ε''_{2450M}：2.2～4.3
食用油[d]	100Hz～1MHz；25℃	ε'：3.035～3.220
食用油[e]	9.1GHz；293K，323K	ε'：2.40～2.50；ε''：0.06～0.16
玉米油	330Hz～3MHz；25～70℃	ε'：2.80～2.95
棉籽油	2.45GHz；25℃	ε'：2.8～3.1；ε''：0.05～0.08
大豆油	280～4500MHz；30～75℃	ε'_{max}：3.2；ε'_{2450M}：2.86；ε''_{2450M}：0.10
坚果油	0.3～13GHz；30～75℃	ε'：2.6～3.5；ε''：0.1～0.3； ε'_{915M}：2.98～3.24；ε''_{915M}：0.19～0.28； ε'_{2450M}：2.87～3.11；ε''_{2450M}：0.18～0.25

a. 包括蓖麻油、橄榄油、芝麻油、椰子油；b. 包括 11 种商业油脂（大豆油、玉米油、棉籽油、猪油、牛油、培根脂及一些氢化植物油）；c. 包括 5 种芥酸含量不同的菜籽油；d. 包括芝麻油、大豆油、橄榄油、玉米油、菜籽油、红花油、葵花籽油；e. 包括葵花籽油、芝麻油、棉籽油、大豆油

在食品的主要成分中，脂类属于典型的弱极性组分，吸收微波的能力极弱，但由于脂质的比热容很低，因此整体对微波加热特别敏感，在微波场下的温度响应较强，因此高脂食物很容易实现微波的快速加热过程。不同的油脂由于脂肪酸组成、黏度、极性组分等含量不同，介电参数也不尽相同，液态油脂的介电常数一般为2～4，介电损耗则为0.05～0.50，因为物质的介电特性与其极化成分和固有的偶极矩有关，甘油三酯的偶极矩极小，且其中的水分和离子很少，因此其介电参数值随频率变化很小。无论是低频下的离子传导还是高频下的偶极极化，两者对食用油介电损耗的影响都非常小。对于植物油来说，其极化成分一般不到5%，因此整体表现出较小的介电特性。

微波加热会影响脂类的物理、化学特性，热效应会导致食用油氧化、水解和聚合反应的发生。大量研究表明，不同功率与时间下的微波加热会促进油脂的氧化，引起脂质化学氧化指标［过氧化值、酸价、K232（共轭二烯含量）、K270（共轭三烯及次级氧化物含量）、茴香胺值、碘值等］及物理指标（颜色、密度、黏度、热特性等）发生变化，改变脂质的脂肪酸组成，尤其是影响多不饱和脂肪酸的降解。微波加热过程还会引起油脂中活性成分（生育酚、叶绿素、类胡萝卜素、酚类化合物、甾醇等）的降解与氧化，进而降低脂质的氧化稳定性。

四、微波对食品其他组分的影响

目前，微波在矿物质相关研究中的应用多集中于微波消解结合其他光谱或质谱技术来测定食品中矿物质和微量元素的含量。其中，以微波消解结合电感耦合等离子体发射光谱法（ICP-OES）应用最为广泛。该技术已被成功用于脱水蛋粉、婴儿配方食品、蜂蜜、酸奶、蜂王浆、樟子松、绞股蓝茶等中微量元素和矿物质元素的定性与定量分析。例如，以樟子松为例，该方法可对其15种矿物质进行定量分析，包括K、Na、Ti、Al、B、Ba、Ca和Fe等，且各元素的相对标准偏差介于1.76%和10.77%之间。

关于其他组分，包括生物碱、萜类、皂苷和有机碱，目前微波技术多作为一种辅助萃取手段而被用于相关研究中。生物碱是许多中草药中的重要活性成分之一。研究表明，微波辅助萃取可以快速且有效地从不同种类的原料中提取生物碱，这些原料包括咖啡渣、金线莲、荷叶茶、罂粟壳和莲蓬。例如，采用微波萃取金线莲和荷叶茶，可使总生物碱得率更高，且方法简单、萃取时间短。另外，超声波-微波可用来协同提取掺有罂粟壳肉汤中的生物碱，且该方法具有较高的回收率、灵敏度和精密度。

数字资源3-1

第四节　微波技术在食品工业中的应用

近年来，消费者越来越重视饮食对健康的影响，推动了对低加工、高品质食品的需求增长。微波加热具有启动时间短、加热速率快、能源效率高、产品影响小、设备控制精准、选择性强、终产品营养品质高等特点，从而优于传统加热方式。由于微波的体积加热效应（内部加热）区别于传统热传导（表面加热），因此食品在加工过程中整体热转化效率更高。目前，微波在食品工业中的应用包括解冻、脱水、杀菌、干燥等，在大多数情况下，将微波与传统加热方式相结合，可实现快速的内部加热和理想的表面加热，这取决于不同程度的处理条件和食物的基本特性。

数字资源3-2

一、不同食品的微波加工

微波在水果、蔬菜、肉类等产品加工中被广泛应用。其中，最值得关注的是微波在干燥过程中的应用，这主要是由于微波能够加速干燥过程。在不使用微波的情况下，食品的干燥过程通常会受到限制，主要原因是食品（尤其是水分含量较低的产品或在加工过程中逐渐失水的产品）的导热系数较低。

产品的微波回温或解冻也是工业和家庭中常见的应用之一。冷冻肉类、蔬菜、水果、黄油和浓缩果汁是大多数食品加工操作中的常用原料，但是很少有工艺能够直接处理冷冻的原料，因此在进一步加工前需进行原料的解冻或回温。原料的充分解冻意味着原料整体达到0℃且体系中没有冰的存在。传统的解冻方法是通过热传导的方式将热量传递到产品表面及中心，而微波解冻则是利用电磁辐射在食品内部产生热量。因为水的导热系数比冰低，所以解冻过程中冰的融化会降低冷冻食品中的热量传递速率，因此，微波的内部加热方式更有助于产品的回温或解冻。食品的品质主要受初加工和工业加工的影响。然而，家庭中食品的熟制过程也决定了食品的感官和功能特性。在家庭和餐饮业中，微波炉主要用来给食品复热，因为这是一个快速、安全和卫生的加热过程。

二、微波在保持食品品质方面的优越性

微波技术在食品加工中的应用显示出其在保持食品品质方面的潜力，尤其是在食品安全和保质期延长方面。尽管微波加热与传统加热相比具有优势，但其在食品工业中的应用仍受限，部分原因是缺乏统一标准来评估其对食品质量和安全性的影响。尽管存在争议，但多数研究支持微波加热在特定食品加工过程中能够更有效地保持食品品质。例如，在巴氏杀菌腌制芦笋和葡萄柚汁时，微波处理能更好地保持食品的质地和营养成分。这些发现为微波技术在食品加工领域的进一步研究和应用奠定了坚实的基础。

微波炉在保持食品品质方面的优势主要体现在营养保留、口感维持、水分控制、卫生安全和能源效率方面。它能快速且均匀地加热食物，有效减少营养成分流失，尤其是水溶性维生素。由于微波加热是从食物内部开始的，可以更均匀地加热食物，避免了外焦内生的现象。这有助于保持食物的自然口感和风味，尤其是对于肉类和蔬菜等易受热影响的食品。此外，微波炉的封闭环境有助于保持食物的湿润度和自然风味，同时降低细菌污染风险。其高能效特性不仅节省能源，还有助于减少环境的影响。这些特点共同确立了微波炉在现代厨房中的重要地位。

三、食品微波加工的应用案例

（一）微波辅助烘焙

在传统的烘焙过程中，热量主要通过对流从加热介质传递，并从烤箱壁辐射到产品表面，然后传导到中心。随着温度的升高，热量不仅会通过产品的容器传导，还会在产品内部产生对流。微波烘焙的原理是微波与食品中带电粒子和极性分子的相互作用。当微波穿透食品时，它们与食品中的水分子和其他极性分子（如脂肪和糖）相互作用。这些分子在微波的交变电场中快速振荡，产生摩擦热，从而使食品加热。与传统烘焙相比，微波烘焙食品不需要预热

环境，因为热量的产生不是通过热空气传递，而是直接在食品内部产生。这种加热方式使得微波炉内的产品加热速率非常大。此外，微波烘焙的一个重要优势是微波烘焙的面包比传统烘焙的面包更有营养，因为传统烘焙的面包通常由于美拉德褐变反应而无法提供的必需氨基酸在微波烘焙面包中仍然可用。微波烘烤的另一个优点是它消除了 α-淀粉酶活性的问题，从而避免了面包屑发黏的现象。微波穿透面团并在产生黏性糊精之前使 α-淀粉酶变性。然而，由于微波热量产生得非常迅速，可能没有足够的时间让烘焙反应（如淀粉糊化、外壳形成、褐变反应等）充分完成，这些反应通常需要在一定的温度下持续一段时间才能达到理想的效果。

微波烘焙也面临一些挑战，如食品表面不易形成理想的金黄色泽和实现均匀加热。为了解决这些问题，可以采用先微波后传统烘焙相结合的方式，如微波可以与热风、红外加热等加热方式相结合。目前，一些面包、蛋糕及部分不含麸质的产品可在微波辅助烤箱中进行烘焙。但是，不同成分与微波能量的相互作用，尤其是烘焙过程中面糊和面团的介电、热和功能特性均可能成为影响微波烘焙产品的因素。

（二）微波辅助油炸

微波辅助油炸是一种结合了微波加热与传统油炸技术的新型食品加工方法。这种方法通过使用微波能量来辅助油炸过程，旨在提高油炸效率、改善产品质量、降低油脂含量及减少生产成本。微波辅助油炸技术［如微波辅助真空油炸（MVF）］与传统油炸方法相比，能够生产出油含量更低、组织特性更好的产品。此外，还可以结合其他预处理技术如脉冲电场（PEF）、红外辐射及油炸后的处理技术，以实现协同效应。以微波辅助真空油炸薯片为例进行简要说明。

案例 3-1

微波辅助真空油炸薯片

薯片在美国的零食市场中占据了显著的地位，其销售额约占整体的 1/3。这类产品的油脂含量为 35.3%～44.5%，这一特性赋予了薯片独特的口感和风味，从而深受消费者喜爱。然而，随着近年来消费者对健康饮食趋势的日益关注，尤其是对低脂和无脂食品的偏好，食品行业开始着力研究如何降低油炸食品的油脂吸收量。为了解决这一问题，微波辅助真空油炸（MVF）技术应运而生。这种技术结合了微波加热和真空油炸的优势，通过使用微波作为加热源，能够有效降低油炸温度，进而生产出油脂含量更低、品质更优的油炸产品。

采用 MVF 技术制备的薯片，不仅油脂吸收率降低，残留水分也减少，口感更加脆爽，外观也更加诱人。从图 3-3 中可以看出，经过 MVF 处理的薯片细胞结构保持得更为完整，而传统真空油炸处理的薯片细胞则出现了明显的塌陷和损伤。这说明 MVF 技术在生产薯片方面具有明显的优势，它不仅显著降低了油脂吸收量，也提高了水分的蒸发效率，还减小了薯片的破碎率，使得产品更加脆爽，同时更好地保持了薯片的天然色泽。

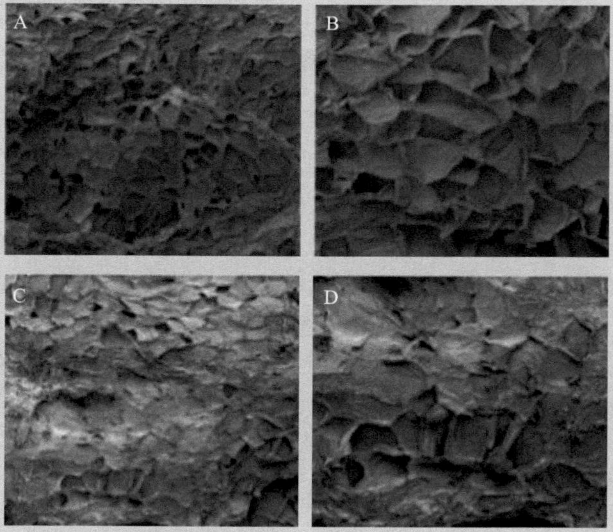

图 3-3 微波辅助真空油炸薯片（A、B）和真空油炸薯片（C、D）的扫描电子显微照片（80×和 160×）（引自 Su et al.，2016）

目前，微波油炸因加热不均匀及高温下油脂易变质，仍然面临着一定的挑战。微波油炸导致的油质变化明显高于浸入式油炸，并且取决于微波功率水平。这限制了微波油炸作为独立技术的使用。

（三）微波辅助干燥

微波辅助干燥是一种高效的干燥技术，它利用微波能量直接作用于物料内部的水分子，通过微波选择性加热，加速水分的蒸发过程。与传统干燥方法相比，微波辅助干燥具有独特的优势：它能够迅速提升整个物料的温度，实现均匀加热，从而避免了热点和冷点的产生，确保了干燥过程的一致性和产品质量。此外，微波辅助干燥过程中的均化效应有助于维持物料内部的温度均衡，特别是在降速干燥阶段，微波能够有选择地加热水分含量较高的区域，进一步提升干燥效率。由于微波能够穿透物料，这种干燥方法还能减少能量消耗，缩短生产周期，对环境友好。然而，物料的介电特性变化可能会影响微波的吸收和加热效果，因此在微波干燥过程中需要对这些特性进行精确控制。

在过去的几年里，微波辅助干燥技术已存在多种应用形式，如微波辅助对流干燥、微波辅助真空干燥等。此外，微波辅助干燥已被成功应用于多种类别食品中，包括但不限于苹果、香蕉、胡萝卜、蔓越莓、草莓、葡萄、欧芹、菠菜、大豆、各种香草、开心果等。然而，在大多数研究中，微波辅助干燥的主要目标是减少干燥时间。微波应用于干燥过程的更多功能研究仍依赖于设备的开发及理论的进步。在工业应用过程中，商用微波干燥设备可用于微波辅助对流干燥、微波真空干燥和微波辅助冷冻干燥。Ferrite’s 公司（Ferrite’s Industrial Microwave Systems）的 MIP9 干燥机是目前世界上较为经典的微波干燥系统，其微波馈口、辐射器和控制技术均获得了专利，可确保将微波能量均匀地分布到产品中，并提供快速且可预测的干燥过程。

案例 3-2

微波连续真空干燥机

Pueschner Microwave Power Systems 公司（位于德国施瓦纳韦德）设计了一个使用微波带式干燥机（μWaveVac1290 型）的连续真空干燥装置。该装置是自动连续干燥系统，适用于低热导率且对温度敏感的产品。微波连续真空干燥机中的皮带由聚四氟乙烯（PTFE）涂层玻璃纤维制成。干燥湿产品时，在微波真空干燥过程结束时，它们会从黏稠态转变为很脆的干燥块状物。因此，通常会根据最终产品的要求在传送带的末端对块状物进行粉化或造粒。微波连续真空干燥的正常工作压强为 1000～5000Pa。微波连续真空带式干燥机主要被用于草药提取物、食品、医药、化工等对温度敏感、导热系数低的产品的连续、自动干燥。

（四）微波辅助漂烫

漂烫作为一种关键的预处理技术，是产品在干燥、冷冻、油炸和罐装前的重要加工环节。漂烫旨在通过灭酶来维持植物原料的食品品质，同时通过排除细胞内空气来减小体积、降低微生物含量并消除异味。在这一过程中，主要目标酶包括过氧化物酶、多酚氧化酶和果胶酶。传统的漂烫方法依赖于蒸汽或热水，通过热传递来使酶失活，但这往往伴随着营养成分的损失。相比之下，微波辅助漂烫技术因具有快速加热、节能、精确控制和快速启停的特点而备受推崇。在加工过程中，微波辅助漂烫避免了额外用水，从而减少了营养素的流失和废水的产生。它能在短时间内达到所需的酶失活温度，不仅节省了能源，还抑制了酶在适宜温度下的活性，更好地保留了原料的化学特性。尽管如此，微波辅助漂烫在处理大量或大尺寸原料时可能会遇到温度分布不均的挑战。为了解决这一问题，可采用可旋转或移动产品的微波设备来改善加热均匀性（Yang et al.，2023）。传统漂烫可能导致产品质量下降、环境污染和能量浪费，因此在漂烫过程中应确保酶的有效失活，同时避免产品变色和品质下降，尽量减少负面影响。漂烫工艺的优化需要综合考虑食品的热特性和热传递。目前，设计并开发工业级微波漂烫加工设备仍是一个巨大的挑战，需考虑辐射器的合理设计、良好的微波加热循环控制、食品组分与微波处理过程中温度分布情况等因素。因此，工业级微波漂烫加工技术仍是一个尚未充分研究开发的领域。尽管工业级微波设备的成本较高，但对于生产高附加值产品如制药和营养保健品，这些投资是值得的。

（五）微波巴氏杀菌和灭菌

与传统的外部热源相比，微波巴氏杀菌和灭菌是一种快速的微波处理过程，它可以延长食品的保质期，同时最大限度地提升产品质量。传统的加热过程依赖于食品表面的热扩散系数，而微波加工过程则是食品组分吸收电磁能量而被直接加热，在空间上可能比传统的加热过程更均匀。因此，作用于食品内部的微波能量可以减少使食品达到处理要求所需要的总时间。为了保证产品质量，最大限度地减少热处理时间已成为绝大多数杀菌系统的主要发展目标。传统的静态工业杀菌过程通常是分批处理，由于加热和冷却循环，处理过程需要消耗很高的能量。微波能量的穿透性提供了一种实现包装食品内部加热的方法，可以更快速、更有效地对包装的食品进行杀菌，这个过程不需要混合，并且不会对食品的形状和质地造成相应的潜在危害。由 AMT（Advanced Microwave Technologies）公司（英国）生产的微波巴氏杀菌设备，主要适用于中试和工业化规模的液体杀菌。Stalam 公司（意大利）制造的微波巴氏杀菌设备则适用于新鲜肉酱意大利面和预包装面包的杀菌环节。Micvac AB 公司（瑞典）和 Tops Foods 公司（比利时）在全球范围内已成功实现在即食食品巴氏杀菌方面的应用。

（六）微波解冻和回温

冷冻食品再加工需回温或解冻。解冻是将冷冻食品置于环境温度中（即 0℃以上）化冰，从而可进行进一步的机械加工过程（如切片、切割、成型）。回温即将冷冻食品的温度调节至略低于冰点，以便进行机械切碎和后续处理。在工业生产应用中，主要采用长时间水中浸泡的方式来完成解冻或回温过程，而微波技术在该领域的应用已经证明了其卓越的效能。它直接作用于食品内部的极性分子，如水分，不仅实现了迅速且均匀地加热，还有效预防了局部过热和解冻不彻底的问题。这一技术显著提升了能量利用效率，降低了能耗，同时减少了细菌生长的风险，增强了食品的安全保障。微波解冻过程的环保特性和空间占用小的优势，以及对生产效率的提升和食品品质的维护，都使其成为食品加工中的理想选择。尽管初期投资和操作技术要求较高，但随着技术的不断进步和成本的逐步降低，微波解冻技术在食品工业中的应用前景尤为光明（Li et al.，2023）。自 20 世纪 80 年代以来，微波回温系统已经在工业中得到广泛应用，其在解冻速度、空间占用和适应性等方面均优于传统系统，如 Ferrite’s 公司（USA）生产的微波连续式回温设备，Microdry Incorporated 公司（USA）生产的工业微波回温隧道设备，Stalam 公司生产的微波回温和除霜设备。然而，高昂的系统成本和对人力及能源的较大需求，仍限制了其更广泛的推广。未来，计算建模和过程控制技术的发展有望助力设计出更多高效且可控的通用微波解冻系统，进一步推动这一技术的发展。

案例 3-3

微波辅助真空解冻冷冻苹果

苹果的保质期很短，为了延长保质期，苹果必须在适当的低温条件下储存。冷冻处理是苹果长期储存的常用方法。然而，冷冻处理会破坏苹果的细胞结构，因此对冷冻食品解冻条件和方法的选择是提高其质量的重要因素。微波（MW）加热是最流行和最有效的解冻方法之一，其通过微波电磁场中水分子的振动而使物体快速升温，并且在缩短解冻时间方面优于其他基于样品表面传热的解冻方法。同时，真空微波（VMW）处理有潜力解决微波加热不均匀的问题。如图 3-4 所示，VMW 解冻的具体效果之一是可以在短时间内解冻苹果，抑制过度加热和局部加热。特别是在这些食品不允许暴露于高温环境时，VMW 表现出极大的有效性。同时，在本研究中，VMW 解冻抑制了褐变，且对苹果物理性质的影响有限。

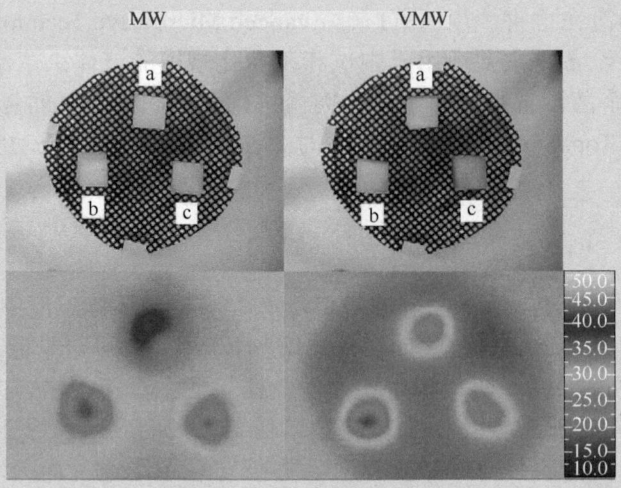

彩图

图 3-4　微波和微波辅助真空解冻冷冻苹果的代表性热成像图
（引自 Watanabe & Ando，2021）

第五节　微波技术在家庭中的应用

随着冷藏和冷冻食品市场的迅速发展，这些产品通常在家用或者商用微波炉中可迅速复热，然而由于消费者对微波加热指导说明和微波功率可变性的困惑，全球报道了许多与微波加热相关的食品中毒事件。因此，在加工过程中，这些产品的制造商力求将产品烹饪到能够确保将致病菌减少到安全水平的温度。此外，在确保微生物符合安全标准的同时，也要注意不能过度加热食品，否则口感无法让消费者接受，这使得微波参数更加难以确定，因为其与时间、温度和被加热的食品密切相关。自 20 世纪 80 年代后期以来，有研究揭示了不同型式和型号的家用微波炉复热冷藏方便食品的性能有很大差异，而且其在加热过程中重复性很差。

一、影响微波炉加热效果的因素

食品中某点升温速率取决于该点接收的能量（能量输入速率）和热特性。微波炉不同于传统的烤箱，因为食品的存在与否及其介电特性变化会改变微波能量的传递。微波炉的输出功率会影响食品加热性能，微波炉中的负载尺寸、电源电压变化及微波炉加热可重复性等都会影响家用微波炉的输出功率。不同型号的家用微波炉的加热性能也不同，体现在微波炉腔体结构的差异，如腔体尺寸的差异、腔体是否有转盘及转盘的材质、是否设有烤架及波导所在位置。家用微波炉的波导可在炉腔侧面或顶部，将磁控管中微波传输至腔体。研究表明，微波炉中小负载的加热可能受到磁控管输入端口位置的影响。对于侧面微波馈口的微波炉，小负载（250g）的升温速率随负载到转台中心距离的增大而增大，而对于炉顶馈口的微波炉升温速率则不随负载到转台中心距离的增大而变化。

此外，食品的种类和食品物料的初始温度也会影响微波加热的特性。为了确定初始温度对微波加热产品的影响，Swain 等（1995）分别对装在托盘中的初始温度为−20℃、−5℃、20℃的马铃薯泥加热，并测量其内部的温度分布。微波加热后马铃薯泥的最低温度随初始温度的增加而增加，随着马铃薯泥最低温度的升高，温度分布的均匀性得到了改善。Swain 等（1994）使用家用微波炉研究了多种冷藏即食食品复热的微波输出功率和温度分布，发现在马铃薯泥中，所有温度分布呈现钟形正态分布曲线，而且比其他即食食品温度分布更紧凑。鸡肉餐和蔬菜餐温度分布往往不均匀，其平均最低温度位置的重复性比烤面条差。Pitchai 等（2014）采用微波复热含有 9 个鸡块和土豆泥的冷冻餐食，发现整体温度呈现不均匀分布（图 3-5）。经过 90s 的微波加热，大部分土豆泥温度仅维持在 30℃，而大部分鸡块温度已超过 72℃。

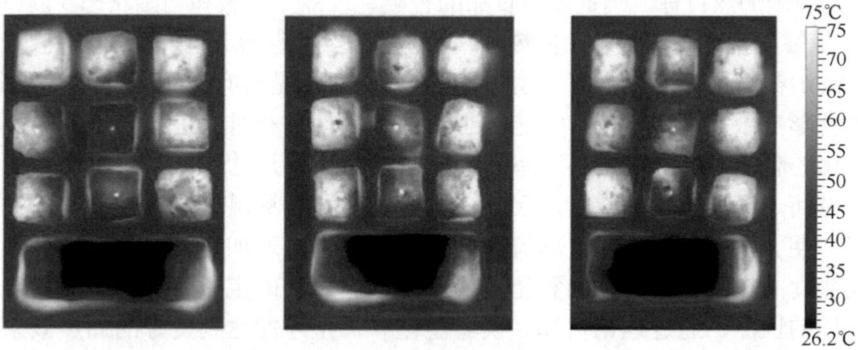

彩图

图 3-5　1200W 微波加热 90s 的冷冻餐食热成像图（引自 Pitchai et al.，2014）

图中长方形代表土豆泥，正方形代表鸡块

二、微波炉加热性能的测定

消费者能获取的唯一与微波炉性能相关的信息，是用标准的 1kg 水负载测定出的输出功率，这一信息对于评价微波炉实际上加热冷藏方便食品的性能好坏几乎没有参考价值。Swain 等（1998）专门为家用微波炉制定了一套检测冷藏方便食品微波加热性能的程序，此程序使用了能够模拟冷藏方便食品的升温和重量损失的标准实验负载。

用光纤温度测试仪来连续测定一系列方便冷藏食品的微波升温过程，可根据达到复热温度的加热时间的差异将这些食品大致分为两类：“快”响应食品和“慢”响应食品。记录微波加热前后模式食品的质量作为一个衡量产品劣变的指标。若食品加热到所设定的最低温度 72℃后质量损失越大，说明产品发生不可逆降解的可能性越大。TX151 基的模式体系在微波加热过程中就模拟了上述的品质劣变现象。

James 等（2002）开发了一个比对家用微波炉三个最重要的复热特性（“实际”功率、温度差异和可重复性）的简单程序。食品吸收的“实际”功率决定了复热时间，复热食品内温度差异控制了食品的质量和安全性，微波炉的可重复性加热表明其在连续加热的情况下也具有相同的性能，从而保证其能可靠地复热出品质相同的产品。

三、微波加热程序的确定方法

针对不同的食品，确定科学、精准的微波加热程序，以实现加热目的，同时避免过热或加热不均匀的现象，对于 B 端商超、便利店或 C 端家庭消费者至关重要。目前，微波炉/食品生产商或相关领域研究人员仅能基于特定型号的微波炉或微波设备给出适配某类包装/容器的特定食品的微波加热程序。George 等（1995）参照冷冻意大利面包装上的加热指南对产品进行复热，发现加热效果无法达到指南设定的加热效果。由于食品物料的复杂性、食品包装的特殊性和微波炉的差异性，微波加热程序的确定较为困难。

James（1993）提出了制定方便食品微波加热指南的 14 点指导方案，为保证微波加热食品的安全性和高品质提供了保障。George 等（1995）开发了含 6 阶段的微波复热指南，同时考虑了微波加热时间、微波停止时间、微波加热过程中食品是否旋转、食品是否有包装、包装是否有孔等诸多因素。针对某一未知微波加热效果的食品，确定其微波加热程序需考虑以下几点：①明确加热目标，确定加热食品的种类、尺寸、包装和初始状态（新鲜、冷冻、解冻等），以及最终期望达到的状态（复热、熟化、解冻至室温等）；②充分了解微波炉性能，不同型号的微波炉在输出功率、腔体尺寸、是否有搅拌器、是否有传感器等诸多方面存在差异，这些因素都会影响微波加热效果；③选择合适的微波功率和时间进行尝试，对于小体系、高水分、易熟化的食品可尝试采用高功率快速加热，对于大尺寸、低水分的食品可采用较低的功率，加热时间一般结合食品重量、尺寸、初始温度和目标温度来估算；④微波程序的优化调整，根据前期尝试的加热效果反向调整微波程序，为实现加热的均匀性，可采用分段间歇式加热、改变食品在腔体内的朝向和位置等手段。因此，确定微波加热程序需充分结合食品特性和微波炉的性能，通过理论估算、实验验证和调整才能达到良好的加热效果。

第六节　未来趋势与展望

微波技术自 20 世纪以来发展迅速，被普遍认为具有广阔的前景。家用微波炉市场潜力巨大，因其具有方便快捷、绿色高效的特点，受到消费者的欢迎，拥有微波炉的家庭数量稳步增长。然而，工业化微波加工技术虽不断发展，但实际应用一直未得到普及。这主要归因于微波加工技术的几个问题：均匀性差、对营养和感官品质的影响、辐射泄漏、设备投资和运行资金高昂等。因此，解决这些问题是促进微波加工技术应用的关键。

目前，已有一些研究着眼于改善微波加工技术的弊端。例如，通过改善配方来维持微波食品的结构特性，以减少感官品质和风味的损失；通过改进微波设备、调整食品物料的几何形态和包装来优化加热的均匀性；开发新设备，进一步改善设备性能等。除此之外，对微波的非热效应、微波加热过程中电磁场的分布、影响微波加热效果的因素等理论知识的研究也在不断进行中，并仍需进一步完善。

食品工业的发展方向是连续、高效和在线控制的生产流水线，而微波技术具备快速、深入的加热方式，比传统加热技术更适用于连续生产线。工业化微波设备可以被应用于管道中的流体物料，也可应用于传送带上的包装、块状食品，但仍需要进一步改进微波设备的性能，如设备组件的优化，设备尺寸、重量和成本的降低等。随着智能控制系统的发展，微波设备将更加智能化，能够根据食品的种类和特性自动调整参数，实现个性化和定制化的加工需求。同时，微波加工过程的实时监控和数据分析将成为可能，以进一步提升食品安全性和效率。在环保方面，由于微波加工通常具有较低的能耗和较少的废物产生，因此在未来可持续发展的趋势下，微波技术将成为食品加工业的重要选择。

思 考 题

1．采用微波炉加热时，炉内的微波场以极高的频率改变电场的方向，使水分子迅速摆动而产生热效应，在高频改变方向的电场中水分子会迅速摆动的原因是什么？

2．改善食品微波加热效果的方式有哪些？

3．微波在食品加工替代中或辅助其他方式的主要优势是什么？

主要参考文献

陈智斌．2012．食品加工学．哈尔滨：哈尔滨工业大学出版社：564-566

孔庆军，任雪艳．2019．现代食品高新技术与装备．合肥：合肥工业大学出版社：101-102

马克·雷吉尔，凯·克内策尔，海尔玛·舒伯特．2020．食品微波加工技术．范大明，闫博文译．北京：中国轻工业出版社：2-3

闫润卿．2020．微波技术基础．北京：北京理工大学出版社：1-5

张兆镗．2018．磁控管与微波加热技术．成都：电子科技大学出版社：1-19

An N N, Lv W Q, Li D, et al. 2022. Effects of hot-air microwave rolling blanching pretreatment on the drying of turmeric (*Curcuma longa* L.): Physiochemical properties and microstructure evaluation. Food Chem, DOI:10.1016/j.foodchem.2022. 133925

Datta A K, Ramaswamy C A. 2001. Handbook of Microwave Technology for Food Application. New York: Taylor & Francis Group, 2: 172

James C, Swain M V L, James S J, et al. 2002. Development of a methodology for assessing the heating performance of a domestic microwave oven. Int J Food Sci Tech, 37(8): 879-892

Pitchai K, Chen J, Birla S, et al. 2014. A microwave heat transfer model for a rotating multi-component meal in a domestic oven: Development and validation. Journal of Food Engineering, 128: 60-71

Soni A, Smith J, Thompson A, et al. 2020. Microwave-assisted thermal sterilization: A review on history, technical progress, advantages and challenges as compared to the conventional methods. Trends Food Sci Tech, 97: 433-442

Su Y, Zhang M, Zhang W M, et al. 2016. Application of novel microwave-assisted vacuum frying to reduce the oil uptake and improve the quality of potato chips. Food Sci Technol, 73: 490-497

Sumnu G. 2001. A review on microwave baking of foods. Int J Food Sci Technol, 36(2): 117-127

Swain M J, Foser A M, Phillips I C, et al. 1994. Variation of Uniformity of Microwave Within Commercial Chilled Convenience Meals. Microwave Science Series No. 10. London: MAFF Publications

Swain M J, Foster A M, Phillips I C, et al. 1995. Effect of Initial Temperature of Food and Continuous Use of a Microwave Oven on the Temperature of Food After Reheating. Microwave Science Series No. 13. London: MAFF Publications

Swain M J, Swain M V L, Russell S L. 1998. A new test procedure to determine the heating performance of domestic microwave ovens. International Appliance Manufacturing, 98: 72-77

Taher B, Farid M. 2001. Cyclic microwave thawing of frozen meat: Experimental and theoretical investigation. Chemical Engineering and Processing, 40(4): 379-389

Watanabe T, Ando Y. 2021. Evaluation of heating uniformity and quality attributes during vacuum microwave thawing of frozen apples. LWT, 150: 111997

Yang H Y, Yan B W, Chen W, et al. 2023. Prediction and innovation of sustainable continuous flow microwave processing based on numerical simulations: A systematic review. Renewable and Sustainable Energy Reviews, 113: 183

Zahoor I, Mir T A, Ayoub W S, et al. 2023. Recent applications of microwave technology as novel drying of food-Review. Food and Humanity, 1: 92-103

Zeng S Y, Li M G, Li G H, et al. 2022. Innovative applications, limitations and prospects of energy-carrying infrared radiation, microwave and radio frequency in agricultural products processing. Trends Food Sci Tech, 121: 76-92

第四章 射 频 技 术

射频（radio frequency，RF）处理是一种基于高频电磁波的热加工技术，它利用介电材料在电磁场中具有的快速整体加热效应可进行食品物料的杀菌、钝酶、干燥等多种热处理。本章主要概述射频技术的原理、常见装备及其在食品加工中的研究与应用现状，并以农产品采后杀虫、冷冻食品解冻及低水分食品杀菌为典型案例进行详细介绍。

本章思维导图

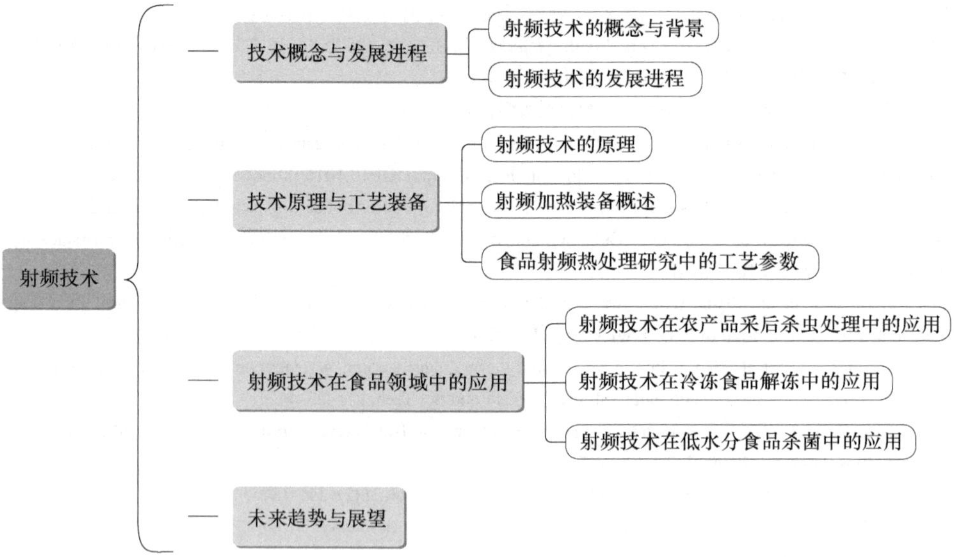

第一节 技术概念与发展进程

一、射频技术的概念与背景

射频波是电磁频谱的一部分，其频率为1～300MHz，与被广泛应用于食品加工中的微波（300～300 000MHz）同属高频电磁波。为避免干扰通信，美国联邦通信委员会（FCC）为工业、科学、医疗（ISM）行业规定了13.56MHz、27.12MHz、40.68MHz三个可用射频加热的频率与915MHz、2450MHz两个可用微波加热的频率。由于热量产生于物料介电损耗对高频电场能量的耗散，因此射频与微波加热统称为介电加热（dielectric heating）。

射频与微波加热均属于新型食品热加工范畴，两者相似之处主要有：①射频与微波加热中，电磁波均以辐射的方式传递至物料，即非接触式加热；②射频与微波加热中，电磁波作用于物料可使其瞬间整体升温，而去除后又瞬间终止，无热惯性；③物料介电特性是决定射频与微波加热效果的共同重要因素；④射频与微波均为非离子化低能辐射，不会导致水分子发生离子化，也不能改变生物体的分子结构，即非电离辐射；⑤射频与微波加热中，均存在由电场分布不均匀而导致的非均匀加热现象。两者不同之处主要有：①频率不同，由于射频频率更低，因此其波长更长，穿透深度更大，更适于加热体积较大的物料；②电磁波的产生与传播方式不同，射频加热中电场通常由三极管构成的标准振荡器电路产生并通过一对电极以定向方式作用于物料，因此电场分布简单、相对均匀。微波加热中磁控管产生的电磁波通过波导送入加热腔并经多重反射后作用于物料，多模态电场分布复杂且均匀性差。因此，通常情况下射频加热相对微波加热均匀性更好，系统结构更为简单，易于在大功率工业化设备中应用。

二、射频技术的发展进程

1832 年，英国学者 Michael Faraday 首次发现并提出了电磁场理论，随后法国学者 Jacques Arsenè Dársonval 证实 500～1500kHz 的电磁波可对动物产生热效应并于 1895 年将其应用于医疗处理。Headlee 和 Burdette（1929）将 12MHz 的射频技术应用于农产品中害虫的杀灭研究。但直到第二次世界大战后，射频技术才逐渐在食品加工领域被广泛研究，特别是近 20 年来已涉及食品科学研究领域的各个方面。国内相关研究始于 2012 年，由西北农林科技大学科研团队率先将射频技术应用于采后农产品的杀虫领域，近十年来在江南大学、中国农业大学、上海海洋大学等高校的推动下，已在低水分食品杀菌、果蔬漂烫/干燥、装备研发等领域开展了深入的理论与技术探索。表 4-1 对射频技术在食品加工中的典型研究进行了综述。

数字资源 4-1

表 4-1 射频技术在食品加工中的典型研究

射频热加工目的	射频系统参数	食品物料	参考文献
解冻（thawing）	14～17MHz/3.0kW	水果、蔬菜	Cathcart et al.，1947
	36～40MHz/6.0kW	鱼	Jason & Sanders，1962
漂烫（blanching）	15MHz/0.75kW	蔬菜	Moyer & Stotz，1947
巴氏杀菌（pasteurization）	9MHz/15.0kW	去骨火腿	Pircon et al.，1953
	60MHz/1.0kW	腌制火腿	Bengtsson & Green，1970
烘焙后干燥（post-bake drying）	15MHz/20.0kW	甜饼干、薄脆饼干	Holland，1963
干燥（drying）	30MHz/60.0kW	粮食	鞍山钢铁大学科研组和鞍山市粮食局第二粮库，1976
	2.4MHz/8.0kW	砖茶	徐立，1983
烹饪（cooking）	13.56MHz/120kW	火腿	Anon，1996
烘焙（roasting）	60MHz/7.8kW	可可豆	Cresko & Anatheswaran，1998
工业化杀虫（industrial disinfestation）	27.12MHz/25.0kW	干核桃	Wang et al.，2007a，2007b
提取天然活性物质（natural active compounds extraction）	27.12MHz/0.6kW	苹果皮	Mohd Jusoh，2015
改性食品组分（food compound component modification）	27.12MHz/2.4kW	淀粉	Zhou et al.，2023
合成食品添加剂（food additive synthesis）	27.12MHz/6.0kW	柠檬酸交联壳聚糖微球	Zhang et al.，2023

第二节 技术原理与工艺装备

一、射频技术的原理

射频技术的原理与微波类似，它们均是基于电磁场的作用，使物料中的带电离子往复运动、极性分子旋转，在两者共同作用下，离子和极性分子产生高速摩擦与碰撞，从而将电磁能转化为热能。虽然离子移动与极性分子旋转并存，但通常认为离子移动是引起射频加热的主要因素。以常见的平行板式射频加热系统为例，它可简化为上下两极板构成的电容器，当交流电源以 27.12MHz 的频率发射电磁波作用于食品物料时，其内部的离子或水分子将随交变电场以 2700 万次/s 的速率高速旋转和往复移动，从而产生快速整体加热效应（李洪岳等，2021）。

数字资源 4-2

食品物料在射频场中吸收电磁波能量而导致温度升高，其单位体积吸收电磁波的功率［即能量密度（Q_v，W/m^3）］与升温速率 dT/dt（℃/s）取决于物料的介电损耗（ε''），可由射频场的电场强度与频率计算获得：

$$Q_v = 2\pi f \varepsilon_0 \varepsilon'' E^2 \tag{4-1}$$

$$\frac{dT}{dt} = \frac{2\pi f \varepsilon_0 \varepsilon'' E^2}{\rho C_p} \tag{4-2}$$

式中，ε_0 和 ε'' 分别为物料在真空中的介电常数（8.854×10^{-12}F/m）和介电损耗；f 为电磁波的频率（Hz）；E 为物料中的电场强度（V/m）；C_p 和 ρ 分别为物料的比热容［J/（kg·℃）］和密度（kg/m^3）。

由上述公式可知，对于给定的射频加热系统（频率与电场强度固定），食品物料的介电损耗越大，其吸收的电磁波能量越多，而加热速率则与介电损耗和电场强度的平方成正比，与物料密度和比热容成反比。此外，食品为多组分混合体系，组分之间水分或离子含量通常不同，即介电损耗存在差异，因此射频波对食品物料还存在潜在的选择性加热（selective heating）效应，即水分或离子浓度较高的区域加热速率较大。

二、射频加热装备概述

（一）射频加热系统的分类

根据射频发生器（radio frequency generator）的不同，射频加热系统主要分为自由振荡式（free running oscillator）和 50Ω 阻抗匹配型两类，其中自由振荡式射频加热系统是食品加工中使用最多的一类，该系统中射频能量由三极管形成的标准振荡电路产生，一对平行电极板形成调谐电路，与输出电路发生电感耦合而对物料产生加热效应。自由振荡式射频加热系统结构简单，成本低廉，加热效率较高，但该系统中电容会随极板间距与物料介电特性的变化而改变，从而引起频率改变。50Ω 阻抗匹配型射频系统由晶体振荡器产生微弱的射频信号，并稳定在相同频率，射频信号经放大后通过同轴电缆传输至一对平行电极板对物料进行加热。射频发生器的输出阻抗设定为 50Ω，为确保最大能量耦合，射频发生器必须连接到阻抗为 50Ω 的负载上。因此，需借助一套自动阻抗匹配网络以保持电路中 50Ω 的固定阻抗。50Ω 阻抗匹配型射频加热系统中射频信号稳定，同轴电缆的使用降低了射频发生器对电极板加热区域的干扰，自动阻抗匹配增强了对加热过程的控制，但其结构复杂、制造成本高，且不能随负载水分含量变化（如干燥过程中水分含量减少）而自动调节功率（Awuah et al.，2015）。

固态射频（solid-state radio frequency）作为近年来提出的一种新型射频技术，被认为是替代磁控管式微波炉的潜在技术。由于传统家用微波炉为2450MHz（小波长）且磁控管仅能在单一频率（如915MHz或2450MHz）产生电磁能，并在加热腔形成驻波而不能均匀分布于整个腔体，因此加热均匀性较差。固态射频不仅波长更大，而且是用固态晶体管产生可变频率的电磁能量。与磁控管中的开环系统不同，固态射频系统是由一个或多个天线组成的闭环，可实时监测加热腔中电磁能量的吸收率，并通过反馈回路对射频输出功率进行实时调整，实现加热智能可控，从而比磁控管式微波炉能更加精确地烹饪食物。

射频能量的施加部件（applicator），即电极，是射频加热系统中的关键部件之一，根据其构造不同，射频加热系统又可分为以下三种。

（1）平行板式电极（parallel-plate electrode）系统：这种电极在商业化射频加热系统中应用最多，现有的食品加工研究几乎均采用这种系统（图4-1A）。物料置于一对平行（通常为水平式）电极板之间被施加高频电压，电场垂直于电极表面。通过调节上、下极板间的距离（即极板间距）可改变物料耦合的能量大小，从而改变物料的加热速率。借助穿过电极间的传送带可实现射频连续化处理。这种电极适用于处理厚度超过10mm的单层或多层垂直堆叠物料，具有较好的加热均匀性与加热效率。

数字资源4-3

（2）交错式电极（staggered through-field electrode）系统：与平行板式电极类似，但它由一系列交错排列在物料上方与下方的柱状电极组成（图4-1B），物料经传送带通过两排电极之间被加热。由于物料相比空气电导率更高，因此能使电场能量集中在物料层并与传送带运动方向一致。与平行板式电极系统相比，薄层物料（＜6mm）在该系统中可吸收更多的电场能量，通过改变两排电极间的距离可使薄层物料获得最佳的电场能量。

数字资源4-4

（3）偏置式电极（fringe-field electrode）系统：它类似于交错式电极系统，由一系列柱状电极或窄板电极组成，但极性相反的电极交替排列在物料同侧（上方或下方）（图4-1C）。物料可借助传送带通过电极，也可直接与电极接触。这种电极可减少施加在电极间的电场强度，并在样品中产生给定的功率密度。同时，平行于物料的电场分量较高，使该电极具有较高的电场耦合效率。但这种电极只适用于非常薄的物料或物料表面的加热与干燥，否则会引起电场分布改变。

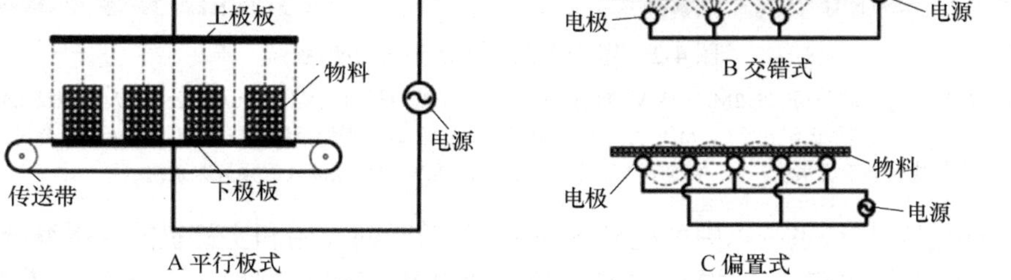

图4-1 射频加热系统的电极板构造（引自Gao et al.，2023a）

（二）食品加工中常用的射频加热系统

目前食品加工领域的主流射频加热系统主要是由英国 Strayfield 和法国 Sairem 两家公司制造的，这两家公司均有超过 40 年的高频设备研发与制造经验，其产品在食品及农产品的解冻、干燥、杀菌、蒸煮、杀虫等科研与工业领域被广泛使用。随着国内食品加工业与科研需求的增长，近年来国产射频加热系统的制造水平不断提高。例如，河北华氏纪元高频设备有限公司（简称“华氏纪元”）已研发生产出基于自由振荡式电路的不同频率、功率、单批次或中试规模的多种射频加热系统，并被国内多家科研单位使用。图 4-2 展示了 5 款不同规格与用途的射频加热系统，其中英国 Strayfield 公司生产的 SO6B 型自由振荡式射频加热系统（图 4-2A）被国内外众多科研团队采用，开展了大量基础与应用研究工作。该系统配备了水平平行式电极板，极板间距可在 9～19cm 自由调节，同时配有传送带可实现物料的连续化处理。图 4-2B 为法国 Sairem 公司 Labotron RF2400 型 50Ω 射频加热系统，该系统设计小巧紧凑，极板间距可在 5～20cm 自由调节，适用于实验室开展不同应用的基础研究。图 4-2E 展示的是我国华氏纪元 GJJ-C-JY 系列自由振荡式射频解冻系统，其输出功率为 10～80kW，冻肉的解冻能力最高可达 2t/h，可满足不同规模的食品加工企业使用。

图 4-2　用于食品加工的射频加热系统

彩图

A．英国 Strayfield 公司 27.12MHz 6kW 自由振荡式射频加热系统；B．法国 Sairem 公司 27.12MHz 2.4kW 50Ω 射频加热系统；C．中国华氏纪元 27.12MHz 3.0kW 自由振荡式射频-真空干燥系统；D．英国 Strayfield 公司 27.12MHz 60kW 自由振荡式射频干燥系统；E．中国华氏纪元 27.12MHz 20kW 自由振荡式射频解冻系统

现有商用射频加热系统以中大型设备为主，缺乏针对家用和实验室的专用系统，且磁控管式微波炉的穿透深度较小且加热均匀性差，因此近年来小型射频装备的研发成为热点。

图 4-3 为西北农林科技大学研究人员研发的两款小型射频加热系统，它们均采用 1.0kW 50Ω 型射频发生器并配备平行板式电极，具有结构紧凑、加热可控性好、加热效率高等优点。其中图 4-3A 所示射频加热系统采用了传统水平式平行极板布局，可满足普通家庭用量的食品复热、解冻、蒸煮、烘焙等不同烹饪需求。图 4-3B 所示射频加热系统采用竖直式平行极板布局，专为开展固-液提取等液体物料的加热试验而设计，可以避免传统水平式平行极板加热液体物料时难以布置搅拌装置、极板间距使用受限，以及上极板易产生冷凝水而放电打火等不足。此外，为了更好地开展相关的食品热加工基础研究，针对现有商用射频加热系统未配备加热均匀性改善装置的问题，研究人员还通过设计并安装螺旋输送器、滚筒（见数字资源 4-5）、喷动流态化装置（见数字资源 4-6）等辅助装置以提高物料的射频加热均匀性。

数字资源 4-5　数字资源 4-6

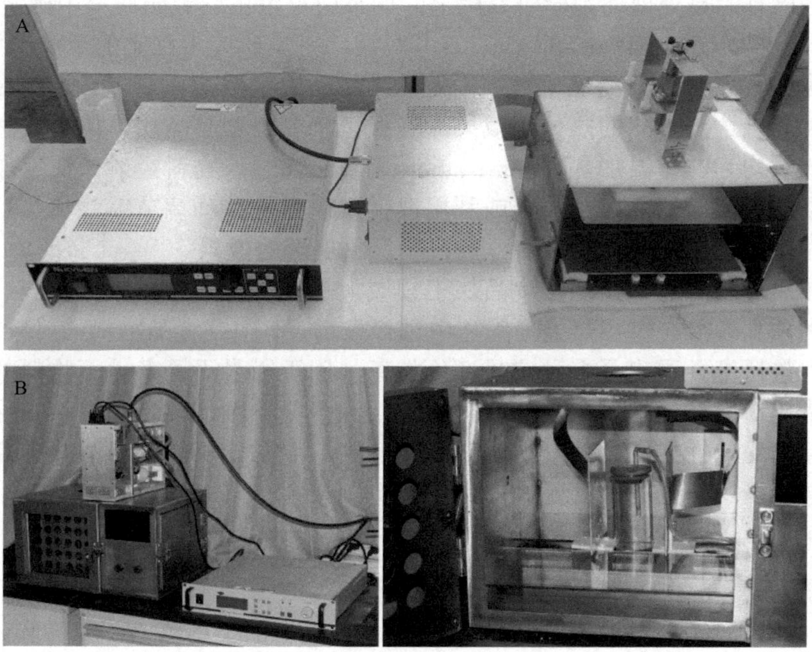

彩图

图 4-3　小型射频加热系统

A．1.0kW 13.56/27.12MHz 50Ω 射频加热系统（引自 Tian et al.，2023）；

B．1.0kW 27.12MHz 50Ω 射频加热系统（引自 Gao et al.，2023b）

三、食品射频热处理研究中的工艺参数

研究人员基于射频技术开展了大量的食品热处理研究，尽管研究目的与规模不同，但涉及的工艺参数均主要包括射频频率、输出功率、极板间距、目标加热温度和加热（保温）时间等。其他如加热均匀性、物料介电特性、电磁波在物料中的穿透深度等参数对工艺优化与改进具有积极意义，但还需要开展深入系统的研究。

频率（frequency）、输出功率（output power）和极板间距（electrode gap）是射频加热系统的性能参数，也是射频热处理的关键工艺参数。例如，常见的 27.12MHz 射频加热系统，其自由空间中的电磁波波长可达 11m，尽管电磁波的穿透深度在食品物料中会有衰减，但该

频率所对应的电磁波穿透深度可满足从小试到中试及工业应用的各类食品加工需求。目前，商品化射频加热系统的输出功率为几千瓦至几十千瓦，通常功率越大处理量越大，大功率射频加热系统常配有传送带以实现连续化处理。对于最为常见的平行板式射频加热系统，极板间距是决定物料加热速率的关键参数，由于极板间距越小，极板之间的电场强度越大（$E=V/d$，V 为上极板电压，d 为极板间距），对于给定物料（介电特性不变），由式（4-1）和式（4-2）可知，射频加热时极板间距越小，物料耦合的电磁场功率越大，加热速率也越大。因此，射频加热处理时，为获得理想的加热效果与加热均匀性，首先需进行极板间距的优化，确定出合适的极板间距。

对于特定射频加热系统，在选定极板间距后，目标温度（target temperature）与保温时间（holding time）是开展热处理的关键工艺参数。这类参数除了通过射频加热试验优化确定，还可根据已有的热处理动力学研究确定，如杀菌、杀虫、钝酶研究中确定的微生物/害虫/酶热致死动力学（thermal death kinetics）数据，干燥研究中确定的干燥动力学（drying kinetics）数据，以及食品热处理研究中确定的品质动力学数据。选择合适的射频加热目标温度与保温时间以达到理想的热处理效果，确保可接受的食品品质。值得注意的是，射频加热与微波加热均为非等温加热（non-isothermal heating），物料经射频快速加热至设定温度后，其保温过程需借助热风加热，或利用温度反馈模块自动调节射频加热功率，还可通过交替开关射频加热以维持物料温度恒定，确保热处理的效果。

非均匀加热是阻碍射频技术在食品加工领域大规模应用的主要原因之一，目前加热均匀性并未作为独立参数在射频热处理工艺中进行报道，但围绕食品物料的射频加热均匀性，学者开展了大量研究并提出了多种定量评价指标，用于衡量不同条件下物料的射频加热均匀性及不同措施对射频加热均匀性的改善效果，为优化射频加热工艺提供指导。其中最常见的评价指标为均匀性指数（uniformity index，UI），它被定义为射频加热前后样品温度的标准偏差与温度平均值之比，可通过式（4-3）进行计算（Wang et al.，2005）：

$$\mathrm{UI}=\frac{\sqrt{\sigma^2-\sigma_0^2}}{\mu-\mu_0} \tag{4-3}$$

式中，μ_0 和 μ 分别为物料温度分布的初始平均值和加热后的平均值（℃）；σ_0 和 σ 分别为与之对应的温度标准偏差值（℃）。通常均匀性指数越小越好，理想状态时 UI＝0，即物料中各点的温度均相等。

第三节　射频技术在食品领域的应用

一、射频技术在农产品采后杀虫处理中的应用

采后农产品的杀虫处理是射频技术在食品加工领域研究最早也是最有望实现工业化应用的领域。研究人员已围绕采后农产品及其储藏害虫的介电特性、储藏害虫的耐热特性及采后农产品的射频加热均匀性与品质特性开展了大量研究，部分农产品物料的射频杀虫处理已完成从小试到中试再到工业放大的全部过程，以下将以储藏害虫的射频选择性加热效应与坚果的射频工业化杀虫为典型案例加以介绍。

案例 4-1

储藏害虫的射频选择性加热效应

利用射频加热杀灭采后农产品中的储藏害虫，除了具有较深的热穿透性与快速体积加热效应，由于储藏害虫与农产品物料的组成特别是含水量差异较大，因此两者介电损耗有较大差异。根据式（4-1）和式（4-2）可知，射频杀虫过程中害虫与农产品温度的上升速率可能不同，即射频波对两者存在潜在的选择性加热效应，围绕这一潜在效应，研究者从介电特性、计算机模拟、试验验证等多个方面开展了深入研究，表 4-2 列出了一些常见储藏害虫及其寄主在射频和微波频率下介电损耗的测量数据。

表 4-2 常见储藏害虫及其寄主在射频和微波频率下的介电损耗对比（20～25℃）（引自 Ling et al., 2020）

害虫/宿主	含水量（害虫/宿主）/（%，湿基）	介电损耗（害虫/宿主）[a]	
		射频频率/MHz	微波频率/MHz
杂拟谷盗成虫/玉米粉	42/10.3	19/0.1（40）	—
豆象成虫/绿豆	71/10.2	185/0.2（27）	10/0.2（915）
印度谷螟幼虫/黄豆	74/19.9	211/1.6（27）	13/0.8（915）
谷蠹成虫/绿豆	54/10.2	55/0.2（200）	18/0.2（915）
锯谷盗成虫/绿豆	54/10.2	68/0.2（200）	18/0.2（915）
赤拟谷盗成虫/精米	48/11.4	56/0.6（200）	18/0.6（915）
米象成虫/精米	47/11.4	48/0.6（40）	15/0.6（915）
锈扁谷盗成虫/小麦粒	49/15.0	8/0.1（27）	—

注："—"表示无该数据；a. 括号中数据代表电磁波的频率值（MHz）

由表 4-2 可看出，常见储藏害虫的含水量远高于豆类、大米、小麦粒、玉米粉等宿主，与之对应的介电损耗也明显较大，间接说明射频波对害虫具有潜在的选择性加热效应，加热相同时间后，害虫温度高于宿主，这将有利于在较低温度下杀灭粮食中的害虫，减少热处理对宿主品质的负面影响。例如，Wang 等（2003）首次通过试验证明射频波在核桃杀虫中的选择性加热特性。值得注意的是，射频波段介电损耗的差异比微波频段更大，说明射频杀虫过程中害虫的选择性加热效应更为显著，害虫达到热致死温度时物料温度更低。此外，基于介电特性测定数据，黄智（2018）利用计算机模拟与试验验证的方式分别研究了整筐黄豆中印度谷螟的位置、摆放姿态、种类和大小对射频选择性加热效应的影响，结果显示当害虫放置在大豆样品的表面层中心位置或以水平姿态摆放在大豆样品中时，升温速率与最终温度显著低于垂直姿态或倾斜摆放的害虫。作者将其归因于两平行电极板间的电场垂直分布，分子的极化运动也主要发生在垂直于物料表面的方向上，因此以垂直或倾斜姿态摆放的害虫体内会产生更多的热量，选择性加热效应更为显著（见数字资源 4-7）。类似的研究，如基于小麦和锈扁谷盗的介电特性数据，研究者借助计算机模拟探究了不同含水量下小麦中锈扁谷盗在射频加热下

数字资源 4-7

的温度变化过程，结果显示锈扁谷盗成虫达到热致死温度时比小麦颗粒高 14℃（Shrestha & Baik，2013）。值得注意的是，射频加热存在一定的不均匀性，射频加热期间害虫可能会向物料冷点迁移，因此利用选择性加热效应提高射频杀虫效率，应首先确保射频加热的均匀性。

案例 4-2

干核桃的射频工业化杀虫

美国华盛顿州立大学 Tang Juming 教授团队自 2000 年起对多种采后农产品开展了射频杀虫研究，其中以干核桃的研究最为系统、深入。该研究小组首先开展了干核桃中常见储藏害虫的热致死动力学研究，确定出最耐热害虫为五龄脐橙螟虫，其热致死条件为 52℃保温 6min 或 54℃保温 1min。然后采用 27MHz 12kW 的射频加热系统将2.5kg干核桃加热至五龄脐橙螟虫的热致死温度55℃并保温5min，即可达到 100%消灭苹果蠹蛾、印度谷螟和脐橙螟虫的目的。经过进一步研究射频加热过程中核桃的水分变化发现，含水率是影响射频升温速率的主要因素，而射频加热系统中核桃的摆放方式、水洗后核桃壳开闭口对加热均匀性均有显著影响。

数字资源 4-8

基于上述研究，该研究小组采用 1 台 27.12MHz 25kW 的射频加热系统，该系统装有两对水平式平行极板，试验中将 17 筐干核桃（每筐 11kg）依次通过两对极板模拟核桃的工业化杀虫过程（Wang et al.，2007a，2007b）。

干核桃的射频工业化杀虫过程中，物料采用传送带输送并以热风辅助保温，在加热过程的中段（即物料运行至两对电极板之间时）进行一次混合搅拌，可有效提高核桃的射频加热均匀性，当核桃表面平均温度达到 60℃，内部最低温度达到 52℃后，热风保温 5min 即可 100%杀灭五龄脐橙螟虫，核桃含水率、过氧化值、脂肪酸和颜色等品质指标均在可接受范围内。此时，射频系统的平均能量效率为 79.5%，处理量为 1560kg/h，在不考虑设备投资与折损及人工成本的前提下，根据整个系统的耗电量与电价（2005 年美国加利福尼亚州工业用电均价为 0.1 美元/度）计算可知，射频杀虫的能源成本（0.0027 美元/kg）与同时期采用甲基溴熏蒸的成本（0.0020～0.0027 美元/kg）相当。

二、射频技术在冷冻食品解冻中的应用

解冻是射频技术在食品加工领域开展最早的研究方向之一，相比微波解冻，射频解冻虽然改善了局部过热等加热不均匀问题，且商用射频解冻系统已被用于食品行业，但冷冻食品的组成与形状复杂多样，且解冻过程伴随相态改变，水与冰的介电特性不同，因此射频解冻过程中依旧存在显著的热失控（又称热偏移现象）和尖（边）角效应，导致加热不均匀而影响产品品质。因此，加热不均匀仍然是商业化射频解冻中需要解决的问题之一，以下将以介质环绕作用下冷冻牛肉的射频解冻均匀性为典型案例加以介绍。

案例 4-3

介质环绕作用下冷冻牛肉的射频解冻均匀性

选用与物料介电常数相似的材料包装物料，可减小物料与周围介质介电常数的差异，避免射频能量在物料边缘和角落的聚集，抑制热偏移和边角效应，该机制已被多项研究证实可提高物料的射频加热均匀性。基于此，研究者提出采用几种不被电磁波加热的介质环绕冷冻肉糜以减小射频解冻中冻肉的边角效应。这项研究中首先选择乙醇（95%）、甘油（70%）和碎冰三种环绕介质，测定其介电特性并进行射频加热研究。然后以射频解冻中均匀性最差的块状（1.5kg）和阶梯状（1.125kg）带包装冷冻肉糜为例用上述介质环绕，进行射频解冻（目标温度−4℃）试验（见数字资源 4-9），根据加热均匀性确定最优环绕介质。最后对比分析了最优环绕介质辅助射频解冻、射频解冻及冰箱解冻中样品的升温特性与解冻均匀性及解冻后样品的品质特性（Li et al.，2021）。

数字资源 4-9

利用乙醇、甘油和碎冰三种环绕介质辅助射频解冻块状和阶梯状冷冻牛肉糜，其中 70%的甘油对解冻均匀性提高的效果最为显著，且无毒、不易燃、无异味。两种形状的肉糜样品以阶梯状样品温度更为均匀，解冻后温度介于−3.7～5.3℃。甘油环绕辅助射频解冻时间约为冰箱解冻的 1/40。相比射频解冻，采用甘油环绕样品显著增加了解冻时间，其能耗也相应有所增加。对于解冻后产品的品质特性，三种介质环绕辅助解冻的样品，其蒸煮损失（cooking loss）和总挥发性盐基氮（total volatile basic nitrogen，TVBN）与冰箱解冻样品相似，但甘油辅助射频解冻显著降低了边角效应，样品的温度更为均匀，因此整体色泽表现与冰箱解冻样品更为接近。此外，研究者指出，介质环绕辅助解冻法应在其他肉制品及海产品中进行验证，同时采用计算机模拟等手段对环绕介质的浓度进行优化以更好地控制边角效应，还应考虑工业化解冻中增加介质环绕所需的设备改造与运行成本问题。

三、射频技术在低水分食品杀菌中的应用

低水分环境中微生物具有极强的耐热性，且粉末或颗粒状低水分食品（low moisture food，水活度<0.85，25℃）的传热性差，导致传统热杀菌技术很难实现有效杀菌并保证产品品质，因此探索高效可靠的杀菌方法成为这类食品的研究热点。射频波因其整体快速加热的特点在低水分食品物料的杀菌处理中具有潜在优势，近年来研究人员围绕低水分食品的射频杀菌开展了大量研究，以下将以坚果的气调辅助射频杀菌处理为典型案例加以介绍。

案例 4-4

干巴旦杏仁的气调辅助射频杀菌处理

气调包装常被用于农产品保鲜并具有抑制微生物生长的作用，同时气调包装与非热技术组合处理对食源性病原菌也具有杀灭作用，如气调辅助辐照、超高压和紫外线

等组合杀菌研究已有报道。基于上述研究，科研人员探索了巴旦杏仁中大肠杆菌的气调辅助射频杀菌技术。这项研究首先测定了气调协同热处理下（气体浓度、加热速率、目标温度、保温时间）大肠杆菌的热致死动力学。然后基于气调-热致死动力学参数，采用 50Ω 射频加热系统开展了杀菌验证（见数字资源 4-10）。最后通过杀菌后微生物的微观形态观察和转录组测序，从细胞水平到分子水平阐释了气调-射频杀菌的作用机制（程腾，2021）。

数字资源 4-10

气调（2%O_2，20%CO_2）处理条件下大肠杆菌 ATCC 25922 的 D 值和 z 值均显著小于非气调（21%O_2，0%CO_2）处理，此时要达到 5-log［使微生物数量减少 5 个对数（数量级，下类同）］的杀菌要求，需要在 75℃保温 43min。加热速率大于等于 1℃/min 时，加热速率对大肠杆菌的 D 值无显著影响。气调辅助射频杀菌时，升温阶段采用射频功率 900W、极板间距 11.5cm 的快速升温；保温阶段，降低射频功率维持接菌区域温度为 75℃并保持 21min，其间通入改变浓度的气体（20%CO_2和 2%O_2），可达到 4-log 的杀菌要求，相比常规射频杀菌时间减少 38%。杀菌处理后样品色泽无显著变化，但脂肪酸和过氧化值随贮藏时间的增加显著增加，但仍在可接受的范围内［PV（过氧化值）$<$1.0meq/kg，FFA（游离脂肪酸值）$<$0.6%］，主要品质指标符合坚果业要求。微观结构显示，相比常规射频杀菌，气调辅助射频杀菌后微生物的表面形态出现了明显的收缩和变形。经过对转录组数据分析可知，气调辅助射频杀菌后，微生物细胞生长、代谢过程、再生产、翻译调节器活动等功能的基因表达下调，而氮代谢、硫利用等功能的基因表达上调。

第四节　未来趋势与展望

近 20 年来射频技术已涉及食品加工研究的各个领域，并在个别领域实现了工业化应用，但仍需深入探索以实现更多技术突破，促进食品加工业高速发展。基于现状，未来还需在以下几个方面开展深入研究。

（一）食品加工中的射频加热机制研究

虽然食品科学研究人员已基于射频技术开展了大量基础研究，但与之相应的机制探索仍较为匮乏。例如，食品杀菌、钝酶、改性过程中的射频非热效应依旧存在争论。未来应持续针对这些机制性问题开展深入探索，揭示射频加热过程的深层次作用机制，以更好地指导射频热加工装备改进与工艺优化。

（二）食品加工专用射频系统的研发

目前，无论是科学研究还是商业应用，所用射频系统多为通用设备（即未针对特定加工目的而设计）。未来应针对不同的食品物料（如液态、固态、散装或带包装等）、加工目的（杀虫、漂烫、干燥、解冻等）及加工规模（单批次、连续化、大规模等），开发专用型射频加热系统，以更好地满足科研与商用需求。

（三）家用智能化射频加热系统的研发

随着生活节奏的加快及消费者对便捷食品需求的增加，能够满足家庭使用的快速均匀智能化加热技术成为研究热点。射频加热相比传统磁控管式微波炉，在烹饪、烘焙、解冻、复热等领域显示出巨大优势。未来应加大力度研发家用智能化射频加热系统，如 50Ω 式和固态式小型装置，以更好地满足现代家庭食品烹饪的多样化、便捷化与高质量需求。

（四）射频技术的工业化应用示范

虽然现阶段射频解冻与杀虫已实现了工业化应用，但针对射频技术的大多数研究依旧停留在实验室阶段，难以放大用于商业生产。因此，未来应围绕射频加热工业化应用中的瓶颈问题，如射频加热均匀性、产品品质、大功率射频装备的制造及其能耗效率等问题开展深入研究以取得更多技术突破，扩大其商业化应用范围。

思 考 题

1．简述射频技术与微波技术的相同与不同之处。

2．射频加热系统有哪两种分类方式，各包括哪些形式的射频加热系统？

3．食品物料的射频热加工处理通常包含哪些主要工艺参数？并思考如何利用这些参数开展完整的射频杀虫或灭菌处理。

4．简述射频加热不均匀的主要原因，并以某种食品的射频热加工为案例说明其改善方式。

主要参考文献

鞍山钢铁大学科研组，鞍山市粮食局第二粮库．1976．高频介质加热在粮食烘干中的应用．电子技术应用，(1)：11-22

程腾．2021．巴旦木仁的气调辅助射频杀菌方法及机制研究．杨凌：西北农林科技大学博士学位论文

黄智．2018．大豆射频加热过程有限元模拟及均匀性优化研究．杨凌：西北农林科技大学博士学位论文

李洪岳，李青鸾，郑建军，等．2021．射频加热技术在粮食储藏与加工中应用研究进展．智慧农业（中英文），3（4)：1-13

徐立．1983．论高频介质加热在砖茶干燥工艺中的应用．茶叶，(1)：37-42

Anon. 1996. Cooking with radio frequency. Food in Canada, 56(3): 10-33

Awuah G, Ramaswamy H, Tang J. 2015. Radio-frequency baking and roasting of food products. *In*: Tang J, Awuah G, Boca Raton F L. Radio Frequency Hating in Food Processing: Principles and Applications. New York: CRC Press : 231-243

Bengtsson N, Green W. 1970. Radio-frequency pasteurization of cured hams. Journal of Food Science, 35(5): 682-687

Cathcart W, Parker J, Beattie H. 1947. The treatment of packaged bread with high frequency heat. Food Technology, 1(2): 174-177

Cresko J, Anatheswaran R. 1998. Dielectric drying and roasting for food manufacturing. *In*: International Microwave Power Institute. Microwave Power Symposium. Chicago IL: 95-98

Gao J, Wu M, Du S, et al. 2023a. Recent advances in food processing by radio frequency heating techniques: A review of equipment aspects. Journal of Food Engineering, 357: 111609

Gao J, Zhang H, Wang S, et al. 2023b. Performance evaluation of an experimental radio frequency heating system designed for studying the solid-liquid extraction. Innovative Food Science and Emerging Technologies, 90: 103518

Headlee T, Burdette R. 1929. Some facts relative to the effect of high frequency radio waves on insect activity. Journal of the New York Entomological Society, 37(1): 59-64

Holland J. 1963. High frequency baking. Paper Presented at the 38th Annual Meeting of the Biscuit and Cracker Manufacturers' Association

Jason A, Sanders H. 1962. Dielectric thawing of fish. Ⅰ. Experiments with frozen herrings. Food Technology, 16(6): 101-106

Li F, Zhu Y, Li S, et al. 2021. A strategy for improving the uniformity of radio frequency tempering for frozen beef with cuboid and step shapes. Food Control, 123: 107719

Ling B, Cheng T, Wang S. 2020. Recent developments in applications of radio frequency heating for improving safety and quality of food grains and their products: A review. Critical Reviews in Food Science and Nutrition, 60(15): 2622-2642

Mohd Jusoh Y. 2015. Radio Frequency Assisted Extraction of Phenolic Compounds from Apple Peel. Montreal: Bioresource Engineering Department, McGill University

Moyer J, Stotz E. 1947. The blanching of vegetables by electronics. Food Technology, 1: 252-257

Pircon L, Loquercio P, Doty D. 1953. High-frequency cooking, high-frequency heating as a unit operation in meat processing. Journal of Agricultural and Food Chemistry, 1(13): 844-847

Shrestha B, Baik O. 2013. Radio frequency selective heating of stored-grain insects at 27.12MHz: A feasibility study. Biosystems Engineering, 114(3): 195-204

Tian Y, Guan X, Li R, et al. 2023. Evaluating performances of a small-scale 50Ω radio frequency heating system designed for home applications. Innovative Food Science and Emerging Technologies, 83: 103258

Wang S, Monzon M, Johnson J A, et al. 2007a. Industrial-scale radio frequency treatments for insect control in walnuts Ⅱ: Insect mortality and product quality. Postharvest Biology and Technology, 45(2): 247-253

Wang S, Monzon M, Johnson J, et al. 2007b. Industrial-scale radio frequency treatments for insect control in walnuts: Ⅰ: Heating uniformity and energy efficiency. Postharvest Biology and Technology, 45(2): 240-246

Wang S, Tang J, Cavalieri R, et al. 2003. Differential heating of insects in dried nuts and fruits associated with radio frequency and microwave treatments. Transactions of the ASAE, 46(4): 1175-1184

Wang S, Yue J, Tang J, et al. 2005. Mathematical modelling of heating uniformity for in-shell walnuts subjected to radio frequency treatments with intermittent stirrings. Postharvest Biology and Technology, 35(1): 97-107

Zhang L, Zhang M, Adhikari B, et al. 2023. Preparation and properties of citric acid crosslinked chitosan salt microspheres through radio frequency assisted method. Food Hydrocolloids, 139: 108538

Zhou D, Yang G, Xu J, et al. 2023. Non-thermal effect of radio frequency treatments verified by the multi-scale structure and *in-vitro* digestibility of sweet potato starch. Innovative Food Science and Emerging Technologies, 87: 103412

第五章　超高压技术

食品领域的超高压技术（high pressure processing，HPP；ultra-high pressure processing，UHP），也称高静水压技术（high hydrostatic pressure processing，HHP），是一种利用不小于100MPa压强对食品进行非热加工的前沿科技，其诞生和发展源于对食品在高压环境中独特变化的深入研究。自问世以来，这一技术不断突破创新，从实验室研究逐步走向大规模的工业化应用。该技术基于勒夏特列原理、帕斯卡定律等物理学原理，通过优化工艺流程及升级加工装备，为食品加工行业带来重大变革。本章将全面阐述食品领域超高压技术的概念、背景和发展进程，剖析其技术原理、工艺流程及装备的发展进程；同时，通过具体案例探讨超高压技术在果蔬汁加工、水产品脱壳及肉制品加工等领域中的应用，展示其处理效果和商业化价值；最后，探讨超高压技术在食品加工领域的广阔前景和潜在研究方向，为食品工业高质量发展提供新的思路和技术支持。

本章思维导图

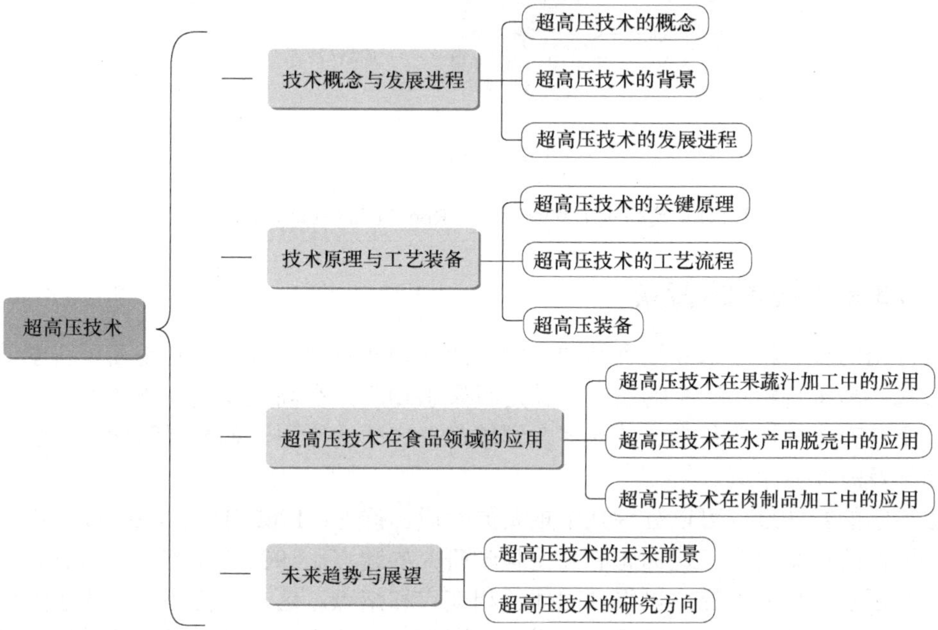

第一节　技术概念与发展进程

一、超高压技术的概念

超高压技术是一种新型的非热加工技术。根据《超高压食品质量控制通用技术规范》

（GB/T 41645—2022）中对超高压加工的定义，食品应置于不小于 100MPa 的条件下进行处理。具体来说，超高压处理时将食品密封于柔性包装后置于处理釜中（常以水或其他流体作为传压介质），在常温或较低的温度下进行一定时间的超高压（压强为 100～1000MPa）处理，达到杀灭微生物、改性食品生物大分子（酶、蛋白质、淀粉等）、改善食品品质、提取功能性成分等目的（张晓等，2015）。

超高压作用于非共价键而不破坏共价键（Balny & Masson，1993）。蛋白质等生物大分子的空间结构部分依赖于非共价键的维持，超高压能够改变其空间结构进而使其功能产生正向或负向的变化，如超高压处理能够增强酶活性也可以钝化酶活性（Zheng et al.，2024）。超高压不破坏共价键的特性，使得维生素、色素和香气物质等小分子化合物得到保护，从而更好地保持食品原有的营养和感官属性（Oey et al.，2008）。图 5-1 展示了超高压示意图。

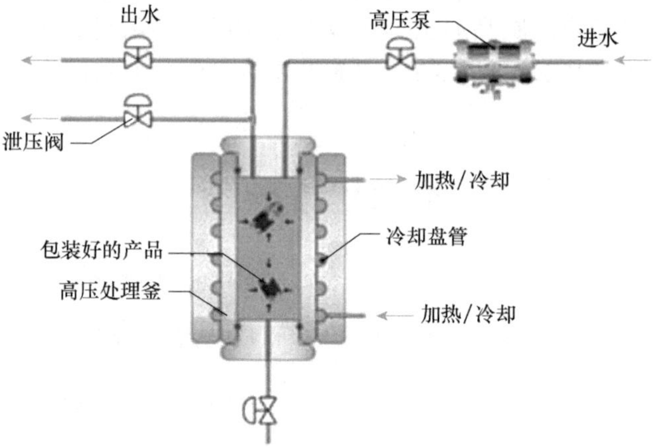

图 5-1　超高压示意图（引自 Roohinejad et al.，2018）

二、超高压技术的背景

本章讨论的超高压技术专指食品加工领域的一种非热加工技术，它是高压科学的一个具体应用形式。高压科学是研究物质（尤其是凝聚态物质）在高压及超高压条件下的结构、状态、性质及其变化规律的科学。其在多个领域都有广泛的应用，如材料科学、化学、地球科学、生物学及海洋科学等。

高压科学的发展过程可以分为几个重要的阶段。首先，1762 年，J. Canion 首次尝试了对水进行压缩性的实验研究，这标志着高压科学研究的起点。1903 年，G. Tammann 对固体进行了体积随压强变化的研究，以得到固体的相变点和熔点。这一研究不仅深化了人们对固体在高压下各性质的理解，也推动了高压科学在固态物质研究领域的发展。美国著名物理学家 P. W. Bridgman 在高压实验装置上的突破为相关研究提供了更为稳定和可靠的高压环境，并实现了装置压强的多次提高，他在高压物理学上的深厚造诣使其获得了 1946 年的诺贝尔物理学奖。在 1959 年之后，高压科学研究进入了金刚石压砧（diamond anvil cell，DAC）时代。金刚石压砧技术的出现使得高压实验的压力范围得到了极大的提升，并且使得实验条件更为精确和可控。随后的几十年间，大量的物理学家对金刚石压砧技术进行了发展和改良，推动了高压科学的进一步发展。

高压科学的应用研究最早开始于食品领域。早在 1895 年，H. Roger 就发表了关于食品超高压杀菌的报道。他的这一发现奠定了超高压在食品科学领域应用的基础。

三、超高压技术的发展进程

（一）早期发现与研究

1895 年至 20 世纪中叶，科学家开始研究超高压对微生物的影响，并确认了超高压对多种食品及饮料的灭菌效果。1899 年，美国化学家 B. H. Hite 首次发现超高压能延长牛奶的保质期。1914 年，P. W. Bridgman 详细阐述了 500MPa 的超高压环境使蛋白质凝固和酶失活，从而实现灭菌效果。这一发现引起了学术界的广泛关注。然而，由于当时的技术装备尚不完善，其在实际加工中的应用受到了限制。

（二）技术的初步应用

20 世纪 80 年代中后期，超高压技术在食品中的应用开始引起人们的关注。1989 年，日本京都大学林力丸教授发表了用超高压处理食品的研究报告，引起了日本食品工业界和学术界的重视。

（三）商业化应用与国际关注

1991 年，日本明治屋公司首创采用超高压代替热杀菌的果酱（high pressure jam），其被投放市场后大受欢迎。20 世纪 90 年代，日本已有超高压果酱、调味品、饮料等多种产品上市，超高压技术在食品领域的应用前景日益向好，并引起了各国的关注。

（四）技术突破与发展

20 世纪 90 年代以后，有关超高压装备、技术和理论的研究得到了突破与发展。欧洲和北美洲的大学、公司和研究机构相继加快了对超高压技术的研究。1998 年，美国 Avomix 公司推出了超高压鳄梨酱，进一步丰富了超高压食品的种类。此外，可口可乐、百事可乐、星巴克等国际大型饮料企业也积极跟进，成功运用超高压技术生产果汁类产品。

（五）深入研究与应用

超高压技术杀菌、钝酶的具体机制及其他功能作用得到深入研究。随着科技的不断进步，新型复合易成型、低密度、耐压材料的出现，将有助于解决超高压技术应用上的限制，推动其在更多领域得到广泛应用。

当前，欧美国家在超高压技术领域的运用保持着全球领先的地位，其拥有大量食品超高压处理试验装置及生产装备。诸如超高压米饭、果酱、果汁、鱼糜制品等超高压加工食品已广泛进入市场，并且这些国家在超高压加工、杀菌、保鲜技术方面已积累了众多专利。相较之下，中国的超高压食品加工应用尚处于初始阶段，但众多学者已积极投身于这一领域的研究，推动了我国超高压技术向产业化应用的转化。

第二节　技术原理与工艺装备

一、超高压技术的关键原理

（一）勒夏特列原理

勒夏特列原理，又称化学平衡移动原理。其核心思想是：当一个化学反应体系达到平衡状态后，如果改变影响平衡的一个条件（如浓度、压强或温度等），那么平衡就会向能够减弱这种改变的方向移动。勒夏特列原理不仅适用于化学平衡体系，还适用于自然界的一切动态平衡体系。这种平衡移动并不是完全消除条件变化的影响，而是减弱其影响，使体系在新的条件下达到一个新的平衡状态。

压力会改变分子间距离，从而直接影响与距离相关的相互作用力，其中疏水相互作用和静电相互作用是超高压的主要作用目标。当疏水分子结合时，其体积变化呈正值（10～20mL/mol）；静电相互作用伴随着体积的减小；氢键的形成导致体积变化在较小的范围内波动（－3～＋1mL/mol），这些负体积变化虽然微小，却揭示了原子间距离的缩短，进而影响了分子间的相互作用和整体结构；芳香环的堆叠和电荷转移相互作用在压力下会增强（Balny & Masson，1993）。相反，共价键不太可能受到压力的影响，因为其作用距离几乎无法减小。

（二）帕斯卡定律

帕斯卡定律是流体静力学的一条定律，其核心在于描述不可压缩静止流体中任意一点受外力产生压强增值后，此压强增值会瞬间传至静止流体各点。这一定律由法国科学家 B. Pascal 在 1653 年提出。在超高压加工过程中，无论食品的形状和大小如何，压力都能够均匀、快速地传递到食品的各个部分。这种均匀的压力分布有助于确保食品加工的均匀性和一致性，提高了加工效率和产品质量。

（三）压力的热效应

压力的热效应是指压力通过压缩物体做功时，机械能转化为内能，从而导致物体温度升高的现象。卸压时物体会释放在压缩过程中获得的能量，温度下降。压力的热效应受到压力变化速率、初始温度和被压物质成分等因素的影响，在各种传压介质中，水比油或其他有机试剂的温度变化更小，以室温为初始温度，水的压力热效应约为 3℃/100MPa，高水分含量食品的压力热效应与水类似，脂类食品为 8～9℃/100MPa。

二、超高压技术的工艺流程

1. 装载样品　根据《超高压食品质量控制通用技术规范》（GB/T 41645—2022）中对超高压包装材料的要求，包装材料应符合国家相关标准要求，经超高压处理后不影响食品品质；应具有压力传导性，经超高压处理后不发生变形、破损或其他外观的改变；经超高压处理后阻隔性能不发生改变。食品需密封于适宜的包装中，并装入篮筐内。随后，通过手动或机械自动化的方式，将篮筐送入高压处理釜中，并用堵头进行密封。

2．处理釜注水 当高压处理釜被堵头密封后，泵入传压介质（通常为水）至釜体充满。

3．增压阶段 利用增压器对传压介质进行压缩，实现压强的逐渐升高，直至达到预定的目标压强。

4．保压阶段 在达到目标压强后，食品将在超高压环境中保持一段时间，以确保加工效果。在此阶段，压强需保持稳定，以便食品能够在恒定的压强条件下进行充分的处理。

5．卸压阶段 当食品经过所需的处理时间后，排出高压处理釜内的传压介质，将压强降低，以便取出食品。

三、超高压装备

（一）超高压装备的发展历程

1．实验研究与技术发展阶段（1990 年前） 19 世纪末至 20 世纪初，H. Roger、B. H. Hite 和 P. W. Bridgman 等学者开始研究超高压的杀菌效果及其对食品组分的影响，在实验研究中出现了早期的超高压装备。这些研究工作为超高压装备的研制和应用积累了经验。此后，P. W. Bridgman 在高压物理学领域取得了卓越成就，其在高压实验装置上的突破为超高压装备的研制提供了重要的理论支持和指导。

2．工业化应用与装备优化阶段（1990 年至 21 世纪初） 1990 年，日本成功研发了第一台工业超高压装备，并将其用于食品的商业化加工，这标志着超高压装备进入产业化应用阶段。此后，随着技术的不断完善和市场的扩大，超高压装备在设计和制造上也不断优化。卧式超高压装备逐渐取代垂直设计，成为主流装备形式，其在装卸速度、生产效率、产品可追溯性等方面的优势日益凸显。同时，装备容积的不断增加进一步提高了处理效率（Houška et al.，2022）。

3．技术创新与拓展应用领域阶段（21 世纪初至今） 进入 21 世纪，随着科技的进步和消费者需求的多样化，超高压装备在技术创新和应用拓展方面取得了显著进展。一方面，新的材料和技术被应用于装备的制造中，提高了装备的耐用性和安全性；另一方面，超高压技术也逐渐被应用于更多种类的食品加工中，如果蔬汁、肉类、海鲜等，为消费者提供了更多健康、美味的食品选择。同时，一些先进的装备（如 Hiperbaric 525 Bulk）通过大容积设计和高效的吞吐极大地提高了生产效率，并降低了加工成本，使得超高压技术更加可持续和可接受。近几十年超高压装备的容积发展进程如图 5-2 所示。

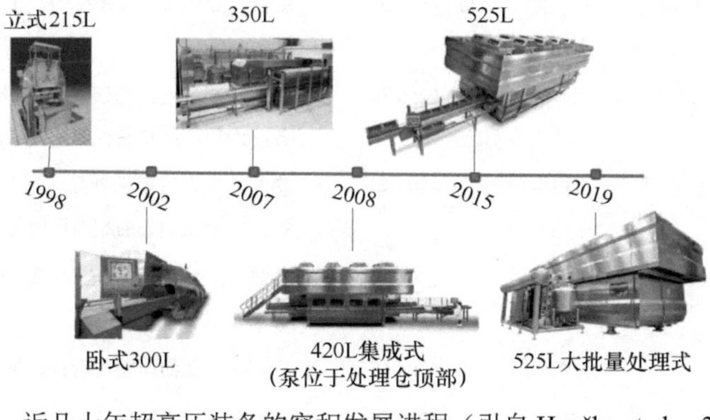

图 5-2 近几十年超高压装备的容积发展进程（引自 Houška et al.，2022）

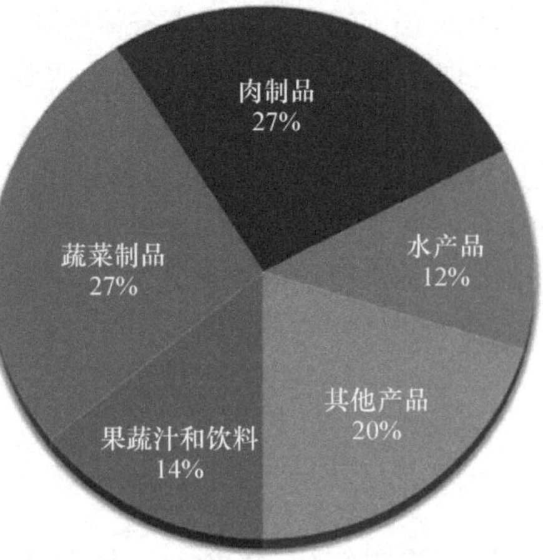

图 5-3　超高压加工食品中各种类产品的占比（引自 Flores，2015）

（二）超高压装备的商业化应用

20 世纪 90 年代最早使用超高压装备的公司位于亚洲和欧洲，但截至 2019 年，45%的超高压装备安装在北美洲，25%安装在欧洲。截至 2020 年底，全球有 590 多台工业超高压装备在运行，大约是 5 年前的两倍（Houška et al.，2022）。超高压装备的装机数量近年来呈上升趋势，越来越多的企业开始使用超高压技术进行食品加工。相关产品覆盖肉制品、水产品、蔬菜制品、乳制品等多种食品领域（图 5-3）。

（三）超高压装备的制造商

数字资源 5-1

超高压装备的制造商遍布全球，其中一些公司因其技术创新、产品质量和市场占有率而在行业内占据领先地位。表 5-1 列举了一些知名的超高压装备制造商。

表 5-1　超高压装备制造商

公司名称	所在地	成立时间	主要业务及产品
Hiperbaric	西班牙	1999 年	为食品和饮料行业提供超高压方案，涵盖小型实验室装备到大型商业生产线
Avure Technologies（现为 JBT Avure）	美国	20 世纪 50 年代	提供广泛的超高压系统，2017 年被 JBT Corporation 收购，扩大了全球影响力
Multivac	德国	1961 年	提供包装和加工装备，包括超高压处理系统，与 Uhde 合作，以高效率和可靠性而闻名
Uhde High Pressure Technologies	德国	1930 年	研发和制造超高压装备，适用于多种生产应用
Thyssenkrupp AG	德国	1999 年	研发和制造超高压装备
Quintus	瑞典	1940 年	材料致密化，薄板金属成型，食品超高压加工
Engineered Pressure Systems Inc.	比利时&美国	20 世纪 70 年代	提供工业和实验室规模的装备
Mitsubishi Heavy Industries Ltd.	日本	1950 年	研发和制造超高压装备，制造全球首台商业化超高压装备，为超高压食品行业带来了革命
包头科发高压科技有限责任公司	中国	2001 年	研发和生产适用于食品、药品和新材料领域的超高压系统，为中国领先的超高压装备制造商
北京速原中天科技股份公司	中国	2001 年	非热加工的产业化研发、新产品制造和食药非热深加工解决方案
山西力德福科技有限公司	中国	2006 年	超高压装备的研发、设计、制造和销售
山西海普瑞科技有限公司	中国	2017 年	超高压代加工和装备制造

第三节　超高压技术在食品领域的应用

一、超高压技术在果蔬汁加工中的应用

根据《果蔬汁类及其饮料》（GB/T 31121—2014）中对果蔬汁的定义，果蔬汁是以水果或蔬菜为原料，采用物理方法（机械方法、水浸提等）制成的可发酵但未发酵的汁液制品；或在浓缩果蔬汁中加入其加工过程中除去的等量水分复原制成的汁液制品，包括果汁、蔬菜汁和复合果蔬汁。超高压技术不仅能延长果蔬汁的保质期，还能保留营养成分，维持果蔬汁的原始风味和感官品质。

（一）超高压技术在果蔬汁加工中的处理效果

1．超高压技术在果蔬汁加工中的杀菌效果　在果蔬汁加工过程中，微生物的灭活对于保障产品安全性和延长货架期有至关重要的作用。《食品安全国家标准　饮料》（GB 7101—2022）和《食品安全国家标准　预包装食品中致病菌限量》（GB 29921—2021）对果蔬汁产品中的微生物含量进行了限制，加工者必须进行杀菌处理使相关微生物减少至安全水平。果蔬汁中常见的微生物种类包括酵母、霉菌、大肠杆菌（*Escherichia coli*）和沙门菌属（*Salmonella*）等。

超高压处理对果蔬汁产品的杀菌效果受到果蔬种类、体系 pH、压强、处理温度、保压时间及升降压方式等多种因素的影响。一般而言，随着压强的增大和保压时间的延长，微生物的杀灭效果会逐渐增强。同时，超高压联合其他技术能够进一步提升杀菌效果，这种“超高压＋”技术包括联合二氧化碳、氮气、乳酸链球菌素（nisin）、二甲基二碳酸盐（dimethyl dicarbonate，DMDC）、漂烫及超滤等。因此，在实际操作中，需要根据不同果蔬汁的产品特性和要求，选择合适的处理条件，以达到最佳的杀菌效果。表 5-2 中列举了超高压处理果蔬汁的参数及杀菌效果。

表 5-2　超高压在果蔬汁杀菌中的研究举例

果蔬汁	超高压处理条件	效果	参考文献
葡萄柚汁	550MPa/室温/10min	菌落总数降低＞4.83log CFU/mL 霉菌、酵母降低＞4.15log CFU/mL	Gao et al.，2015
草莓汁	漂烫＋600MPa/室温/4～6min	菌落总数降低＞3log CFU/mL 大肠菌群降低＞2log CFU/mL 霉菌、酵母降低＞2log CFU/mL	Cao et al.，2014
黄瓜汁	600MPa/室温/3min＋CO_2	比单独超高压处理杀菌效果提高 0.604log CFU/mL，且贮藏期间微生物增长更慢	Zhao et al.，2018
	500MPa/室温/2min	菌落总数降低约 2.7log CFU/mL	Zhao et al.，2014
	500MPa/室温/2min＋乳酸链球菌素	菌落总数降低约 4.7log CFU/mL	
紫薯汁	600MPa/室温/5min	60MPa/min 梯度增压菌落总数降低 2.37log CFU/mL 120MPa/min 梯度增压菌落总数降低 3.49log CFU/mL 120MPa/min 线性增压菌落总数降低 4.43log CFU/mL	Wang et al.，2013
胡萝卜汁	550MPa/室温/6min	菌落总数降低 4.30log CFU/mL 霉菌、酵母降低＞4.15log CFU/mL	Zhang et al.，2016

2．超高压技术对果蔬汁酶活性的调节效果 超高压处理能够改变酶的分子结构和空间构象，进而引发酶活性的转变。超高压技术被证实能够有效钝化或激活果蔬汁中的酶，然而所需压力的大小取决于具体酶的种类及处理体系的pH（Zheng et al.，2024）。多酚氧化酶（polyphenol oxidase，PPO）、过氧化物酶（peroxidase，POD）、脂氧合酶（lipoxygenase，LOX）、氢过氧化物裂解酶（hydroperoxide lyase，HPL）及果胶甲酯酶（pectin methylesterase，PME）等内源酶与果蔬汁品质紧密相关，通过超高压处理调节其活性能够改善果蔬汁品质，表5-3列举了相关处理条件和效果。

表5-3 超高压对果蔬汁中酶活性调节的研究举例

果蔬汁	酶	酶活性与品质的关系	超高压处理条件	酶活性变化	参考文献
胡萝卜汁	PPO	导致褐变	600MPa/22℃/5min	失活30%	Szczepańska et al.，2020
			300MPa/22℃/5min（3次）	失活57.9%	
	POD	导致褐变	600MPa/22℃/5min	失活31.1%	
苹果汁	PPO	导致褐变	600MPa/室温/3min	失活13%	Zhao et al.，2018
			600MPa/室温/3min＋CO_2	失活99.5%	
	LOX	合成挥发性化合物，产生新鲜风味	600MPa/室温/3min	保留53.19%	
			600MPa/室温/3min＋CO_2	保留85.05%	
桃汁	PPO	导致褐变	600MPa/室温/25min	失活81.2%	Rao et al.，2014
	PME	改变果胶甲酯化度，造成果胶絮沉	600MPa/室温/25min	失活50.4%	
番茄汁	LOX	合成挥发性化合物，产生新鲜风味，但酶活性过高产生酸败异味	100～650MPa/20℃/12min	＜400MPa激活，＞550MPa完全失活	Rodrigo et al.，2007
	HPL		650MPa/20℃/12min	失活80%	
橙汁	PME	改变果胶甲酯化度，造成果胶絮沉	500～600MPa/25℃/3min	失活＞50%	Nienaber & Shellhammer，2001
			400MPa/25℃/15min	失活25.1%	
			400MPa/37.5℃/15min	失活35.1%	

3．超高压技术对果蔬汁品质保持的效果 果蔬汁中的挥发性风味物质包括烯烃类、醛类、醇酮类和酯类等，它们是构成果蔬香气的重要物质。超高压处理对果蔬汁中低分子量挥发性成分的影响较小，可以避免这些热敏性成分的破坏。同时，超高压可以通过调节相关酶的活性来改善香气成分的含量，进而优化果蔬汁的品质。果蔬汁中的非挥发性风味物质包括糖、酸等，决定了果蔬汁的滋味。大部分果蔬汁经超高压处理后，非挥发性风味物质变化较小甚至没有显著变化。

影响果蔬汁加工贮藏期间色泽变化的因素可分为4类，一是由呈色物质变化引起的，如花色苷、类胡萝卜素、叶绿素等天然色素在加工及贮藏过程中可能发生降解或聚合，由于色素都是小分子物质，受超高压的影响较小，这类物质基本不发生色泽变化；二是由果蔬汁中的PPO、POD等引起的酶促褐变导致的，超高压处理能够改变酶活性，可根据酶的种类和加工需求选择适宜的超高压条件来改善色泽；三是由美拉德反应、焦糖化反应、抗坏血酸氧化分解和多元酚氧化缩合等引起的非酶褐变；四是超高压通过影响组织状态引起的颜色变化。超高压处理作为一种非热加工技术，相比热处理减弱了相关反应速率，能够更好地保持果蔬汁的色泽。

超高压对果蔬汁质构的影响主要包括改变果肉颗粒大小，从而影响含颗粒果蔬汁的状态；对细胞的破碎作用使细胞内物质析出，从而增加果蔬汁黏度，维持均匀的状态；超高压还影响果蔬汁中关联浑浊稳定性的酶的活性，从而改变果蔬汁的组织状态。

（二）超高压技术在果蔬汁加工中的商业化应用

美国的 Evolution Fresh 以其高品质的超高压果蔬汁而闻名。Evolution Fresh 强调使用高品质、经过精心挑选的果蔬来制作其产品，以确保最终的营养价值和口感。其提供多种口味的果蔬汁混合饮品及功能性饮品，比如提供额外能量或支持消化的饮品，以满足不同消费者的需求。作为星巴克的子公司，Evolution Fresh 的产品在美国有广泛的分销网络，包括星巴克门店、超市和其他零售点，使其产品容易被消费者获取。Suja 是可口可乐公司投资的美国品牌，以其高科技超高压果蔬汁产品在市场上占有一席之地。其他国家的品牌包括荷兰的 Fruity Line 和澳大利亚的 Preshafruit、Genesis、Donny Boy 等都利用超高压技术生产健康美味的果蔬汁产品。我国的超高压果蔬汁产业化应用起步于 2012 年左右，Hey Juice、沛时（Per Se）、润兴、唯可鲜、维果清（VCLEANSE）、而愈、佐餐时间等品牌相继涌现，这些品牌通过引进和消化吸收国外先进的超高压技术，结合国内市场需求，成功开发出一系列具有竞争力的超高压果蔬汁产品。

近年来，随着消费者对食品品质和健康属性的日益关注，特别是对“清洁标签”产品的青睐，以及消费理念的转变，超高压技术以其“最少加工”和“营养最大保留”等优势，在果蔬汁加工行业得到了广泛的推广和认可。伴随果蔬汁市场从浓缩还原汁（from concentrate，FC）向非浓缩还原汁（not from concentrate，NFC）的转变，超高压技术还有很大的发展空间，以避免巴氏热杀菌对 NFC 果蔬汁品质的不利影响，进一步提升我国产品品质，满足多元化、个性化、定制化的消费需求。

案例 5-1

超高压技术在果蔬汁加工中的应用

Donny Boy 是澳大利亚的一家水果加工公司，致力于加工和销售超高压加工的水果产品，包括果泥、果酱和果汁。该公司的超高压装备是一台 55L 处理量的卧式装备。工艺流程如下：

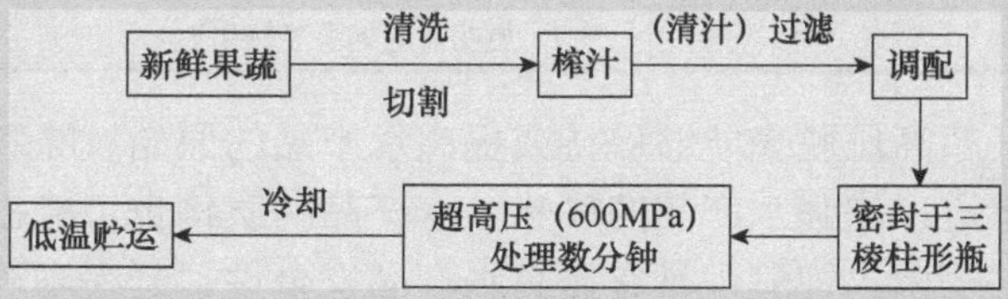

通过超高压加工，果蔬汁的保质期显著延长，大大提高了产品的市场竞争力。与传统的热加工方法相比，超高压加工能更好地保留果蔬汁中的营养和风味物质，生产出营养价值高、口感更佳的果蔬汁。同时，此工艺中使用的三棱柱形瓶相比常规的圆柱形瓶具有更高的容积利用率，能够提高生产效率、降低成本。

二、超高压技术在水产品脱壳中的应用

水产品脱壳是水产品加工的重要环节，特别是对于牡蛎、虾、蟹等带壳的水产品。传统的脱壳方法通常依赖人工操作，不仅效率低下，而且容易造成肉质损伤，影响产品品质。随着超高压技术的发展和应用，水产品脱壳过程得到了显著改善。超高压技术利用高压改变水产品肉与壳之间的黏附力，使其分离。这一过程不涉及高温，因此能够最大程度地保留水产品的原有风味和营养成分。

（一）超高压技术在水产品脱壳中的处理效果

超高压脱壳需选择适宜的条件，脱壳效果随超高压强度的增加而增强，但过于剧烈的条件会造成外壳损坏。此外，过高的处理压强会导致蛋白质变性，从而表现为虾、蟹呈现出变红的“熟化”现象。表 5-4 列举了超高压脱壳的处理参数和效果。超高压脱壳适宜选择偏低的处理压强，具体的处理条件应根据水产品种类和加工需求综合考虑确定。相比传统的脱壳方法，超高压技术能够更有效地脱去水产品的外壳，提高肉质得率。同时，超高压脱壳速率更快，在几分钟的加工周期内可以对几十至几百升体积的水产品进行批量处理，极大地提高了加工效率。

表 5-4　超高压脱壳的研究举例

水产品种类	超高压处理条件	效果	参考文献
蛏子	200MPa/室温/10min	完全脱壳	Xuan et al.，2018
	400MPa/室温/1min	完全脱壳	
牡蛎	100MPa/20℃/3min	无脱壳效果	Rong et al.，2018
	275MPa/20℃/3min	完全脱壳	
	300MPa/20℃/2min	完全脱壳	
	300MPa/20℃/3min	外壳损坏	
中华管鞭虾	200～300MPa/室温/5min	脱壳效果良好，虾肉弹性增强	王芝妍等，2017
	400～500MPa/室温/5min	明显脱壳，外观“熟化”	
蓝蟹	100MPa/10℃/5min	所得蟹肉质量占整蟹的 20.99%±0.55%（热处理后手工脱壳为 15.12%±1.29%）	Martínez et al.，2017
	300MPa/10℃/5min	所得蟹肉质量占整蟹的 23.78%±0.76%，外观“熟化”	
	600MPa/10℃/5min	所得蟹肉质量占整蟹的 27.31%±1.09%，更明显的外观“熟化”	

在品质影响方面，超高压脱壳能够保持或提高水产品的原始风味和口感。超高压能促进海水中的盐向肉组织渗透，增强水产品的风味。水产品的质构也可能在超高压处理后得到优化。同时，超高压能够杀菌、钝酶，具有提高水产品安全性、延缓腐败、减轻黑变、降低致敏性等作用。

（二）超高压技术在水产品脱壳中的商业化应用

超高压脱壳已在多个邻海国家得到商业化应用，为消费者提供新鲜、便捷、最少加工的

水产品。法国的 Cinq Degrés Ouest（5do）是一家生产、销售龙虾和贝类海产品的企业，其使用 200～300MPa 的超高压对贝类、龙虾、牡蛎等海产品进行脱壳处理。新西兰以其纯净的海域和高质量的海鲜产品而闻名，Future Cuisine 利用超高压技术处理新西兰特色海鲜产品，如新西兰绿壳贻贝等。日本作为最早进行超高压商业化应用的国家，也将该技术应用于水产品脱壳，并且日本人有生食海鲜的习惯，因此超高压处理的水产品在日本有很好的市场，Mitsunori 公司即应用该技术进行脱壳加工。

案例 5-2

超高压技术在水产品脱壳中的应用

Mitsunori 是一家专门从事海产品加工的日本公司。该公司于 2007 年购买了一台 55L 处理量的卧式超高压装备用于水产品脱壳，以提高脱壳效率，工艺流程如下：

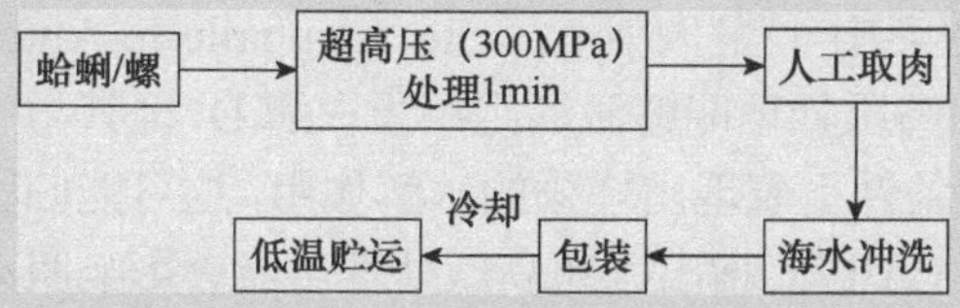

超高压脱壳速率快、效果好，大大降低了人工成本，并有助于水产品保鲜，处理后的产品冷藏保质期为 3～6 天，可进行贮运销售，十分迎合日本的海鲜市场。同时，此工艺中使用的超高压介质和冲洗介质均为海水，就地取材降低成本的同时又增强了水产品的天然风味，践行了绿色加工的理念。

三、超高压技术在肉制品加工中的应用

根据《肉制品分类》（GB/T 26604—2011）中对肉制品的定义，肉制品是以畜禽肉或其可食副产品等为主要原料，添加或不添加辅料，经腌、腊、卤、酱、蒸、煮、熏、烤、烘焙、干燥、油炸、成型、发酵、调制等有关工艺加工而成的生或熟的肉类制品，包括腌腊肉制品、酱卤肉制品、熏烧焙烤肉制品、肠类肉制品、火腿肉制品、调制肉制品和其他类肉制品。超高压处理肉制品能够提升产品安全性、延长保质期、维持或改善产品品质，为消费者提供高质量肉制品。

（一）超高压技术在肉制品加工中的处理效果

1．超高压技术在肉制品加工中的杀菌效果　在肉制品加工过程中，微生物的灭活对于保障产品安全性和延长货架期有至关重要的作用。《食品安全国家标准　熟肉制品》（GB 2726—2016）和《食品安全国家标准　预包装食品中致病菌限量》（GB 29921—2021）对肉制品中的微生物含量进行了限制，加工者必须进行杀菌以使相关微生物减少至安全水平。肠杆菌属（*Enterobacteria*）和乳酸菌是肉制品中主要的腐败菌。低温肉制品的腐败菌以假单胞菌属（*Pseudomonas*）为主。肉制品中的病原微生物主要有沙门菌属（*Salmonella*）、单增李斯特菌（*Listeria monocytogenes*）和大肠杆菌（*Escherichia coli*）中的特定菌株（Simonin et al.，2012）。肉毒梭菌（*Clostridium botulinum*）也是威胁肉制品安全的微生物，其产生的肉毒素是高度毒

性物质。

不同微生物对超高压的敏感性各不相同。肠杆菌对超高压具有较高的敏感性，Garriga 等（2004）对熟火腿和腌制牛肉进行 600MPa/31℃/5min 的超高压处理，使用紫红胆盐葡萄糖琼脂对肠杆菌计数，发现在超高压处理后 120 天的冷藏过程中都未检出。另外，假单胞菌也对超高压敏感，300MPa/＞5℃/15min 的处理可实现切片熟火腿中假单胞菌的完全灭活，生猪肉饼需要超高压联合温度处理杀菌，300MPa/＞35℃/15min 可杀灭 3log CFU/g 以上的假单胞菌至不可检出（López-Caballero et al.，2002）。此外，乳酸菌的耐压性在不同菌株间存在差异，不同产品基质中的乳酸菌表现出的抗性和恢复能力可能会有所不同（Simonin et al.，2012）。超高压对肉制品的杀菌效果还受到食品基质的影响，肉制品配方中的成分如 NaCl 和 $NaNO_2$ 及 pH 等都可能对超高压的杀菌效果产生影响（Possas et al.，2018）。

2．超高压技术对肉制品酶活性的调节效果　肉制品在贮藏过程中，内源酶会和微生物共同作用，使蛋白质分解成氨及胺类等碱性含氮物质，进而导致肉制品品质劣变。超高压对肉制品中酶活性的研究更多地集中于生肉制品。de Lamballerie-Anton 等（2003）发现 50～500MPa/10℃/20～900s 的超高压处理能够激活组织蛋白酶 D，但其与牛肌原纤维同时进行超高压处理时只在低于 300MPa 的条件下表现出增强的水解作用，这可能归因于过高压强对肌原纤维产生的影响。Alexandrakis 等（2017）指出，超高压处理可能会影响肌动蛋白中半胱氨酸与活性位点咪唑基团正电荷氮之间的作用，进而降低木瓜蛋白酶的活性。使用超高压处理调节肉制品中酶活性需考虑压力的双重影响，选择合适的压强非常重要。

3．超高压技术对肉制品品质保持的效果　肉的风味物质由蛋白质、脂肪、碳水化合物等经化学反应降解生成，香味主要取决于氨基酸、肽等蛋白质水解产物的量和次黄嘌呤核苷酸及其代谢产物。超高压不造成肉制品中原有小分子风味成分的损失。另外，超高压处理通过促进肉的自溶来增加可溶性物质，从而改善肉的风味。靳烨和南庆贤（2004）对牛肉进行 250MPa/24℃/10min 的超高压处理，使可溶性固形物含量加速提高，增加了肉的风味。熟肉制品的风味物质相对稳定，经超高压处理后不会产生明显变化。Campus 等（2008）使用 300～400MPa/20℃/10min 的条件处理干腌猪里脊，处理后肉制品中的游离氨基酸含量没有显著变化，同时超高压处理减少了几种由美拉德反应产生的风味物质。

彩图

超高压处理对肉制品色泽的影响受到压强、肉的种类及肌红蛋白初始氧化状态的影响。蛋白质变性随处理压强的升高而更加显著，肌原纤维蛋白在 200MPa 左右开始变性，肌红蛋白在 400MPa 左右开始变性，过高的处理压强可能导致蛋白质的共沉淀，从而影响色泽（Ma & Ledward，2013）。对于生肉制品，超高压处理使牛肉褪色为棕色，使猪肉、火鸡和鸡肉变得苍白。虽然这种色泽变化是不利的，但 Bolumar 等（2015）利用这种变化生产脂肪替代品，并开发了减脂的干腌发酵香肠（图 5-4），化弊为利。不同于生肉制品，熟肉制品的色泽在超高压作用下不会发生显著变化。马汉军等（2004）发现 400～700MPa 的处理对熟牛肉的色泽没有显著影响。

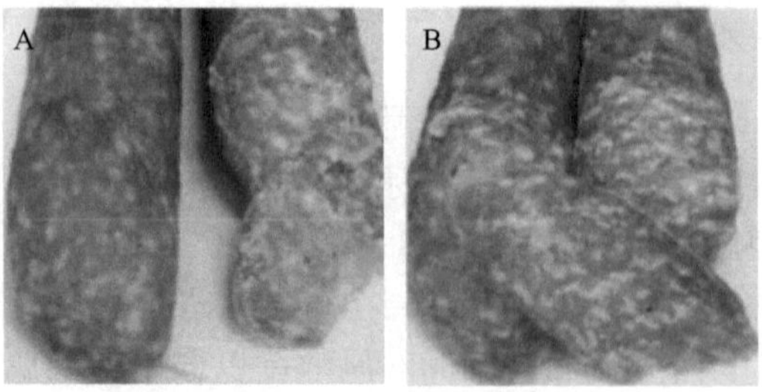

图 5-4　超高压加工减脂干腌发酵香肠
（引自 Bolumar et al.，2015）
A．对照；B．使用超高压处理过的肉作为脂肪替代物

超高压处理对肉制品的嫩化作用主要通过

破坏肌丝结构、溶解肌丝蛋白并形成新的蛋白质聚集体等方式实现，这种蛋白质变性和聚集的过程有助于提高质地和嫩化效果，改善口感和品质（Bolumar et al.，2021）。大部分研究表明，超高压处理后的肉具有更高的水分含量、更低的剪切力、更好的嫩度和口感，相关研究已在牛肉（靳烨和南庆贤，2004）等多种肉类中开展。

（二）超高压技术在肉制品加工中的商业化应用

最早将超高压技术应用于肉制品加工中的企业是西班牙的 Espuña 公司，该公司从 1998 年起陆续将超高压技术应用于腊肠、火腿切片等产品的生产中，产品在 0～5℃条件下货架期最长可达 270 天。AmeriQual 是美国陆军军用口粮的主要供应商，也是 Kraft Foods 和 Tyson Foods 的签约超高压食品制造商，为 Tyson Foods 加工超高压鸡肉产品，如鸡胸肉、鸡腿肉和带骨整鸡，其开创了带骨食品的超高压加工。美国的 Foster Farms 于 2007 年开始生产不含亚硝酸盐和其他防腐剂的超高压即食火鸡肉片和鸡肉条，其应用超高压技术生产具有清洁标签的家禽产品并延长了冷藏保质期。美国的 Hormel Foods 公司利用超高压技术生产了 Hormel® Natural Choice 系列即食肉制品，包括咸肉、鸡胸肉、火腿切片和三明治肉等产品。Maple Lodge Farms 是加拿大最大的禽肉制品家族企业，其应用 JBT Avure 的超高压装备加工即食的熟肉制品和熏鸡等。其他的超高压肉制品加工商还有加拿大的 VIVA、荷兰的 Zwanenberg、德国的 Abraham Schinken GmbH & Co. KG、英国的 Deli 24、意大利的 Rovagati 等。

案例 5-3

超高压技术在肉制品加工中的应用

Abraham Schinken GmbH & Co. KG 是一家德国的干腌火腿生产企业，其生产的干腌火腿可能含有少量的单增李斯特菌（*Listeria monocytogenes*），其携菌量符合欧洲的食品安全标准，但美国要求产品中不得检出 *L. monocytogenes*。为了满足出口要求，该企业于 2004 年开始和柏林工业大学、汉堡卫生与环境及食品安全和人畜共患病部合作研究超高压技术的应用，并于 2005 年安装了 150L 处理量的卧式超高压装备。其使用超高压技术加工干腌火腿的工艺流程如下：

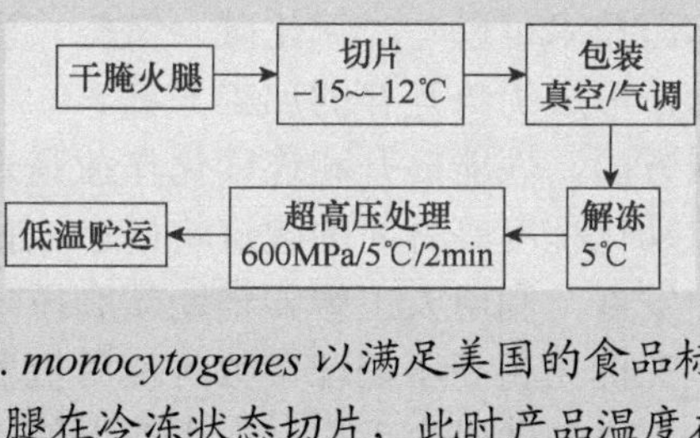

该工艺可完全杀灭 *L. monocytogenes* 以满足美国的食品标准，同时保持这种热敏性产品的感官质量。干腌火腿在冷冻状态切片，此时产品温度在−15～−12℃，如果以此温度下的火腿直接进行超高压杀菌，其杀菌效果将减弱，因此需要将火腿在冷藏室中解冻至 5℃后再进行超高压处理，以保证杀菌效果。接种杀菌实验表明，干腌火腿经 600MPa/5℃/2min 处理能够杀灭其中 5log CFU/g 以上的 *L. monocytogenes*，应用此条件能够实现产品中 *L. monocytogenes* 的完全杀灭。Abraham Schinken GmbH & Co. KG 是欧洲第一个商业化应用超高压处理气调食品的企业，它领先使用了半

硬质的热塑气调包装，该包装有良好的隔氧能力和柔性，适用于超高压加工。这种包装是与 Wipak 合作开发的，满足了干腌火腿的市场需求。在超高压处理时，气调包装的火腿比真空包装需要更长的升压时间，在 150L 处理量的装备满载工作时，装载真空包装火腿升压至 600MPa 需要 3min，而装载气调包装火腿需要 4min 升压，因为超高压装备在压缩传压介质之前必须先将包装中的气体压缩为超临界流体。对此，该企业对气调包装中的气体含量进行最小化处理，以减少升压时间，最大限度地提高容积利用率。优化后的超高压加工循环速率为 7～8 次/h。

第四节　未来趋势与展望

一、超高压技术的未来前景

超高压技术以其非热加工的优势在保留食品原有营养成分和风味的前提下，实现食品保质期的延长，是一种有发展潜力的加工技术。随着人们健康意识的提高，消费者对最少加工食品的需求日益增长，清洁标签产品成为市场上的新宠。经过超高压加工的产品能够满足消费者对健康、天然食品的追求。超高压技术的环境友好性也符合未来工业绿色生产的理念。

二、超高压技术的研究方向

（1）对超高压具有抗性的微生物是超高压加工的重要挑战，包括细菌中的耐压菌株、芽孢、活的不可培养（viable but nonculturable，VBNC）细菌等。明确不同食品中超高压抗性微生物的种类及其形成和复苏机制，有利于开发更有效的超高压杀菌工艺，同时也有助于评估超高压处理对食品安全性的影响。

（2）食品品质是消费者关注的重点。超高压技术能够在不损害食品营养价值的前提下，改善食品的口感和色泽。未来的研究将进一步探索超高压处理对食品营养、颜色、风味、功能等方面的提升机制，从而实现食品品质的精准调控。

（3）在一些生产应用中，单一超高压技术的局限性使得联合其他技术的“超高压＋”技术成为未来的发展趋势。超高压技术可以与二氧化碳、氮气、乳酸链球菌素、二甲基二碳酸盐、漂烫及超滤等技术相结合，形成优势互补的加工方案。

（4）在超高压装备的发展方面，性能提升和连续化作业是未来发展的关键。超高压设备的压力稳定性、密封性能、自动化程度等方面的改进将促进该技术的推广应用。

（5）随着人工智能的快速发展，利用人工智能辅助超高压技术的研究和应用将进一步加快超高压技术的发展。例如，在优化超高压处理参数时使用机器学习算法，通过人工智能预测超高压对食品特性的影响，从而辅助研究工作。在生产上使用人工智能对超高压加工过程进行监控并进行自适应调节，实现超高压产品的精准质量控制。

（6）超高压技术的新型应用也有待探索。例如，在功能性食品开发中，超高压技术可用于提取生物活性化合物，为健康食品的生产提供新的途径。超高压技术还可被应用于生物医药等领域，为这些行业的产品创新和质量提升提供有力支持。

总之，超高压技术作为一种新型的食品加工技术，具有广阔的发展前景和丰富的研究方向。随着技术的不断进步和应用领域的拓展，超高压技术将在未来的食品安全、消费者需求满足及可持续发展等方面发挥更加重要的作用，推动食品工业的高质量发展。

思　考　题

1．超高压技术的发展进程经历了哪些关键阶段？这些阶段对技术的成熟和应用推广有何作用？

2．超高压技术的关键原理有哪些？如何将这些原理应用于研究和生产实际？

3．超高压技术在果蔬汁加工中能够实现哪些处理效果？这些效果与传统加工方法相比有何优势？

4．超高压技术辅助水产品脱壳对提升水产品加工效率和质量有何帮助？

5．超高压技术在肉制品加工中能够带来哪些处理效果？这些效果对提升肉制品品质和安全性有何作用？

主要参考文献

靳烨，南庆贤．2004．高压处理对牛肉感官特性与食用品质的影响．农业工程学报，20（5）：196-199

马汉军，周光宏，徐幸莲，等．2004．高压处理对牛肉肌红蛋白及颜色变化的影响．食品科学，25（12）：36-39

王芝妍，杨文鸽，周果，等．2017．超高压辅助中华管鞭虾脱壳及对其肌肉品质的影响．食品科学，38（7）：43-48

张晓，王永涛，李仁杰，等．2015．我国食品超高压技术的研究进展．中国食品学报，15（5）：157-165

Alexandrakis Z, Katsaros G, Stavros P, et al. 2017. Inactivation kinetics and structural changes of high pressure treated actinidin. Int J Agric Sci Technol, 5(1): 18-29

Balny C, Masson P. 1993. Effects of high pressure on proteins. Food Reviews International, 9(4): 611-628

Bolumar T, Orlien V, Sikes A, et al. 2021. High-pressure processing of meat: Molecular impacts and industrial applications. Comprehensive Reviews in Food Science and Food Safety, 20(1): 332-368

Bolumar T, Toepfl S, Heinz V. 2015. Fat reduction and replacement in dry-cured fermented sausage by using high pressure processing meat as fat replacer and olive oil. Polish Journal of Food and Nutrition Sciences, 65(3): 175-182

Campus M, Flores M, Martinez A, et al. 2008. Effect of high pressure treatment on colour, microbial and chemical characteristics of dry cured loin. Meat Science, 80(4): 1174-1181

Cao X, Liu F, Wu J, et al. 2014. Effects of high hydrostatic pressure combined with blanching on microorganisms and quality attributes of cloudy and clear strawberry juices. International Journal of Food Properties, 17(9): 1900-1920

de Lamballerie-Anton M, Perron J, Jung S, et al. 2003. P-POS12 high-pressure effect on the reaction between cathepsin D and bovine myofibrils. Sciences Des Aliments (France), 23(1): 168-171

Flores D. 2015. High pressure processing (HPP) technology as a preservation technique for foods. Madrid: AIRAPT-25th & EHPRG-53rd, International Conference on High Pressure Science and Technology, Complutense University of Madrid

Gao G, Zhao L, Ma Y, et al. 2015. Microorganisms and some quality of red grapefruit juice affected by high pressure processing and high temperature short time. Food and Bioprocess Technology, 8: 2096-2108

Garriga M, Grebol N, Aymerich M T, et al. 2004. Microbial inactivation after high-pressure processing at 600MPa in commercial meat products over its shelf life. Innovative Food Science & Emerging Technologies, 5(4): 451-457

Houška M, Silva F V M, Evelynbuckow S T C, et al. 2022. High pressure processing applications in plant foods. Foods, 11(2): 223

López-Caballero M E, Carballo J, Jiménez-Colmenero R. 2002. Microbial inactivation in meat products by pressure/temperature processing. Journal of Food Science, 67(2): 797-801

Ma H, Ledward D A. 2013. High pressure processing of fresh meat: Is it worth it. Meat Science, 95(4): 897-903

Martínez M A, Velazquez G, Cando D, et al. 2017. Effects of high pressure processing on protein fractions of blue crab (*Callinectes sapidus*) meat. Innovative Food Science & Emerging Technologies, 41: 323-329

Nienaber U, Shellhammer T H. 2001. High-pressure processing of orange juice: kinetics of pectinmethylesterase inactivation. Journal of Food Science, 66(2): 328-331

Oey I, Lille M, van Loey A, et al. 2008. Effect of high-pressure processing on colour, texture and flavour of fruit-and vegetable-based food products: a review. Trends in Food Science & Technology, 19(6): 320-328

Possas A, Pérez-Rodríguez F, Valero A, et al. 2018. Mathematical approach for the *Listeria monocytogenes* inactivation during high hydrostatic pressure processing of a simulated meat medium. Innovative Food Science & Emerging Technologies, 47: 271-278

Rao L, Guo X, Pang X, et al. 2014. Enzyme activity and nutritional quality of peach (*Prunus persica*) juice: Effect of high hydrostatic pressure. International Journal of Food Properties, 17(6): 1406-1417

Rodrigo D, Jolie R, van Loey A, et al. 2007. Thermal and high pressure stability of tomato lipoxygenase and hydroperoxide lyase. Journal of Food Engineering, 79(2): 423-429

Rong C, Ling Z, Huihui S, et al. 2018. Characterization of microbial community in high-pressure treated oysters by high-throughput sequencing technology. Innovative Food Science & Emerging Technologies, 45: 241-248

Roohinejad S, Koubaa M, Sant'Ana A S, et al. 2018. Mechanisms of microbial inactivation by emerging technologies. *In*: Barba F J, Ahrné L, Xanthakis E, et al. Innovative Technologies for Food Preservation. New York: Academic Press: 111-132

Simonin H, Duranton F, de Lamballerie M D. 2012. New insights into the high-pressure processing of meat and meat products. Comprehensive Reviews in Food Science and Food Safety, 11(3): 285-306

Szczepańska J, Barba F J, Skąpska S, et al. 2020. High pressure processing of carrot juice: Effect of static and multi-pulsed pressure on the polyphenolic profile, oxidoreductases activity and colour. Food Chemistry, 307: 125549

Wang Y, Yi J, Yi J, et al. 2013. Influence of pressurization rate and mode on inactivation of natural microorganisms in purple sweet potato nectar by high hydrostatic pressure. Food and Bioprocess Technology, 6: 1570-1579

Xuan X, Cui Y, Lin X, et al. 2018. Impact of high hydrostatic pressure on the shelling efficacy, physicochemical properties, and microstructure of fresh razor clam (*Sinonovacula constricta*). Journal of Food Science, 83(2): 284-293

Zhang Y, Liu X, Wang Y, et al. 2016. Quality comparison of carrot juices processed by high-pressure processing and high-temperature short-time processing. Innovative Food Science & Emerging Technologies, 33: 135-144

Zhao L, Qin X, Han W, et al. 2018. Novel application of CO_2-assisted high pressure processing in cucumber juice and apple juice. LWT, 96: 491-498

Zhao L, Wang Y, Wang S, et al. 2014. Inactivation of naturally occurring microbiota in cucumber juice by pressure treatment. International Journal of Food Microbiology, 174: 12-18

Zheng N, Long M, Zhang Z, et al. 2024. Behavior of enzymes under high pressure in food processing: mechanisms, applications, and developments. Critical Reviews in Food Science and Nutrition, 64(27): 9829-9843

第六章　超声波技术

超声波技术是食品非热加工领域重要的手段之一，基于低频、高强度的声能及其诱导的“二次效应”可实现提升食品加工效率、改善食品质量等积极效果；同时超声波设备构造简单，操作工艺便捷，易于实现自动化、智能化，具有良好的应用前景。本章介绍了超声波的理论基础及其加工技术原理，并结合超声波在辅助植物活性成分提取、食品杀菌及生物大分子改性中的典型案例进行介绍。

本章思维导图

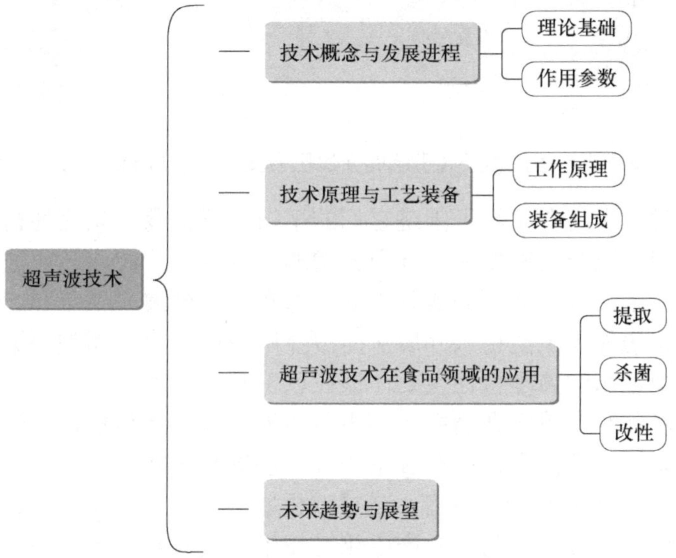

第一节　技术概念与发展进程

一、超声波的理论基础

从本质上看，声波是由弹性介质中的粒子（即原子和分子）振动产生的。这些粒子通过振动，将能量沿着波的传播方向传递，从而使声波能够在介质中传播。超声波是一种频率大于 20kHz（人耳听力范围上限）且需要弹性介质传播的机械波。本部分将针对超声波的传播过程及分类等理论进行介绍。

（一）超声波的传播过程

超声波由一系列频率为 20kHz 以上的高频声波组成。当给定声源将声波辐射到特定介质（如空气、液体或固体）中时，根据传播方向的不同可将其分为纵波和横波。在纵波中，粒子在传输介质中的振荡运动平行于传播方向；而在横波中，声波运动是垂直的。纵波可在任何介质中传播，而横波只在固体介质中传播。如图 6-1 所示，超声波是一种纵波，其在介质中传播时存在一个正负压强的交变周期，对介质分子产生交替的压缩和拉伸作用（Deng et al.，2021），导致介质产生弹性振动，该能量传递过程可导致一系列超声波作用效应，并对一系列加工过程产生显著的作用效果，具体原理将在下一节作重点介绍。

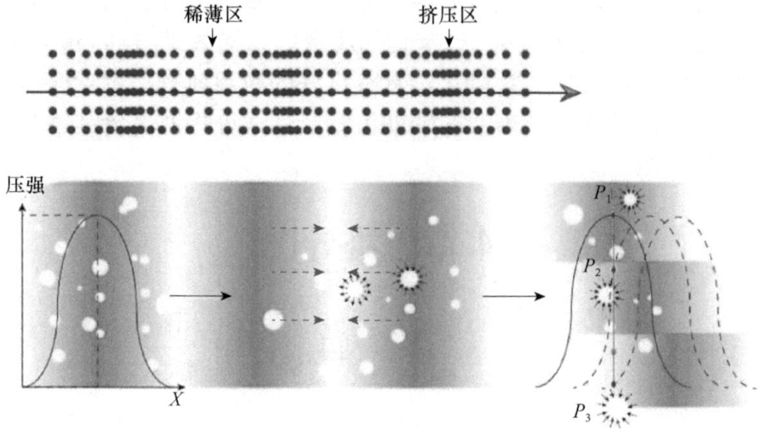

彩图

图 6-1 超声波传播过程及其引起的介质压力变化（引自 Deng et al.，2022）

声波穿过介质时可引起介质粒子围绕它们的平衡位置振荡，从而使得粒子相互靠近或远离。这种周期性转变导致介质密度和压强交替增加或减少。因此，超声波在介质中的能量传递不同于脉冲电场和电磁波谱类（如紫外光波、射频波和微波）（Martínez et al.，2023），脉冲电场和电磁波是将磁能和电能引入介质从而被介质粒子吸收，而超声波仅可传递机械能。超声波在传播过程中遵循的声学特性主要体现在以下几个方面。

（1）在固体、液体和气体等介质中，超声波均能够有效地传播，同时传播的距离由声信号强度和介质的声阻抗系数决定，但在真空中则无法进行传播。

（2）超声波在传播过程中会产生诸如衰减、叠加、干涉、共振、多普勒效应等现象。

（3）超声波在传播过程中可与介质产生相互作用，接收到的反射波中携带有介质状态信息，因此超声波也可用于对介质内部的裂隙、气泡等缺陷进行检测。

（4）由超声波传播引起的介质微粒的振动，即使空间上的振幅较小，其加速度也可产生极大的能量，从而将超声波传播过程中的机械能转化为生产加工应用中所需的能量。

（二）超声波的分类

超声波按照功率和频率的不同可分为两个类别：高频率低强度超声波（也称“无损超声波”）和低频率高强度超声波（也称“功率超声波”）（Mason，2003）。由于声学特性差异，两类超声波在参数和工艺上各有侧重。高频率低强度超声波涉及的重要参数包括频率、振幅、速率、传播时间、传播距离、衰减系数、反射系数、声阻抗和密度；低频率高强度超声波涉及的重要参数包括功率、频率、处理温度和处理时间。此外，两类超声波在食品工业中的应用方向也有很大不同，以下将就两类超声波的特点和应用进行介绍。

1．高频率低强度超声波 高频率低强度超声波（以下简称“高频超声波”）的频率为 100kHz～1MHz，功率通常低于 1W/cm^2（Zarezadeh et al.，2022）。高频超声波具有波长短、方向性良好等特点，并可透过不透明物质，因此通常被用于物质识别和无损检测、遥控和超声成像等领域。在食品工业中，这类超声波通常用于检测。当声波穿过介质时，遇介质材料属性变化会发生部分反射或散射，通过测量超声波特性（如频率）和衰减系数可计算出到发生反射位置的距离，从而可检测食品成分是否变化，食品中是否存在异物（如玻璃、金属等）。此外，研究人员也利用此项技术监测固体食物在逐渐冻结过程中冰点锋面的运动以确定冷冻过程的能源效率（Sigfusson et al.，2004）。作为一项分析技术，高频超声波还可提供食品大量的物理、化学特性信息，如硬度、成熟度、糖含量、酸度等（Demirdöven & Baysal，2008）。

2．低频率高强度超声波　低频率高强度超声波（以下简称“功率超声波”）的频率为20～100kHz，功率通常为10～1000W/cm^2（Deng et al.，2022）。相比于高频超声波，功率超声波使用时更加侧重于高功率的输出，因此具有较强的声能和声物理化学效应，在生产加工等领域中应用也更为广泛。作为一种可持续的高效食品加工技术，功率超声波具有条件温和、绿色无污染等优点，既可用来对现有食品加工工艺进行改进，又可用于新工艺开发，其应用可提高食品产品的质量和安全特性。

目前，功率超声波已被广泛研究，并常用于替代传统的食品加工单元。例如，超声辅助提取技术可通过破坏植物细胞壁、增强传质而促进目标化合物的释放。与传统提取方法相比，该方法可减少有机溶剂的使用并缩短提取时间，且操作简单、重现性高，最终产品纯度更高。此外，功率超声波还可用于一系列食品组分的降解和改性。已有许多研究表明，功率超声波作用可以显著降低生物大分子物质的分子量、改变其结构，并可对物质黏度、溶解度、流变学特性等一系列理化特性进行改性，从而提高食品组分的生物活性和功能特性。功率超声波还可作为一种辅助手段用于食品杀菌和灭酶，可有效降低处理温度、提高微生物和有害酶的灭活效率，提高食品产品质量和保质期。通过控制工艺参数，功率超声波也可被用于酶促反应以提高反应效率，促进物质水解。

二、超声波的作用参数

自超声波技术被应用于辅助提取至今（Lott & DeMaggio，1963），它在食品科学与工程等相关领域中具有广泛的应用，包括分散、乳化、聚沉、陈化、脱气、消泡、扩散、喷雾、分馏、切割、均质、提取与分离、结晶、冷冻、解冻、干燥、杀菌、无损检测、改性及生物化学催化等多个方面。针对不同的应用场景和目的，调节并选择最优的超声波加工参数组合是相关研究开展的基础，其中主要有两类因素会影响其加工作用效果：一类是产品参数，即超声波作用对象、物料的性质参数；另一类是超声波自身的参数，与超声波仪器相关，如超声波功率或强度、超声波频率、超声波作用模式（连续或间歇）等。以下将对超声波的作用参数进行介绍。

（一）超声波功率

超声波作用是通过声波在介质中的传播来完成的，因此超声波处理的强度主要取决于声波的能量。传递到介质中的超声波能量可以用超声波功率来表示。超声波仪器的功率通常是通过控制振幅大小来调节的，其实际输入功率可以通过量热法来计算。

而超声波功率的具体表达形式有许多种，包括超声波电功率/理论功率（即仪器显示的功率）、声能、超声波强度（有些文献中也称为功率强度）和功率密度等。超声波强度是衡量从超声波发生器尖端表面传输到介质中的功率、能量大小的物理量。通常，超声波强度计算公式为（Mason et al.，1992）：

$$I=\frac{P}{S} \tag{6-1}$$

式中，I 为超声波强度（W/m^2）；P 为总输出功率（W）；S 为表面积（m^2）。

超声波强度是指在超声波发生器（探头）附近的介质中，每单位面积的发生器表面所承受的实际功率。对于常见的尖端为圆形的发生器来说，超声波强度可通过式（6-2）计算：

$$I=\frac{P}{\pi r^2} \tag{6-2}$$

式中，I 为超声波强度（W/m^2）；P 为总输出功率（W）；r 为表面半径（m）。

通过超声波强度可以在超声波发生器（探头）面积和功率之间建立关系。从上述公式可得，如果一个超声波发生器的额定功率为 900W，而超声波发生器表面半径为 1cm，则 I 等于 286.6W/cm^2，如果半径只有 0.5cm，则 I 等于 1146.4W/cm^2。这表明半径缩小至 1/2，功率强度增加至 4 倍，超声波的能量更多地集中在面积更小的超声波发生器（探头）上。超声波强度随着超声波发生器表面半径的减小而增大。

除了超声波强度，功率密度也可以作为在不同超声波设备之间比较的标准参数。功率密度表示的是在一定体积液体中的平均功率，用于反映超声波工作时分散到体系中的实际功率的大小，如式（6-3）所示：

$$P_d=\frac{P}{V} \tag{6-3}$$

式中，P_d 为功率密度（W/m^3）；P 为总输出功率（W）；V 为作用液体体积（m^3）。

功率密度是一个平均值。由于液体中的每个质点与超声波发射点之间的距离不同，因此每个质点所对应的实际功率有区别。超声波强度和功率密度的概念在不同文献中的具体定义和名称会略有不同，但其本质意义是相同的。有些文献中将超声波强度也定义为功率密度，认为对于探头式超声波，其功率密度即单位面积探头尖端表面积上分布的功率（W/cm^2）；而对于浴式超声波，其功率密度即单位体积介质中分散的功率（W/mL）。

（二）超声波频率

超声波频率是超声波使用中的另一个重要参数。超声波频率通常会影响空化泡的数量、大小、临界尺寸、崩塌时间等，并且还决定了物理或化学效应的主导地位。在液体介质中，超声波空化作用包含了成千上万个空化泡。空化泡的线性共振半径（R_r）可通过式（6-4）进行计算：

$$R_r=\sqrt{\frac{3\gamma p_\infty}{\rho\omega^2}} \tag{6-4}$$

式中，γ 为气泡内气体的比热比；p_∞为周围液体的压力；ρ 为液体密度；ω 为超声波的角频率。

不同频率下的空化泡特性如表 6-1 所示（Khadhraoui et al.，2019）。在功率一定的情况下，较低的频率会产生较大的气泡，从而发生更剧烈的空化塌陷，产生较高的局部温度和压力。

在较高频率下（＜500kHz），空化泡的半径更小但破裂得更加快速。随着频率的增加，由于气泡崩塌周期变短，单位时间内产生更多数量的气泡崩塌行为，能够提供一个更均匀但强度较小的声场。这也意味着单位时间内会产生更多的自由基分散到体系中。由于声波的周期和频率成反比，因此高频率下空化泡成长的时间比较短，与低频率下相比其能达到的半径也比较小。在一定条件下随着频率的上升，实际超声波功率和输入功率之比增大，即转换效率提高，高频超声波能达到更高的声化学效率。此外，还应注意的是，在使用高频超声波时，通过气泡内爆而释放的能量是比较小的，空化作用较难被发现。因此需要更高的振幅和功率来产生空化作用。

表 6-1　不同频率下（超声波强度 10W/cm^2）空化泡最大直径（R_m）与破裂时间（t）

（引自 Khadhraoui et al.，2019）

频率/kHz	空化泡最大直径/μm	破裂时间/μs
20	150.0	5.0
205	17.5	1.6
358	10.0	0.9
618	5.8	0.5
1071	3.3	0.3

（三）超声波占空比

在实际的工业应用中，超声波处理通常是以间歇式的形式开展工作，称为脉冲超声波或间歇式超声波。我们将超声波开、停的一个周期称为一个脉冲周期。对于脉冲超声波，定义了占空比的概念，即脉冲持续时间和脉冲周期之间的比值，如式（6-5）所示。

$$D=\frac{T_W}{T}\times 100 \tag{6-5}$$

式中，D 为占空比（%）；T_W 为一个周期内超声波持续时间（s）；T 为一个脉冲周期时间（s）。

对于脉冲超声波，其脉冲宽度、脉冲间隔和脉冲频率对超声波的作用效果也有很大影响。声空化作用随着时间的推移变得不稳定，声空化强度逐渐降低。脉冲超声波，即通过周期性地打开和关闭声场，从而产生有限长度和周期性的声波列，已被证明在某些情况下增强声空化。与连续超声波相比，脉冲超声波所产生的空化作用更加稳定，产生的空化泡更密集。利用脉冲超声波可以防止过大空化泡的形成和气泡的聚集，减少由此引起的声场衰减。当周期性地打开超声波时，空化泡生长的时间有限，消融的时间也有限，空化泡的部分溶解可能会导致为下一个超声波周期中的空化泡提供“生长基础”，实现空化泡在随后的脉冲之间的“再循环”（Wu et al.，2022）。

从占空比的定义中不难看出，占空比一致，脉冲周期时间有可能不同。即在占空比同样为 50%的情况下，对于脉冲周期为 10s 的情况，超声波有效作用时间为 5s；而对于脉冲周期为 6s 的处理条件，超声波有效时间为 3s。当占空比一致的情况下，过长的脉冲周期不能引起超声波空化作用的增强。这是由于在较长的脉冲间隔中，空化泡完全溶解，对声空化产生了不利影响（Wu et al.，2020）。

第二节 技术原理与工艺装备

一、超声波加工的工作原理

超声波对液态系统的影响源于其机械作用带来的“二次效应”。如本章第一节的理论基础中所述，超声波在液体介质中传播时存在一个正负压强的交变周期，可对介质分子产生交替的压缩和拉伸作用。当声波能量足够大时，连续的液体介质内产生空穴、形成微泡（空化核），微泡经过重复性的压缩-膨胀成为空化泡。随着超声波的传播，部分气泡会重新溶解于液体介质中，有些则随着超声波的变化而逐渐长大，达到临界半径或受到不均匀压力作用后发生溃陷、破裂。空化泡这一系列变化对作用体系的影响又可细分为物理学效应和化学效应两类。本节将针对一系列超声波作用于液态体系的工作机制进行论述。

（一）空化作用

声波作用于液态介质上产生的气泡本质上是被液体包围的气体，可随着液体的流动而膨胀和收缩。这些液体介质可能非常黏稠或含有固体颗粒，但只要具有流动性，就可在声源作用时产生气泡（Zhao et al.，2022）。体积弹性模量是表示物质对体积压缩的抵抗力的特性。空气的体积模量仅为水的 1/10 000 左右，因此气体的可压缩性远大于液体。另外，由于液体的密度远高于气体（水的密度大约是空气的 800 倍），因此气泡实际上可看作一个附着在液体上的“球状弹簧”，液体则是这个“球状弹簧”的外壳，可以某一频率在“弹簧”上弹跳以响应声波干扰。Rayleigh（1917）首次以数学方式表述了气泡声学； Minnaert（1933）针对气泡振荡幅度仅为其半径的一小部分的特殊情况，推导出气泡的固有频率（f_0）,可由式（6-6）表示：

$$f_0 = \frac{1}{2\pi}\sqrt{\frac{3\Gamma P_0}{\rho_0}} \times \frac{1}{R_0} \tag{6-6}$$

式中，f_0 为气泡固有频率（Hz）；Γ 为气体的多变指数；P_0 为总环境压强（包括大气压加上施加在气泡上的任何额外的恒定压强）；ρ_0 为液体的密度；R_0 为气泡平衡半径。

由于 Γ 和 ρ_0 分别是气体和液体的特性，由式（6-6）可知，对于给定的外加压力，气泡的固有振动频率与其半径成反比。对于水中的气泡，$f_0 \approx 3.3/R_0$。因此，半径为 1mm 的气泡的固有频率约为 3kHz，而半径为 1μm 的气泡的固有频率约为 3MHz。由于食品工业实践中所涉及的大多数气泡尺寸都是毫米或更小数量级，其固有频率范围应是 kHz 至 MHz，这恰好是超声波的频率范围。与其他固有振动系统一样，如体系在气泡固有频率附近振动，就会发生共振现象。因此，在超声体系中，气泡周围的液体容易产生大幅振动，由此产生的一系列极端条件最终可导致系统发生多种物理和化学变化。在空化泡运动和破裂过程中会释放出大量能量，从而导致局部温度和压力的升高（每个气泡中心的温度可高达 5000K，压强可达到数百个大气压），产生强大的机械冲击和大量活性自由基，即超声波空化作用的机械效应和化学效应。

（二）机械效应

在整流扩散过程中，大量气泡在声学循环中不断生长，小气泡可合并产生大气泡，这些聚结的气泡在重力影响下可简单漂浮在超声处理区域之外，其振荡会使周围流体的速率和压力产生波动而形成微小湍流，即“空化微流”现象（Elder，1959）。但是，在瞬态或重复瞬态空化过程中，气泡的崩溃则会产生极高的压强（70～100MPa），伴随向外传播的冲击波，可在周围环境中引起剧烈湍流。尽管单个气泡瞬时坍塌释放的能量极小，但体系中每秒有数百万个气泡坍塌，会产生巨大的累积效应（Wu et al.，2022）。虽然超声波不直接与体系中的物质相互作用，但这些剧烈的微观变化会产生高剪切梯度，这种剪切力的强度足以破坏大分子中的化学键，从而降低聚合物分子量、引起聚合物链断裂，并可破坏动植物细胞壁。

在食品工业应用中，需要重点关注在固体表面附近产生的瞬态空化作用。研究表明，空化机械效应可显著增强非均相食品体系的传热传质过程，在多相体系中化合物改性、合成、化学反应加速和固体催化剂活性促进等方面有着重要意义。在非均质固-液体系中，气泡不对称坍塌喷射出的微射流在导向固体表面时会导致点蚀和侵蚀，从而可去除附着在固体表面的颗粒并将大的聚集体分解成更小的颗粒。在超声场中，当气泡向固体表面移动时，可在声驻波模式中充当压力波腹，导致该区域内的湍流增加。通过将声能集中在这些边界区域，超声波可显著改善传热和传质动力学。

最后，无论声能消散的机制（稳定流、微流、瞬态空化、微射流等）如何，所产生的能量最终都会转化为热量。在大多数情况下，用超声波处理时温度升高相对平缓（大约为几摄氏度），但在系统设计中忽略这种影响仍会造成严重后果。理论上，可利用温度变化估算最初施加到换能器的电能转化为声能并最终转化为热量的比例，称为声能的量热测定，如式（6-7）所示：

$$Q = mC_p\Delta T \tag{6-7}$$

式中，Q 为超声波能量输入；m 为样品质量；C_p 为样品比热容；ΔT 为温度变化。

（三）化学效应

声化学反应是由超声波引发或介导的化学反应。一般来说，较高频率的超声波产生的化学效应更强，机械效应更弱。超声波介导的化学反应可在三种不同系统中发生：均一液体、非均一液-液混合分散体系及非均一液-固分散体系。这些反应可导致化合物分解或新物质合成，具体取决于体系成分、环境条件（如压强、温度、pH、离子强度）和超声波处理条件（包括超声波强度、频率、处理时间）。

在纯水或其他溶质-溶剂系统等均一体系中，超声波的应用易引起单电子转移，导致过渡金属配合物的配体金属键断裂。在空化泡塌陷循环期间，空腔内可能会形成大量的自由基（OH·、H·、X·等），与体系中其他分子反应而产生额外的反应性物质。均一体系内声化学反应的副产物还可引起声致发光现象，但该现象在食品成分的改性中并不发挥重要作用。非均一系统中的声化学反应更加复杂，不仅涉及自由基反应，还涉及离子反应。这些离子反应也会受到高强度超声波机械效应刺激，具体影响由分散相的物理特性（包括界面张力、密度、黏度、弹性模量等）决定（Cravotto & Cintas，2006）。此外，在多相系统中，界面化学也对一系列反应起着重要作用。

二、超声波加工的装备组成

在食品工业的应用中，超声波设备体系主要有两种类型（图 6-2）：一种是利用水浴，另一种则利用探头作为超声波发生器，前者称为浴式超声波，后者称为探头式超声波。由于被发现且利用得较早，浴式超声波在食品工业生产加工中已有不少应用。在最近的研究中，探头式超声波出现的频率越来越高，其应用范围也越来越广。同时，超声波处理模式由批次处理模式逐步向循环流动式处理模式发展。

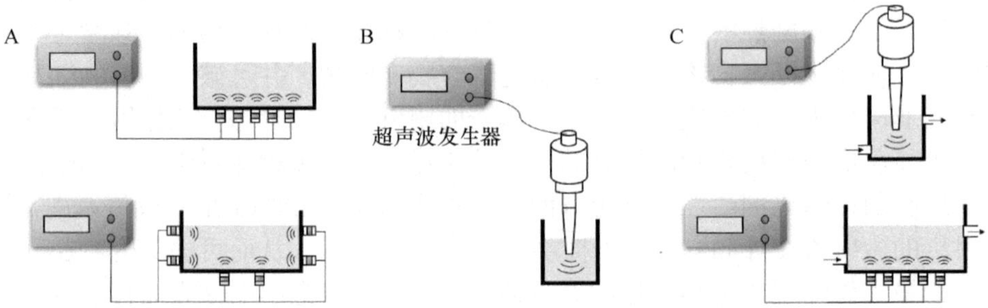

图 6-2 不同超声波装备示意图

A．浴式超声波；B．探头式超声波；C．循环流动式超声波

无论涉及哪个行业或应用场景，都需要相同的基本系统组件来生成和传输超声波。超声波设备由超声波发生器和超声波振动系统组成，而振动系统又可分为换能器、变幅杆和工具头（发生器）等，它们将超声波发送到介质中。

（一）超声波发生器

超声波发生器是超声波系统的能量来源，用于驱动换能器工作，故又称超声波驱动电源，是超声波系统的重要组成部分。它的作用是将 220V、50Hz 的电信号转换成与超声波换能器相匹配的高频交流电信号。通常，超声波发生器产生具有指定功率额定值的电流。超声波发生器的额定功率为额定电压与额定电流的乘积，如式（6-8）所示：

$$P=U\times I \tag{6-8}$$

式中，P 为功率（W）；U 为电压（V）；I 为电流（A）。

超声波发生器工作时，首先产生与超声波同频的电信号，传输至超声波振动系统进行能量转换，超声波换能器接收后将电能转换成机械能，再经变幅杆将机械振动进行放大，然后将放大后的振幅作用到发生器上，使发生器端面产生高频小幅度振动。

（二）超声波振动系统

在超声波技术应用中，超声波振动系统是决定整个超声波系统性能的关键因素之一。超声波振动系统包括超声波换能器、变幅杆、发生器三部分。

1．换能器 换能器是在超声波频率范围内将交变的电信号转换成声信号或者将外界声场中的声信号转换为电信号的能量转换器件，是超声波技术中的关键器件。所有超声波系统都需要一个换能器作为中心元件，其性能好坏直接关系到超声波应用技术的效果和使用范围。超声波换能器将电能或机械能转换成声能。连接到发电机上的换能器通过每秒 20 000 个机械周期的振动将电源发生器产生的 20kHz 电能转换为相同频率的超声波能量。

常用的超声波换能器有三种（图 6-3），包括液体驱动换能器、压电换能器和磁致伸缩换能器。虽然液体驱动换能器是很好的混合器和均质器，但目前大多数功率超声波设备使用的是压电或磁致伸缩换能器，而其中又以压电换能器最常见。液体驱动换能器依靠纯机械能产生超声波，而磁致伸缩换能器和压电换能器则是将电能和磁能转换为机械声能。

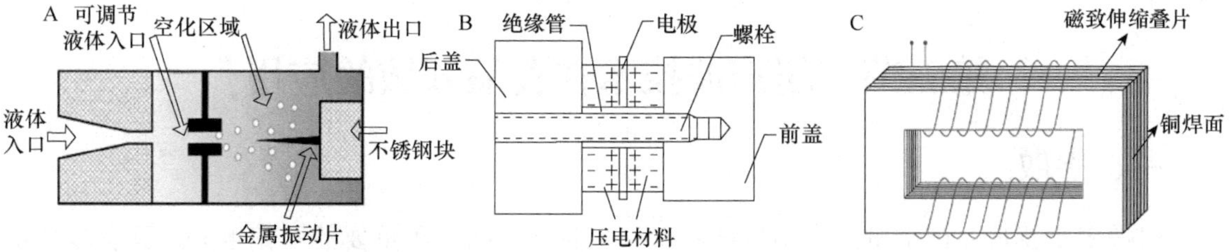

图 6-3 不同超声波换能器示意图（引自林书玉，2009；Bhargava et al.，2021；孙立超，2021）

A．液体驱动换能器；B．压电换能器；C．磁致伸缩换能器

在利用超声波对物质进行处理加工时，常常需要有足够大的声功率才能对物质进行有效的处理。为获得大功率的超声波，除了提高单个换能器的功率容量，在某些应用中，如超声波清洗，还时常采用多个换能器联合工作来获得大功率的超声波。在超声波处理的另一些应用中，如超声波加工和焊接，则不但需要大功率，而且需要较高的声强或振动幅度，才能达到良好的处理效果。在这种情况下，换能器的辐射端面常常连接一种变幅杆（聚能器），将换能器辐射端面的微小位移振幅（一般几微米）加以放大，或者说把超声波能量集中在较小的截面上，然后通过工具或直接对被处理对象进行处理加工。

2．变幅杆 超声波变幅杆是超声波振动系统中一个重要的组成部分，又称为超声波聚能器和超声波变速杆。它的主要作用是将机械振动位移或速度振幅放大，或把能量集中在较小的辐射面上，即聚能作用；此外，作为机械阻抗的变换器，在超声波换能器与发生器之间，调整了两者之间的负载匹配，使超声波能量由换能器更有效地向负载传输，达到阻抗匹配，提高了电能与声能之间的转换效率，减少发热，延长了使用寿命。

在功率超声波的应用中，可以根据不同需求研究出各种不同类型的变幅杆，常见的变幅杆有指数形、悬链线形、阶梯形和圆锥形，以上为单一类型的变幅杆；单一类型的变幅杆还能相互复合形成复合型变幅杆，适用范围更加广泛。

常用于描述超声波变幅杆性能的参数主要有以下 3 种。

（1）放大系数（M）：是指变幅杆处于共振工作状态下，输出端振幅与输入端振幅的比值。

（2）形状因素（φ）：形状因素与变幅杆的形状有关。

（3）共振频率（f）：变幅杆的纵向频率与变幅杆的材料、形状有关。当接收到的频率与共振频率相同时，可以获得最大的振幅及速度。

3．发生器 超声波发生器也称为工具头，即超声波系统中直接产生声波振动的部件，其目的是将超声波传递到介质中。发生器是超声波系统中最直接接触目标介质的部分，作用对象包括固体、液体、固液混合物等。根据作用对象的不同，发生器的材料、形状、尺寸也各不相同。

组成发生器的常规材料有铝、不锈钢和钛合金。不同物质的超声波振动特性差别很大，铝的特性优于铁，合金的某些特性又优于单一金属。钛合金的密度低、强度高、耐腐蚀、易于加工，是较为理想的材料，也是目前超声波设备中用得比较多的材料之一。根据不同的应用需求，超声波发生器有各种形状、尺寸和不同的材料，如圆柱形、锥形、阶梯形，以及双探头、多探头等。超声波发生器随着仪器的使用，会有不同程度的磨损，这主要取决于仪器的使用时间、使用功率等。发生器的磨损会使其直接接触的液体介质中有金属碎屑，从而造成污染。

第三节　超声波技术在食品领域的应用

一、提取

柑橘皮果胶是存在于柑橘皮初生细胞壁和中胶层中的一种重要的多糖组分，具有多种功能特性，被广泛应用于食品、医学及化妆品行业。与植物细胞内的小分子活性物质如黄酮、酚酸、类胡萝卜素等不同，果胶是大分子物质，其提取首先需要通过细胞壁与多糖网络结构的解聚，常规的水热提取法效率低、产量少，因而超声波技术被广泛应用于柑橘皮果胶的提取加工中，其工艺过程如图 6-4 所示。

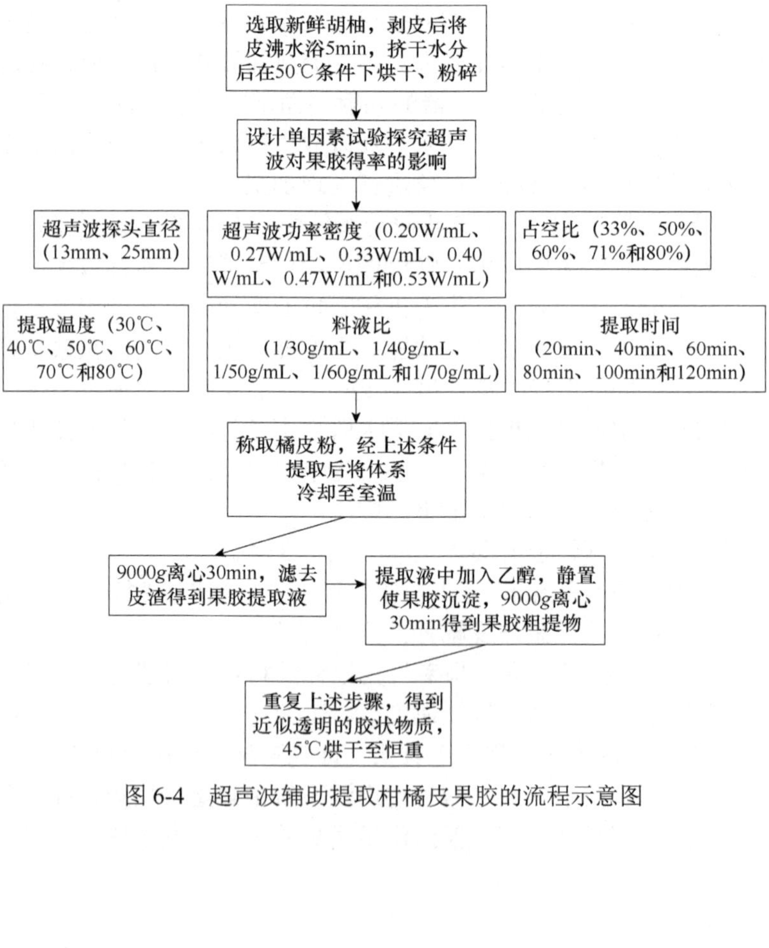

图 6-4　超声波辅助提取柑橘皮果胶的流程示意图

案例 6-1

超声波辅助提取柑橘皮果胶

研究人员研究了不同超声波参数下柑橘皮果胶的释放规律（图 6-5）。结果表明，随着超声功率密度、占空比、提取温度的上升，料液比的降低，柑橘（胡柚）皮果胶的释放率呈现先增加后减少的趋势；同时相比于常规的热提法，在超声波的作用下，柑橘皮组织的细胞壁结构受到损伤、厚度不均，促使内部果胶组分迅速溶出，释放率得到显著提升（Wang et al.，2015）。

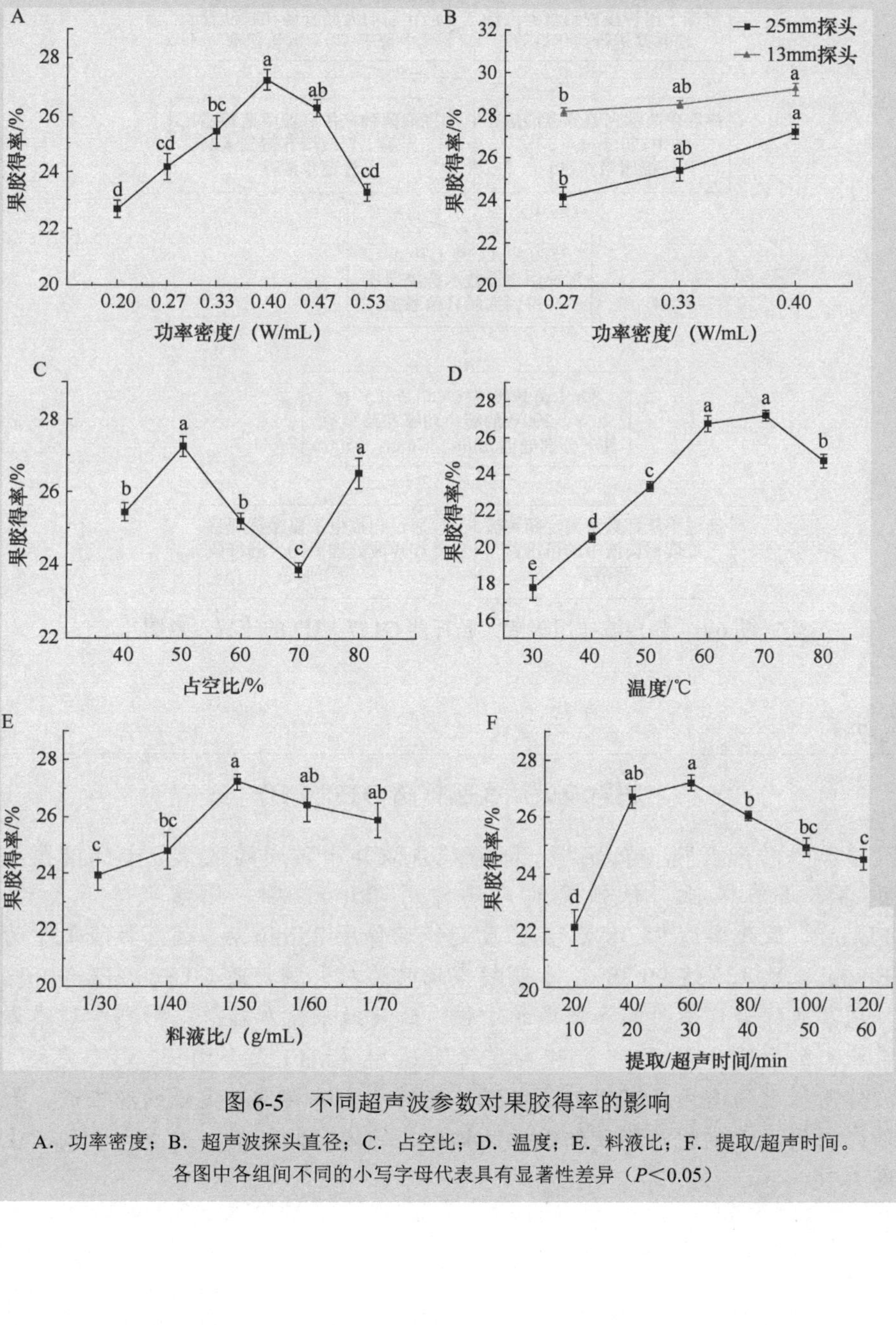

图 6-5　不同超声波参数对果胶得率的影响

A．功率密度；B．超声波探头直径；C．占空比；D．温度；E．料液比；F．提取/超声时间。
各图中各组间不同的小写字母代表具有显著性差异（$P<0.05$）

二、杀菌

民以食为天，食以安为先，控制食品中的微生物数量是保障食品安全的首要前提，因此杀菌是食品加工、储藏的必经工序。常规的热、化学等杀菌方法存在破坏食品风味和营养成分、有害物质残留等问题，无法满足食品加工工业日益增长的高效率、高质量要求。超声波作为一种有效的非热杀菌手段，能够在保障食品安全的前提下最大限度地保留食品中的营养成分，案例 6-2 针对常见的食源性致病菌大肠杆菌 O157∶H7，探究超声波作用对其致死率的影响，具体工艺过程如图 6-6 所示。

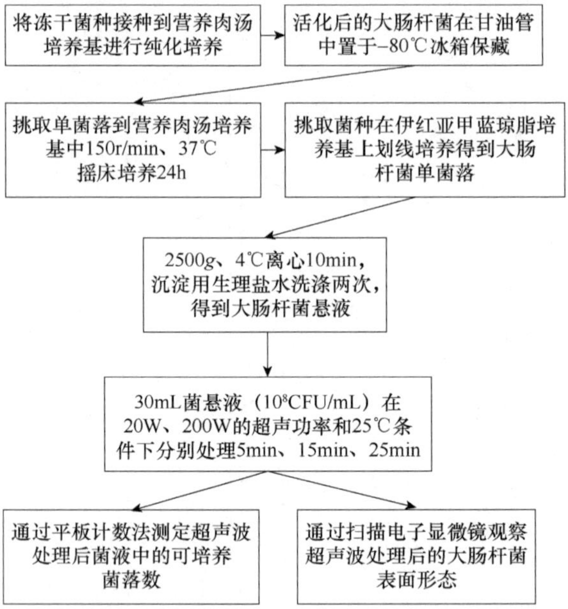

图 6-6　超声波作用灭活大肠杆菌 O157∶H7 的流程示意图

案例 6-2

超声波灭活大肠杆菌 O157∶H7

可培养性结果表明（表 6-2），随着超声波作用时间的延长，平板培养基上可培养菌落数逐渐降低，低强度超声场作用 25min 后，菌落数降低量为 1.25 log CFU/mL，致死率达 94.38%，高强度超声场作用 25min 后，菌落数降低量为 2.14 log CFU/mL，致死率达 99.28%，表明超声场胁迫对大肠杆菌 O157∶H7 具有明显的致死作用，且随着作用时间和强度的增强，致死效果愈加显著。形态学观察表明处于正常状态的大肠杆菌 O157∶H7 细胞（图 6-7A 和 B）大小均一、形态完整，随着超声波作用强度的增大，空化效应增强，能够产生破坏作用更强的冲击波、微射流等由外向内作用于细胞，导致细胞壁结构破裂、内容物泄漏，造成大量的微生物死亡（图 6-7C～F）。

表 6-2 超声波处理后大肠杆菌 O157：H7 的可培养性（引自李娇，2022）

时间/min	低强度超声场菌落数/（log CFU/mL）	高强度超声场菌落数/（log CFU/mL）
5	$7.91 \pm 0.08^{c,B*}$	$7.13 \pm 0.07^{c,A}$
15	$7.49 \pm 0.06^{b,B}$	$6.89 \pm 0.09^{b,A}$
25	$7.02 \pm 0.05^{a,B}$	$6.13 \pm 0.07^{a,A}$

注：初始菌体浓度为（8.27±0.04）log CFU/mL；低强度和高强度超声波分别为 20W 和 200W

*每列中不同的小写字母和每行中不同的大写字母代表在 $P<0.05$ 水平具有显著性差异

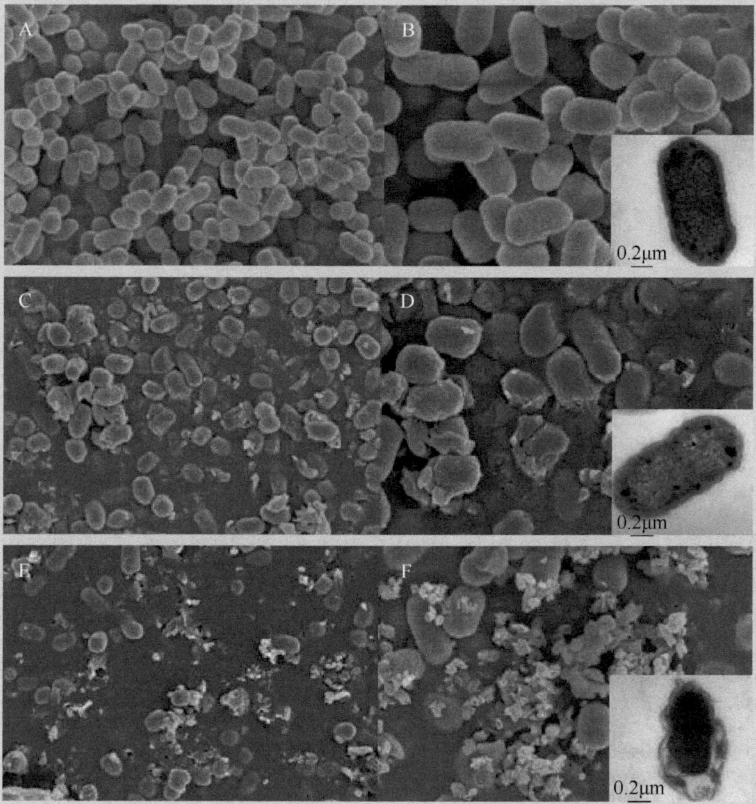

图 6-7 超声波处理后大肠杆菌 O157：H7 的扫描和透射电镜图（引自李娇，2022）

A、B. 未处理组；C、D. 低强度超声波处理 25min；E、F. 高强度超声波处理 25min

三、改性

乳清分离蛋白（WPI）常被作为载体材料构建传递体系来包埋食品功能因子，以提高其理化稳定性和生物利用率。但通常由于蛋白质构建的传递体系对环境条件（pH、高温和离子浓度等）较为敏感，限制了其在食品工业中的应用。通过蛋白质与多糖进行共价接枝是克服此不足的有效方法，其中超声波可通过其混合效应和热质传递效应显著提高蛋白质的糖基化速率，改善蛋白质的功能性质，本案例的工艺过程如图 6-8 所示。

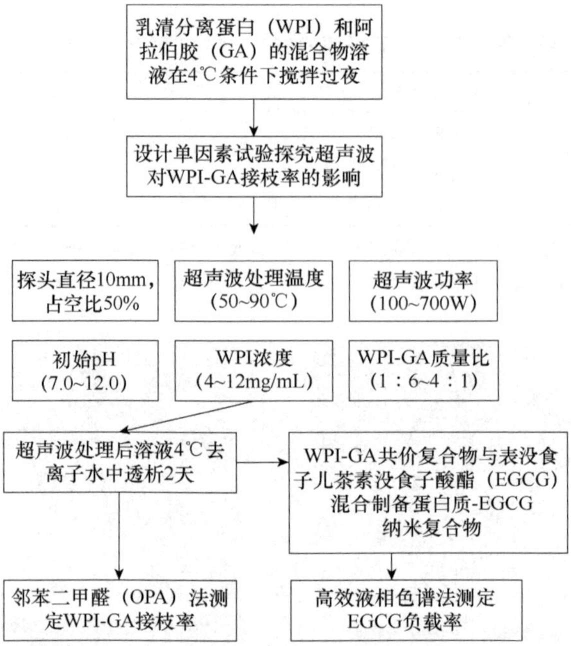

图 6-8 超声波辅助制备改性蛋白质及其负载表没食子儿茶素没食子酸酯的流程示意图

案例 6-3

超声波辅助制备乳清分离蛋白-阿拉伯胶复合物

研究人员通过超声波辅助制备 WPI-GA 共价复合物，结果如图 6-9 所示，发现超声波处理能明显提高 WPI 的糖基化速率，在优化条件下（超声温度 70℃，超声功率 500W，初始 pH 11.0，蛋白质浓度 10.0mg/mL 和蛋白质-多糖质量比 1∶2）处理 80min 即可获得同传统干法反应 1 天相当的接枝率，且复合物褐变度较低；同时超声波辅助糖基化会增强 WPI 同表没食子儿茶素没食子酸酯（EGCG）的结合能力，而干法糖基化则相反，因而超声辅助制备的共价复合物对 EGCG 的负载率更高。

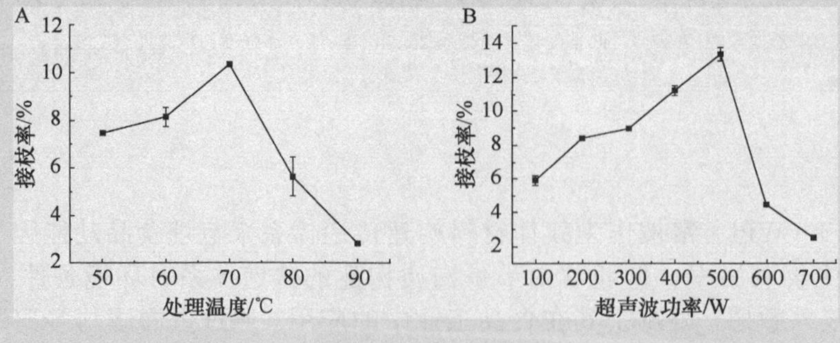

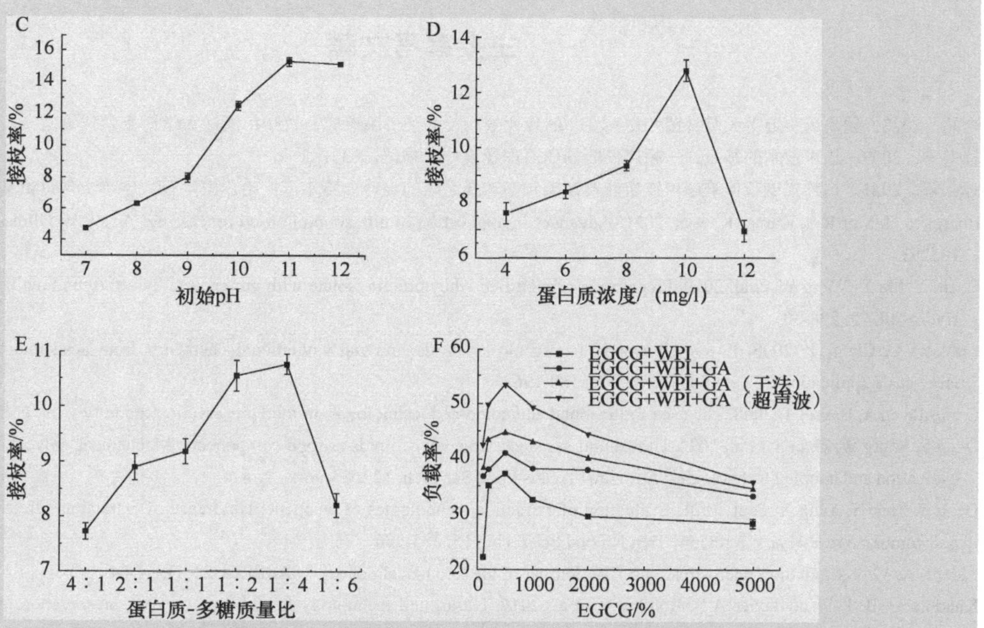

图 6-9　不同超声波参数对 WPI-GA 共价复合物接枝率及 EGCG 负载率的影响（引自 Chen et al.，2019）

A. 处理温度；B. 超声波功率；C. 初始 pH；D. 蛋白质浓度；E. 蛋白质-多糖质量比；F. EGCG 负载率

第四节　未来趋势与展望

本章通过概述超声波的理论基础及其在食品加工中的作用机制等内容，结合其在辅助提取、杀菌和改性方面的具体应用案例，较为详细地介绍了超声波这一典型的非热加工技术。目前在食品加工领域，超声波作为一种被广泛研究和应用的技术，在显著提升加工效率、提升产品质量的同时，仍存在声能衰减、探头气蚀和规模化加工困难等问题有待后续研究进行解决。值得注意的是，超声波技术作为一种多学科交叉的科学技术，对于其在食品加工相关应用中的基本理论、作用机制和配套设施的推进需要更加深入及多层次的思考和研究。

思　考　题

1. 什么是超声波的空化作用？请详细描述超声波空化作用的发展阶段。
2. 相比于传统的加工方法，超声波辅助加工的特点（优点）是什么？
3. 超声波加工的原理是什么？
4. 请详细描述一种超声波在本章所举案例之外的具体应用。

主要参考文献

李娇．2022．超声场胁迫下大肠杆菌 O157：H7 的致死效应及分子机制研究．杭州：浙江大学博士学位论文

林书玉．2009．超声技术的基石：一超声换能器的原理及设计．物理，(3)：8

孙立超．2021．扫频式磁致伸缩超声波换能器谐振频率选择系统的设计．哈尔滨：哈尔滨师范大学硕士学位论文

Bhargava N, Mor R S, Kumar K, et al. 2021. Advances in application of ultrasound in food processing: A review. Ultrason Sonochem, 70: 105293

Chen W, Ma X, Wang W, et al. 2019. Preparation of modified whey protein isolate with gum acacia by ultrasound maillard reaction. Food Hydrocoll, 95: 298-307

Cravotto G, Cintas P. 2006. Power ultrasound in organic synthesis: moving cavitational chemistry from academia to innovative and large-scale applications. Chem Soc Rev, 35(2): 180-196

Demirdöven A, Baysal T. 2008. The use of ultrasound and combined technologies in food preservation. Food Rev Int, 25(1): 1-11

Deng Y, Wang W, Zhao S, et al. 2022. Ultrasound-assisted extraction of lipids as food components: Mechanism, solvent, feedstock, quality evaluation and coupled technologies: A review. Trends Food Sci Tech, 122: 83-96

Deng Y, Zhao S, Yang X, et al. 2021. Evaluation of extraction technologies of lycopene: Hindrance of extraction, effects on isomerization and comparative analysis: A review. Trends Food Sci Tech, 115: 285-296

Elder S A. 1959. Cavitation microstreaming. The Journal of the Acoustical Society of America, 31(1): 54-64

Khadhraoui B, Fabiano-Tixier A S, Robinet P, et al. 2019. Ultrasound technology for food processing, preservation, and extraction. *In:* Chemat F, Vorobiev E. Green Food Processing Techniques. New York: Academic Press: 23-56

Lott J A, Demaggio A E. 1963. Continous extraction during treatment during treatment with ultrasound. Sci, 139(355): 825

Martínez J M, Abad V, Quílez J, et al. 2023. Pulsed electric fields (PEF) applications in the inactivation of parasites in food. Trends Food Sci Tech, 138: 470-479

Mason T J. 2003. Sonochemistry and sonoprocessing: the link, the trends and (probably) the future. Ultrason Sonochem, 10(4-5): 175-179

Mason T J, Lorimer J P, Bates D M. 1992. Quantifying sonochemistry: Casting some light on a ‘black art’. Ultrasonics, 30(1): 40-42

Minnaert M. 1933. XVI. On musical air-bubbles and the sounds of running water. Philosophical Magazine, 16(104): 235-248

Rayleigh L. 1917. VIII. On the pressure developed in a liquid during the collapse of a spherical cavity. Philosophical Magazine, 34(200): 94-98

Sigfusson H, Ziegler G R, Coupland J N. 2004. Ultrasonic monitoring of food freezing. J Food Eng, 62(3): 263-269

Wang W, Ma X, Xu Y, et al. 2015. Ultrasound-assisted heating extraction of pectin from grapefruit peel: optimization and comparison with the conventional method. Food Chem, 178: 106-114

Wu P, Bai L, Lin W. 2020. On the definition of cavitation intensity. Ultrason Sonochem, 67: 105141

Wu P, Wang X, Lin W, et al. 2022. Acoustic characterization of cavitation intensity: A review. Ultrason Sonochem, 82: 105878

Zarezadeh M R, Aboonajmi M, Ghasemi-Varnamkhasti M. 2022. Applications of ultrasound techniques in tandem with non-destructive approaches for the quality evaluation of edible oils. J Food Sci Tehc Mys, 59(8): 2940-2950

Zhao S, Yao C, Liu L, et al. 2022. Parametrical investigation of acoustic cavitation and extraction enhancement in ultrasonic microreactors. Chem Eng J, 450: 138185

第七章　超临界和亚临界流体技术

超临界和亚临界流体技术是一种新型的食品非热加工技术，是利用特定温度和压强下的 CO_2 进行萃取或杀菌，该方法环境友好且能够很好地保护食品中的营养成分和风味物质。本章将概述超临界和亚临界流体技术的工艺原理与装备，并分别介绍其在脱咖啡因、啤酒花萃取及杀菌方面的应用。

本章思维导图

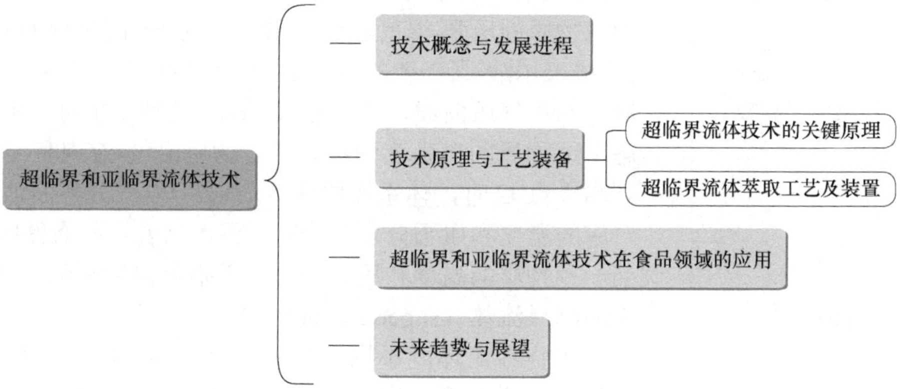

第一节　技术概念与发展进程

超临界流体是一种兼具液体和气体双重特性，且拥有与液体近似的密度，拥有与气体近似的黏度及较高的扩散系数的流体（李丰等，2021）。目前，以 CO_2 为代表的超临界流体被广泛认为是一种环境友好的绿色溶剂，由于超临界流体的独特性质，其已被广泛应用于石油化工、环境保护、天然物质提取、分析技术、生物工程等诸多领域，具有广泛的应用前景。其中，超临界流体分离是应用较早的提取技术。1978 年，德国学者利用超临界 CO_2 萃取咖啡豆中的咖啡因，发现超临界流体萃取具有萃取剂选择性好且安全无毒、参数灵活可调、萃取温度低、产物无溶剂残留的独特优势。20 世纪 80 年代，国际上超临界流体萃取分离技术逐渐成为研究热门，80 年代末我国也开始了对超临界流体的大规模研究，许多基于超临界流体的萃取分离技术逐渐成熟并实现工业化应用。为实现人类社会的可持续发展，全球各国研究者正不断努力，将环境友好的超临界流体技术广泛应用于各个领域。

高压二氧化碳（high pressure carbon dioxide，HPCD）是使用压强为 5～50MPa、温度为 0～60℃的 CO_2 进行杀菌、钝酶和提取的食品加工新技术。该温度和压强范围的 CO_2 具有亚临界流体和超临界流体的性质，具有较好的溶解性和扩散性，在处理食品的过程中会产生高压、酸化、爆炸和厌氧等效应，能够有效杀灭食品中的微生物、钝化酶类及辅助提取天然产物。自 1951 年 Fraser 首次发现加压的 CO_2 能杀菌以来（Fraser，1951），该技术先后被称为高密度二氧化碳（dense phase carbon dioxide，DPCD）、高压二氧化碳，美国 Praxair 首先将该技术应用到橙汁的杀菌中，使橙汁中的总菌数降低了 5 个对数值以上，有效延长了货架期。近年来，高压二氧化碳技术因其良好的杀菌、钝酶效果和对食品中的热敏性成分的保护而引起了广泛关注，随着对其杀菌机制的研究愈发深入，其诱导形成的微生物活的不可培养（viable but nonculturable，VBNC）状态和亚致死状态也成为研究的新热点。

第二节　技术原理与工艺装备

一、超临界流体技术的关键原理

当流体的温度和压强处于临界温度和临界压强以上时，称该流体处于超临界状态。图 7-1 为纯物质的压强-温度相图，*AT* 线表示气-固平衡的升华曲线，*BT* 线表示液-固平衡的熔融曲线，*CT* 线表示气-液平衡的饱和液体的蒸气压曲线，*T* 点是气-液-固三相共存的三相点，该状态下纯物质的自由度为零。将纯物质沿气-液饱和线升温，达到临界点 *C* 时，体系性质变得均一，气-液分界面消失。*C* 点对应的温度和压强分别称为临界温度（T_c）和临界压强（p_c）。当一种物质的温度和压强同时高于临界温度和临界压强时，称为超临界流体（supercritical fluid）。

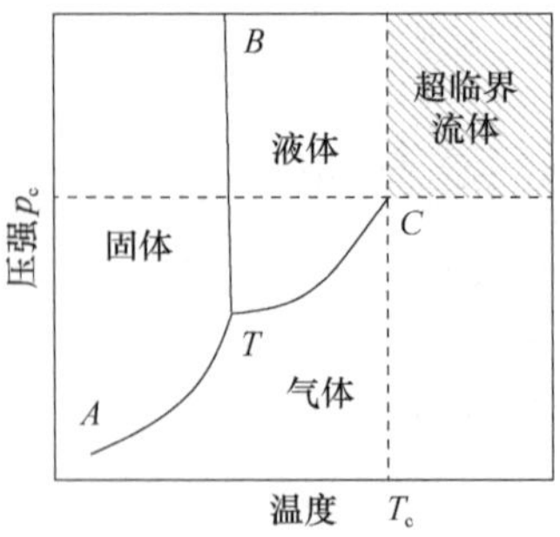

图 7-1　纯物质的压强-温度相图

超临界流体既不同于气体，也不同于液体，具有许多独特的物理学性质。表 7-1 比较了气体、超临界流体和液体的密度、黏度与扩散系数。如表 7-1 所示，超临界气体的密度接近于液体，扩散系数介于气体和液体之间，因此超临界流体兼具液体和气体的特点，即具有较好的溶解性且易于扩散。更重要的是，在临界温度下，气体的不断加压会有液相出现，但超临界流体加压仅导致流体密度增加，微小的压强或温度变化即可引起较大的流体性质的变化，如密度、黏度、扩散系数、介电常数、溶剂化能力等，因此可以通过调控温度和压强来实现物质的萃取与分离。

表 7-1　气体、超临界流体和液体的密度、黏度与扩散系数（引自韩布兴，2005）

物质（状态）	密度/（g/mL）	黏度/cP	扩散系数/（cm^2/s）
气相	0.0006～0.002	0.01	10^{-1}
超临界流体	0.2～1.0	0.03～0.1	10^{-4}
液相	0.6～1.6	0.2～3.0	10^{-5}

超临界 CO_2 和超临界水是最常用的超临界流体，不仅具有超临界流体的一般性质，还具有无毒、无害、无污染、易回收和循环利用等特点，是环境友好型溶剂。常用的超临界流体的临界温度、临界压强和临界密度如表 7-2 所示。本节以超临界 CO_2 萃取为例，对其装备和工艺进行介绍。

表 7-2　常用的超临界流体的临界参数（引自韩布兴，2005）

溶剂	临界温度/℃	临界压强/MPa	临界密度/（g/cm^3）
二氧化碳	31.1	7.38	0.448
乙烷	32.2	4.89	0.203
乙烯	9.2	5.07	0.200
丙烷	96.6	4.19	0.217
正戊烷	196.5	3.38	0.232
氨	132.3	11.20	0.235
水	374.1	21.83	0.315

二、超临界流体萃取工艺及装置

超临界流体萃取（supercritical fluid extraction，SFE）即通过超临界流体接触待萃取的物质，将其溶解，再利用温度和压强的变化来改变流体的溶解能力，实现萃取物与超临界流体分离的整个过程（任文鑫等，2019）。超临界流体萃取是获得高质量产品最有效的方法之一，具有传质速度快、穿透能力强、萃取效率高及操作温度低的特点，能够减少热敏性物质在提取中的损失。

超临界流体萃取过程由萃取阶段和分离阶段组成，按照所采用的操作方法不同有 3 种基本的工艺流程：变压等温萃取分离、变温等压萃取分离和吸附萃取分离。超临界流体萃取装置主要包括前处理、萃取、分离 3 部分。主要设备有压缩机、泵、阀门、换热设备、萃取器、分离器、储罐等。图 7-2 是一种典型的超临界 CO_2 萃取装置简图。将被萃取物粉碎后放入萃取器（3）中密封，设定好萃取器的温度和压强。储罐（2）中的 CO_2 经高压计量泵（柱塞泵）增压进入萃取器（3），与其中的原料接触、传质节流膨胀后进入分离器（4）。这时通过调节分离器（4）中的温度和压强使溶质在 CO_2 中的溶解度降低而凝聚析出，汇集在分离器底部，而 CO_2 溶剂则从分离器顶端引出，循环使用。

数字资源 7-1

数字资源 7-2

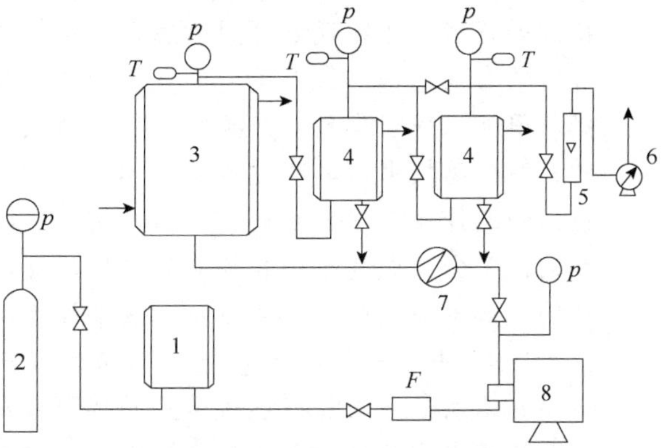

图 7-2　超临界 CO_2 萃取装置简图（引自廖传华等，2002）

1. 冷凝器；2. CO_2 储罐；3. 萃取器；4. 分离器；5. 转子流量计；6. 湿式气体流量计；7. 换热器；8. 柱塞泵

第三节　超临界和亚临界流体技术在食品领域的应用

一、萃取

在过去的 40 多年里，超临界流体被证实是化工过程中环境友好的介质。超临界流体萃取技术的优点主要表现在以下几个方面。

（1）超临界流体萃取方法简单且能耗低。常规的萃取方法在萃取后需要进行分离，增加了溶剂的用量和能耗，而超临界流体萃取技术同时具有精馏和液相萃取的特点，实现了萃取和分离一体化，萃取溶剂用量少。

（2）萃取参数易于调节。超临界流体的萃取能力与其密度有关，而流体的密度取决于流体的温度和压强，因此，在萃取过程中可以通过改变温度和压强来改变流体对溶质的溶解度，并且微小的温度或压强变化即可引起较大的密度变化。

（3）利用分级流动的方法，超临界流体萃取技术可以同时对多种物质进行选择性萃取。

（4）超临界流体适合热敏性物质的分离。超临界流体可以在较低的温度下实现物质的有效分离，避免活性成分的热损失，并且不引入其他物质，保留了萃取物质纯天然的特性。

（5）萃取率高。超临界流体的表面张力为零，且具有很高的扩散系数，因此流体介质很容易掺入被萃取物的微孔内，传质速度快，萃取率高。

（6）目前，天然物质的超临界流体萃取中使用的流体主要是 CO_2，对环境无污染或污染小（韩布兴，2005）。

案例 7-1

超临界流体在脱咖啡因中的应用

咖啡因（caffeine）是茶叶、咖啡豆、可可、可拉果等植物体中的主要生物碱，具有较强的兴奋中枢系统等作用（廖传华等，2002），被广泛用于医药、食品、化妆品等领域。传统脱咖啡因方法往往存在缺陷。最常用的技术为有机溶剂提取法，常用的溶剂包括二氯甲烷、一氧化碳、乙酸乙酯等，但该方法存在工艺烦琐复杂、提取率低、残留溶剂、产品纯度低等缺点。超临界流体萃取技术作为一种环境友好的新型分离技术，萃取过程易于调节，分离工艺简单无残留，萃取率高，并且具有极强的选择性，该方法既可以从植物中提取咖啡因，又不会破坏咖啡豆原有的组织结构，不会造成其他芳香物质的损失，可以大大提高咖啡豆的经济价值。天然咖啡豆的脱咖啡因是超临界流体技术最早被大规模工业化应用的领域之一。

1991 年，索尔·诺曼·卡特兹发明了一种利用超临界流体从生咖啡豆中萃取咖啡因的方法，即向装有湿咖啡豆的萃取容器一端连续地加入超临界流体，并由另一端连续排出载有咖啡因的超临界流体，同时周期性地卸除一部分已脱除咖啡因的咖啡豆，向萃取容器中加入一部分未脱咖啡因的咖啡豆；然后在一个逆流水吸收塔中，从载有咖啡因的超临界流体中除去咖啡因，并经历循环回到萃取容器中。咖啡因随吸收水从吸收塔中排出后，经历反渗透过程从而获得浓缩咖啡因溶液。

咖啡因萃取容器如图 7-3A 所示，将湿咖啡豆填充于萃取容器（5）中，基本不含咖啡因的超临界流体从萃取容器的第一段（6）进入，经过萃取容器（5）与咖啡豆接触，携带咖啡因从萃取容器第二段（4）流出，生咖啡豆周期性地经阀门（1）进入吹气箱（2），阀门（3 和 7）周期性地打开，以便将生咖啡豆由吹气箱（2）加到萃取容器的第二段（4），并从容器的第一段（6）排出一部分大体已脱除咖啡因的生咖啡豆到吹气箱（8），然后关闭阀门（3 和 7），接着打开阀门（9），由吹气箱（8）卸出大体已脱除咖啡因的生咖啡豆，新加生咖啡豆经阀门（1）进入吹气箱（2），并重复该程序。

脱咖啡因系统流程图如图 7-3B 所示，其中生咖啡豆经其入口（11）被送入萃取容器（10），基本不含咖啡因的超临界流体作为料流经其入口（13）逆向加入萃取容器，在萃取容器内进行咖啡因的萃取，然后载有咖啡因的超临界流体经其出口（14）排出，水作为料流经吸收水入口（16）逆向加入水吸收塔（15），并以含咖啡因的水流经吸收水出口（17）排出（索尔·诺曼·卡特兹等，1996）。

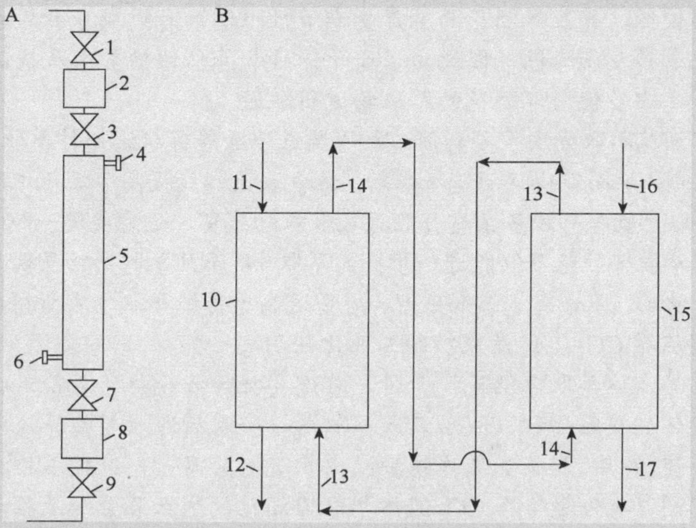

图 7-3　咖啡因萃取容器（A）与脱咖啡因系统（B）示意图

（引自索尔·诺曼·卡特兹等，1996）

1、3、7、9．阀门；2、8．吹气箱；4．超临界流体出口；5、10．萃取容器；6．超临界流体入口；11．生咖啡豆入口；12．生咖啡豆出口；13．基本不含咖啡因的超临界流体入口；14．载有咖啡因的超临界流体出口；15．水吸收塔；16．吸收水入口；17．吸收水出口

该方法借助超临界流体连续地从生咖啡豆中萃取咖啡因，大幅减少了生咖啡豆在工艺过程中的停留时间，并回收非咖啡因固体并将其利用到生咖啡豆中，控制脱除咖啡因时非咖啡因固体的损失，并且与已有的间歇工艺相比，该方法提高了生咖啡因萃取率，可生产出质量更好的脱咖啡因咖啡。

该方法适用多种超临界流体，包括二氧化碳、氮、一氧化二氮、甲烷、乙烯、丙烷和丙烯。在工业上一般选用二氧化碳，其具有以下优点：①超临界二氧化碳流体对有机物的溶解能力强、选择性好，略微改变温度或压强，密度就会有大幅变化，进而影响溶质的溶解度，实现分离；②二氧化碳的临界温度为 31.1℃，使得超临界流体萃取可在接近室温的条件下完成整个分离操作；③二氧化碳价格低且易于获得，可以降低生产成本；④二氧化碳无毒无害、无残留、易于分离，可以提高产品的品质和安全性（韩佳宾等，2002）。

案例 7-2

超临界流体技术在啤酒花萃取中的应用

啤酒花是啤酒花植物（*Humulus lupulus*）的花，属于开花植物大麻科。在啤酒花中除了软、硬树脂，还有单宁、挥发性油、脂肪和蜡等成分，是啤酒中的苦味剂、调味剂和稳定剂的主要来源，赋予啤酒花香、果香或柑橘风味和香气，且在其他饮料和草药中也有多种用途。在过去的啤酒酿造中直接使用啤酒花，使得啤酒花中有效物质的利用率较低，并且啤酒花的生产受季节性限制，有效成分会随着储存时间的延长发生氧化或挥发而降低，因此为了便于保存、降低运输费用及提高啤酒花的利用率，食品加工中多使用啤酒花的萃取物进行酿造。

传统的啤酒花萃取方法主要利用二氯甲烷或甲酸等有机溶剂作萃取剂，最后通过蒸发去除萃取剂，从而获得啤酒花萃取物。该方法虽然能提高啤酒花中有效物质的利用率，但是萃取产物含有较多杂质并且存在有机物残留，还需要进一步精制。利用超临界流体技术萃取啤酒花不仅能进一步提高萃取率，而且萃取产物呈现为黄绿色带有芳香气味的膏状物，不含有机溶剂残留，质量远高于传统萃取方法所得的产物，啤酒花的萃取是超临界 CO_2 流体最成功的工业化应用之一。

采用超临界流体萃取啤酒花浸膏时，首先要把啤酒花打碎成粉末状，增大啤酒花与超临界流体的接触面积，随后装入萃取器，密封后通入超临界流体，达到萃取要求后通过节流降压，超临界流体携带浸出物进入分离器，经控温控压后分离得到黄绿色浸膏。图 7-4 为超临界 CO_2 流体萃取啤酒花的生产装置和流程示意图。在该生产装置中有 a、b、c、d 四个萃取器，在每个萃取周期中有一个釜是轮空的。生产时，超临界 CO_2 流体依次穿过每个釜中的啤酒花碎片进行萃取，然后含萃取物的超临界 CO_2 流体节流降压，进入预热器（5）预热，再进入热交换器（6），此时混合物中的 CO_2 受热蒸发，萃取物浸出并自动排出。蒸发的 CO_2 流体经压缩机（7）再

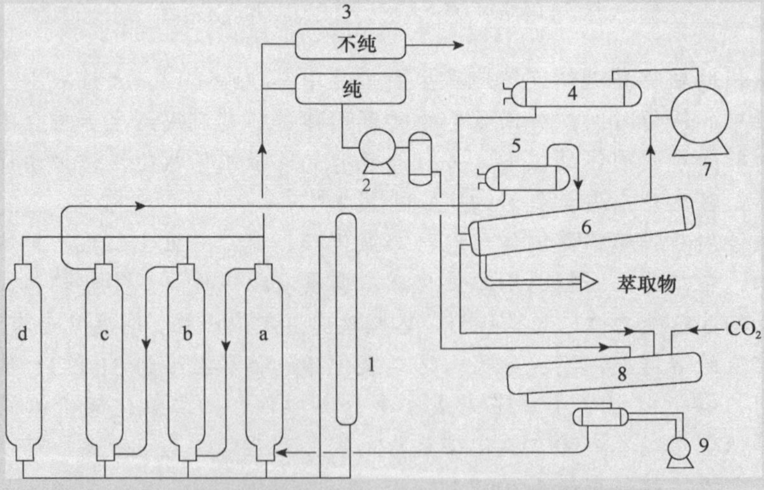

图 7-4　超临界 CO_2 流体萃取啤酒花的生产装置和流程示意图（引自廖传华等，2004）

1．传送罐；2，7．压缩机；3，8．CO_2 储罐；4．后冷却器；5．预热器；6．热交换器；9．深冷器

压缩进入后冷却器（4），随后进入热交换器（6）与上述混合物进行壁式热交换，管内为再压缩的CO_2流体，管外为含萃取物的CO_2流体混合物。冷凝后的CO_2流入CO_2储罐（8），经深冷器（9）冷却后再返回萃取器，完成一轮萃取。

二、杀菌

高压二氧化碳（high pressure carbon dioxide，HPCD）是一种新型非热加工技术，其原理是利用CO_2作为高压介质在密闭容器中对食品进行处理，通过高压、高酸、厌氧和爆炸效应杀死微生物并钝化酶，从而延长食品的货架期。如图7-5所示，该技术使用的CO_2压强为5～50MPa，温度为0～60℃，通常包括亚临界态（气态、液态）和超临界态（廖小军等，2021）。

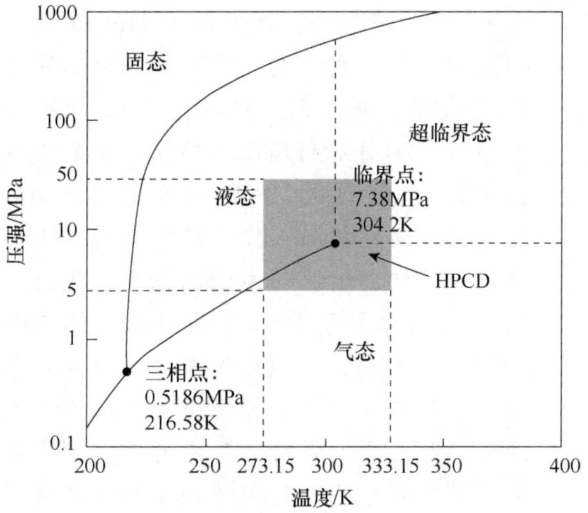

图7-5　HPCD处理温度和压强范围
（引自廖小军等，2021）

HPCD加工技术将食品在低温状态下利用CO_2处理，与热加工技术相比，食品中的营养成分和风味物质不容易受热分解或被氧化破坏，可以有效保留食品品质。该技术是一种处理强度小、成本低、安全性高、环境友好的食品加工技术。近年来，美国、法国、韩国、日本等国家广泛开展HPCD技术的相关研究和应用。我国HPCD技术的研究虽然起步较晚，但发展迅速，在HPCD杀菌和对食品品质影响方面取得了显著成果。

HPCD对微生物的作用包括破坏细胞膜完整性、增加细胞膜通透性、降低细胞膜流动性、改变细胞形态、降低胞内pH、引起胞内物质流失及酶钝化等多个方面。经研究发现，HPCD杀菌机制主要体现在以下7个方面：①CO_2溶解产生酸性的抑菌环境。在高压CO_2的作用下，CO_2溶解于食品体系中形成H_2CO_3，H_2CO_3进一步解离出HCO_3^-、CO_3^{2-}、H^+等酸性物质，降低了胞外pH，从而起到抑菌、杀菌的作用。②细胞膜改性。大量非极性溶剂CO_2与微生物细胞膜接触后会聚集在磷脂双分子层，导致脂质流失，并且溶解的CO_2产生的HCO_3^-会作用于磷脂头部的极性基团和细胞膜蛋白，改变细胞膜表面电荷密度，从而增加膜通透性，破坏细胞膜的功能。③胞内pH降低。由于细胞膜通透性增加，CO_2会透过细胞膜进入细胞质，产生大量H^+，细胞如不能及时排出，就会造成H^+积累，导致胞内pH降低，使细胞新陈代谢受损。④pH降低引起的关键酶钝化，导致胞内新陈代谢受到抑制。⑤HCO_3^-、CO_2的积累直接抑制新陈代谢。一方面，胞内HCO_3^-能够直接影响酶活性；另一方面，溶解的CO_2可以抑制脱羧反应。⑥CO_2溶解后电离的产物会影响细胞内部的电解平衡。HCO_3^-、CO_3^{2-}可能与细胞膜上的无机阳离子结合产生沉淀，从而改变细胞与周围环境的渗透压，影响细胞体积。⑦细胞重要成分流失。CO_2是一种非极性溶剂，可以萃取细胞膜和胞内脂溶性成分，改变细胞结构，从而扰乱其功能。

案例 7-3

亚临界流体技术在杀菌中的应用

HPCD 的处理装置分为间歇式、半连续式和连续式 3 种类型，主要设备包括 CO_2 供给系统、升降压系统、高压釜和输送系统 4 部分。早期的研究多采用间歇式设备，图 7-6A 为典型的立式间歇式 HPCD 设备，包括 CO_2 储罐、调压器、CO_2 进气阀、CO_2 卸压阀、高压釜（处理釜）和水浴装置（恒温水浴锅）等。将食品放置在处理釜（4）中，通过温度传感器（9）检测温度，当达到一定温度后，从 CO_2 储罐（1）中通入 CO_2 并进行增压，维持恒定的温度和压强，经过一定时间的处理后卸压，取出食品。半连续式 HPCD 设备是指流动的 CO_2 经过高压釜，食品处于静止状态，通过一段时间的控温、控压进行杀菌。HPCD 连续流动式处理是指处理过程中 CO_2 和液态食品均连续流动通过高压釜，进行一定压强和时间的处理。图 7-6B 所示为美国 Praxair 公司于 1999 年设计的连续流动式 HPCD 处理装置，在该装置中，压力泵（②和⑤）分别将 CO_2 和果汁原料泵入系统并混合，然后通过主压力泵调节混合物至设定压强后流过位于加热系统中的盘管（⑦），通过调节流速来控制处理时间，处理后利用真空泵对食品中的 CO_2 进行脱气。研究表明，连续流动式 HPCD 处理装置能够在短时间内处理致病菌和腐败菌，杀灭效果十分显著。

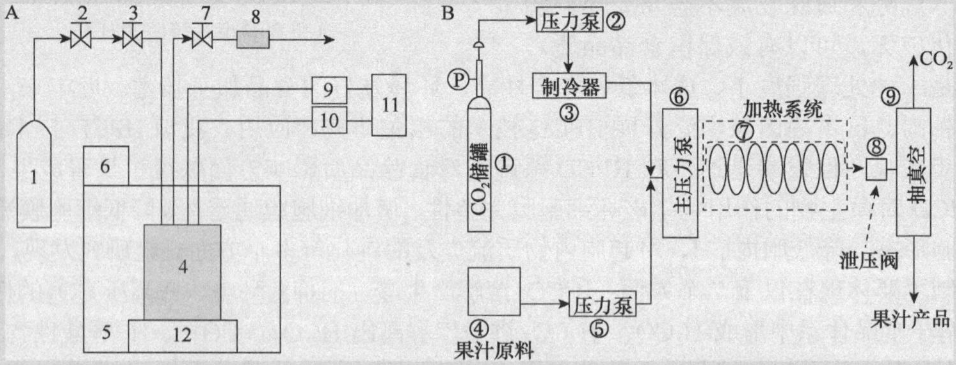

图 7-6 立式间歇式 HPCD 设备（A）与连续流动式 HPCD 处理装置（B）示意图
（引自廖小军等，2021）

1. CO_2 储罐；2. 调压器；3. CO_2 进气阀；4. 处理釜；5. 恒温水浴锅；6. 控温器；7. CO_2 泄压阀；8. 过滤器；9. 温度传感器；10. 压力传感器；11. 数据收集装置；12. 搅拌器

自 1951 年 Fraser 首次发现 HPCD 技术能够杀灭大肠杆菌以来，大量研究表明 HPCD 技术不仅对细菌、酵母和芽孢起到一定的杀灭作用，还可以降低食品中果胶甲酯酶、葡萄糖氧化酶等活性。近年来，HPCD 技术设备的开发和商业化应用的研究已经成为食品领域关注的焦点，美国 Praxair 公司和 Air liquid 公司已经开发出了可以商业化的 HPCD 设备，Sun Orchard 公司成功安装了国际上第一台用于液态食品杀菌的 HPCD 杀菌机，用于鲜榨橙汁的杀菌。

第四节　未来趋势与展望

超临界和亚临界流体技术以其独有的优势在萃取、杀菌、材料制备、化学反应等方面得到了广泛的应用，许多技术已经实现了工业化，尤其是超临界CO_2萃取技术近年来发展迅猛，基本实现了由理论研究向大规模生产的跨越（郑晨明等，2024），充分显示了超临界流体技术广阔的发展前景。但是，超临界流体技术的发展也存在一定的阻碍：第一，在设备方面，我国的超临界流体技术在加工装置的机械化制造水平、仪表自动化水平、机电一体化装置的设计与开发能力等方面与国际上还存在很大差距（见数字资源7-3）；第二，有助于提高产量的连续式超临界流体加工系统（如榨油机、挤压机和其他逆流式系统）还有待优化（King，2014）；第三，超临界萃取采用的介质主要是CO_2，它有许多优点，但人们为了满足应用的需要，往往在萃取时加入极性共溶剂、络合剂、表面活性剂等增大其溶解能力，但这些物质易残留在萃取物中，需要进一步研究分离设施；第四，使用水等亚临界流体生产功能性食品配料的萃取和反应条件还需要进一步研究；第五，生产营养品或功能食品市场的生物活性浓缩物有较大的发展前景，超临界流体的发展需要进一步扩大规模；第六，超临界流体设备及工艺要求高，导致一次投资成本较大，未来需要对超临界流体技术与竞争技术进行成本和设备生命周期分析，这将对该领域的发展起到重要的补充作用。

数字资源7-3

思考题

1．什么是超临界流体？它有什么特点？
2．超临界流体萃取技术的优点是什么？
3．高压二氧化碳技术为什么能够杀灭食品中的微生物？

主要参考文献

韩布兴．2005．超临界流体科学与技术．北京：中国石化出版社：2-23
韩佳宾，王静康，陈静．2002．超临界二氧化碳流体提取咖啡因研究进展．河北化工，4：14-16，23
李丰，毓志超，闵曼，等．2021．超临界流体技术研究进展及在中药检测中的应用．广东化工，48（12）：106-107
廖传华，黄振仁．2004．超临界CO_2流体萃取技术：工艺开发及其应用．北京：化学工业出版社：136-146
廖传华，王栋，顾海明，等．2002．超临界CO_2萃取技术及成套装备．石油化工设备，5：32-34
廖小军，饶雷．2021．食品二氧化碳加工技术．北京：中国轻工业出版社：13-17
任文鑫，李甜甜，王愚．2019．超临界流体萃取分离技术概述．现代食品，22：162-163
索尔·诺曼·卡特兹，琼·艾伦·斯彭斯，迈克尔·J. 奥布赖恩，等．1996．利用超临界流体脱除咖啡中咖啡因的方法．美国，CN89109182.3［2024-10-20］
郑晨明，徐庆松，李春胜，等．2024．超临界CO_2流体萃取技术应用综述．低温与特气，42（1）：12-16，23
Fraser D. 1951. Bursting bacteria by release of gas pressure. Nature, 167: 33-34
King W J. 2014. Modern supercritical fluid technology for food applications. Annu Rev Food Sci Technol, 5(1): 215-238

第八章　低温等离子体技术

低温等离子体技术是一种新型的冷杀菌保鲜手段，具有高效、无化学残留等优点，在提升食品保质期的同时也避免了食品营养物质的流失。本章概述了低温等离子体技术的基本概念、冷杀菌原理及装备，并以常见食品的低温等离子体加工作为典型案例进行介绍。

本章思维导图

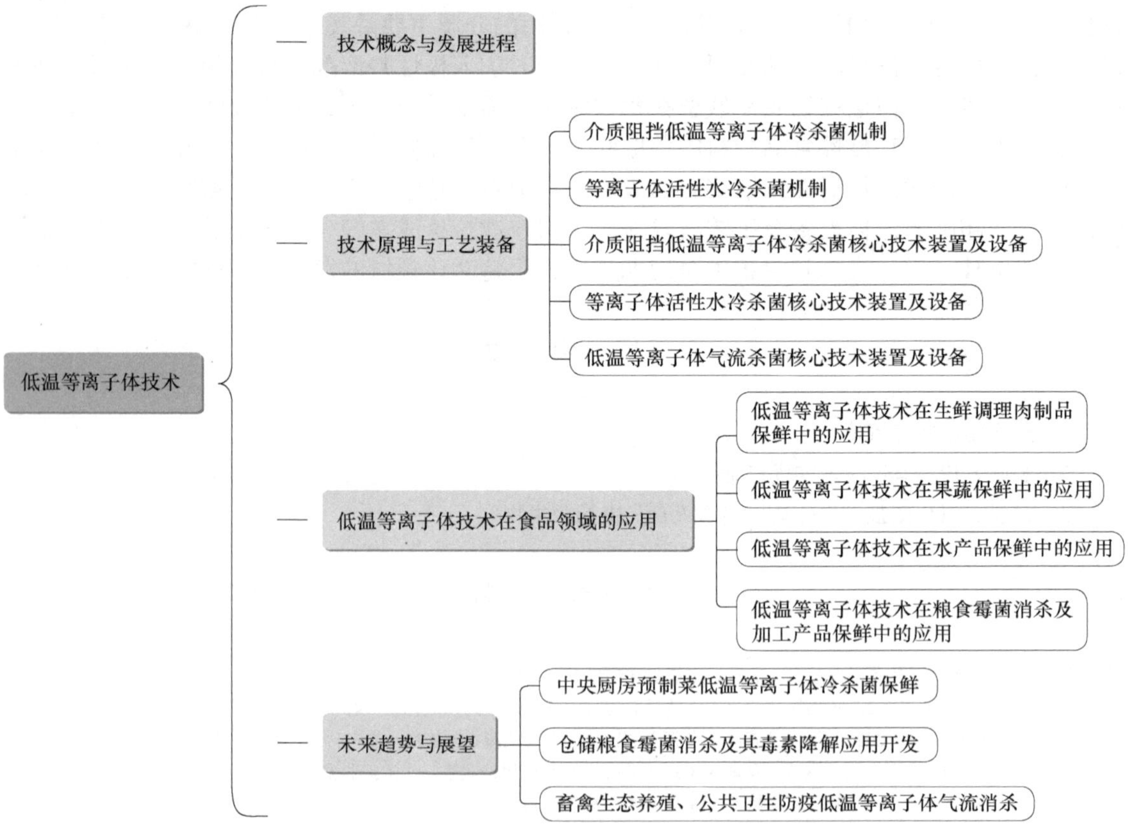

第一节　技术概念与发展进程

等离子体（plasma）是一种以自由电子和带电离子为主要成分的物质形态，广泛存在于宇宙中，被认为是物质除固态、液态、气态之外存在的第四状态，也被称为“等离子态”（Langmuir，1928）。它由中性气体在一定电场强度下激发诱导产生，按照粒子温度可以分为热平衡等离子体和低温等离子体（low temperature plasma）。随着等离子物理工程学的研究发展，低温等离子体可以在大气压条件下产生，从而使其具有很好的商业应用开发价值。低温等离子体冷杀菌成为近年来国际食品物理场加工技术的热点领域及食品科学工程技术的最新发展方向之一（Scholtz et al.，2015）。

第二节　技术原理与工艺装备

一、介质阻挡低温等离子体冷杀菌机制

低温等离子体形成机制，高压电场激发介质气体产生电子转移，形成光电子、离子和活性自由基团等，作用于微生物细胞的不同部位导致其细胞结构破坏而达到杀菌效果，其冷杀菌机制可从低温等离子体对细胞的蚀刻作用、细胞膜穿孔与静电干扰、大分子氧化 3 个方面解释（见数字资源 8-1）。

数字资源 8-1

1．蚀刻作用　低温等离子体作用于微生物细胞，导致某些生物化学键断裂，形成挥发性副产物。活性氧（ROS）如羟基自由基和氮氧自由基可以直接轰击生物体表面的细胞膜，并与环境氧分子共同作用，在细胞膜表面缓慢燃烧最终生成 CO_2 和 H_2O 等挥发性物质。

2．细胞膜穿孔与静电干扰　低温等离子体产生的带电粒子在高电压差的作用下高速运动，撞击微生物细胞膜表面，最终造成化学键的破坏和局部腐蚀；还可与活性氧等协同作用，氧化细胞膜表面蛋白质和脂质，造成局部变形导致细胞膜表面穿孔。同时，带电粒子在细胞膜表面富集，造成不规则性异常高的曲率而发生静电干扰，使细胞表面总张力超过细胞膜的总抗拉强度，造成细胞膜穿孔（Lunov et al.，2016）。

3．大分子氧化　低温等离子体产生的 ROS 可以与细胞大分子发生氧化反应（Qian et al.，2022）。ROS 的生物靶点包括 DNA、蛋白质和脂类。例如，ROS 攻击细胞膜中多不饱和脂肪酸，引起脂质的连锁反应，造成细胞膜内旋性的改变和细胞完整性、选择透过性的破坏，最终导致细胞裂解；同时，ROS 还可攻击蛋白质，发生氨基酸侧链修饰和蛋白质结构的改变。这些改变可能会导致蛋白质功能变化而扰乱细胞新陈代谢，对细胞具有灾难性的影响。

二、等离子体活性水冷杀菌机制

低温等离子体作用于液相界面时，会在气-液界面及溶液中通过系列反应产生大量的含氧/含氮基团，使水溶液的 pH 出现不同程度的降低，并具有高氧化还原电位和电导率，这种被激活的水溶液统称为等离子体活性水（plasma-activated water，PAW）。在 PAW 中的各种活性化学物质中，羟基自由基（·OH）、氧原子（O）、臭氧（O_3）及过氧化氢（H_2O_2）是引起高氧化还原电位的主要 ROS（见数字资源 8-2）。此外，活性氮物质（NO_2^-、NO_3^-、ONOOH 等）也是引起较高氧化还原电位的原因，同时在 PAW 的酸化中起主导作用。PAW 的杀菌效果取决于 RONS（reactive oxygen and nitrogen species）的组成和浓度，其杀菌机制主要归因于以下 3 个方面：首先，RONS 的产生，导致 pH 下降、电导率和氧化还原电位的升高，破坏微生物的细胞膜及其防御机制而导致其失活；其次，RONS 通过改变肽聚糖的结构和化学键，诱导细胞壁上的氧化应激，并引起细胞膜上的蛋白质和脂质氧化，进而导致细胞膜去极化、膜渗漏和细胞死亡；最后，PAW 中的质子穿过孔隙进入细胞内部，降低 pH，在其内部释放 RONS，引起活性物质过度积累，氧化和降解 DNA、RNA 和蛋白质等细胞成分，最终导致生理功能障碍和细胞死亡。

数字资源 8-2

三、介质阻挡低温等离子体冷杀菌核心技术装置及设备

两个放电电极之间充满某种工作气体，两个电极连接高压电源即产生高压电场，高压电场激发介质气体产生电子转移，形成光电子、离子和活性自由基团等（见数字资源 8-3），作用于微生物细胞的不同部位导致其细胞结构破坏而达到杀菌效果。为提高高压电场强度而增强杀菌效果，将其中一个或两个电极用绝缘材料覆盖以与介质气体完全隔离，覆盖绝缘材料的介电性能和厚度决定了低温等离子体发生装置的可耐受电压。目前介质阻挡放电型作为低温等离子体发生装置的主要形式已开始被应用于包装食品的冷杀菌研发。

数字资源 8-3

高压电场低温等离子体冷杀菌实验设备由南京农业大学食品包装研究所通过产学研联合研发，并于 2018 年首次推出，包括高压变压器、可变频高压电场发生器、低温等离子体核心装置、高压控制配电箱、可编程控制器（PLC）及触摸控制屏等（图 8-1）。该设备将 220V 电源通过高压变压器、可变频高压电场发生器等系统元器件，使低温等离子体核心装置的高压电极与地电极之间产生 60～90kV 的高压电场，激发包装内部介质气体产生等离子体而达到杀菌效果，可通过程序设定自动控制完成多步骤实验操作，具有杀菌程序精准可控、操作简单、工作效率高等优点。

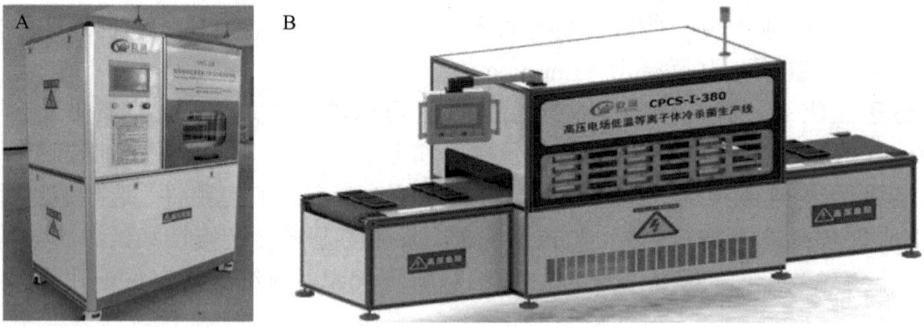

图 8-1 高压电场低温等离子体冷杀菌实验设备（A）和高压电场低温等离子体杀菌自动化生产设备（B）

四、等离子体活性水冷杀菌核心技术装置及设备

多种等离子体发生装置已被开发用于制备 PAW，主要包括介质阻挡放电、等离子体射流、电晕放电和电弧放电装置（见数字资源 8-4）。介质阻挡放电装置在两个平行金属电极间至少含有一块绝缘介质，电极端被施加高压，绝缘介质间的气体进而被电离形成等离子体，但该装置的制水量易受电极面积的限制。对于等离子体射流装置，电子在射频电场聚集，与工作气体分子发生非弹性碰撞，产生各种活性物质，随后在装置出口端被高速释放。电晕放电等离子体发生装置则是对针状电极施加直流电、高压交流电或脉冲电压以激发工作气体产生等离子体，当电极没于水中时会产生气泡及冲击波，但该装置存在放电不稳定及电极易被腐蚀的问题。电弧放电等离子体（见数字资源 8-4 图 1E）主要通过在水面上方产生等离子体，间接活化液体，与表面等离子体相似，气相等离子体在扩散至液相过程中会存在等离子体损耗问题。

数字资源 8-4

五、低温等离子体气流杀菌核心技术装置及设备

南京农业大学食品包装研究所突破介质阻挡低温等离子体冷杀菌技术的局限性，融合222nm紫外线技术优势，开发了低温等离子体＋222nm紫外线气流式冷杀菌技术装备，可用于冷链物流包装箱的外部消杀（图8-2）。该装置包括壳体，壳体底部的出气口通过管道与壳体顶部的进气口相连，壳体的上部设有风机系统，中部设有等离子体设备，下部设有紫外发生器，待处理样品位于紫外发生器的下端。管道上设有轴流风机和流量传感器。风机系统包括若干微型风机，微型风机通过风机罩架与壳体固定；等离子体设备包括排管式电极框架，排管式电极框架中设有若干陶瓷电极管；紫外发生器包括若干紫外框架，紫外框架中配套设有紫外灯管。气流循环系统由轴流风机、气体管道、流量传感器组成，通过气体流量传感器-PLC来控制轴流风机以调控低温等离子体气流流量。

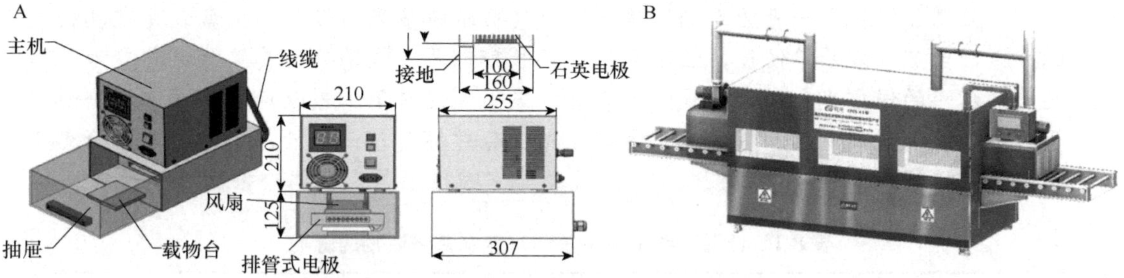

图8-2　低温等离子体＋222nm紫外线气流式冷杀菌实验设备示意图（A）和低温等离子体＋222nm紫外线气流式冷杀菌自动化生产设备（B）（单位：mm）

第三节　低温等离子体技术在食品领域的应用

一、低温等离子体技术在生鲜调理肉制品保鲜中的应用

生鲜肉的保鲜包装是国际上肉类消费物流的主要方式，其货架保鲜期取决于加工包装过程中的杀菌处理效果。目前，气调包装（MAP）是国际上常用的生鲜肉保鲜包装方法，但流通销售过程中的微生物，尤其是腐败菌和致病菌，仍然是造成食品安全品质事故的主要原因。

案例8-1

生鲜牛肉低温等离子体冷杀菌保鲜

生鲜牛肉极易受到微生物污染而腐败变质，其微生物污染源于各个环节，从屠宰到加工，主要污染源是动物粪便、皮毛和加工环境。目前，肉类杀菌的两种主要方法是热杀菌和非热杀菌。传统的热杀菌包括巴氏杀菌、超高温处理和微波处理等，热杀菌在降低肉品表面菌落数的同时也极易造成蛋白质变性，且肉中的营养成分如色素、维生素、矿物质等热敏成分也会被破坏，导致肉品感官特性变差，营养价值降低。数字资源8-5为南京农业大学开展的生鲜牛肉低温等离子体冷杀菌试验结果。

数字资源8-5

微生物是衡量生鲜肉品质的重要指标，细菌的繁殖不仅会导致肉中蛋白质等营养成分的分解，还会产生如硫化氢等刺激性物质。对照组生鲜牛肉中的菌落总数、假单胞菌、微球菌、肠杆菌随贮藏时间的延长逐渐增加，当贮藏至第7天时，菌落总数达到8log CFU/g，而低温等离子体冷杀菌＋MAP处理抑制了生鲜牛肉中微生物的生长，菌落总数在前7天贮藏期内增长缓慢，当贮藏至第10天时，菌落总数为6.5log CFU/g。

案例 8-2

盐水鸭低温等离子体冷杀菌保鲜

南京盐水鸭以桂花鸭最为著名，历史悠久，其产品皮白油润、咸香味美、肉嫩不腻，且易于消化，一直为人们所追捧。市售盐水鸭多采用散装、托盘或真空包装的方式，虽然包装简单便捷，但不利于产品长期储藏，极易导致其腐败变质。为了延长盐水鸭的保质期，通常在真空包装后，采用高温杀菌工艺以延长其保质期。由于盐水鸭是低温肉制品，过高的杀菌温度不仅会破坏其理化特性，更会严重影响其口感和风味。表8-1为南京农业大学开展的盐水鸭低温等离子体冷杀菌试验结果。

表 8-1　低温等离子体冷杀菌对盐水鸭微生物的影响

对比指标	处理时间/s			
	60	90	120	150
原始菌落数/CFU	18 500	18 500	18 500	18 500
处理后菌落数/CFU	3 023	2 818	1 803	886
杀菌率/%	83.6	84.7	90.2	95.2

低温等离子体冷杀菌处理显著降低了盐水鸭中微生物的数量，且低温等离子体杀菌效能与其作用强度相关。当处理时间由60s提高至150s时，低温等离子体的杀菌率由83.6%增加至95.2%。

二、低温等离子体技术在果蔬保鲜中的应用

低温等离子体冷杀菌具有作用时间短、杀菌基本没有温度升高等优势，非常适用于生鲜果蔬的冷杀菌。因此，国际上在过去几年中做了大量的研究工作。

案例 8-3

鲜切生菜低温等离子体冷杀菌保鲜

生菜是我国鲜切蔬菜的主要品种之一，具有很高的营养价值和广阔的市场前景。然而，生菜在流通过程中容易受到微生物污染，会对消费者的健康构成威胁。图8-3为南京农业大学得到的鲜切生菜PAW冷杀菌试验结果。

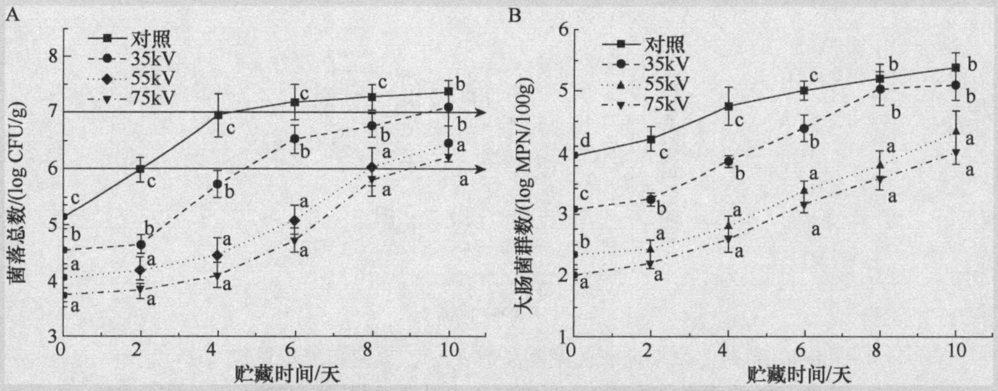

图 8-3　不同条件下 PAW 对鲜切生菜菌落总数（A）及
大肠菌群数（B）的影响（引自袁园，2020）

不同字母代表显著性差异。下同

果蔬采后在贮藏运输过程中受到机械损伤，导致微生物大量生长繁殖，是果蔬发生腐败变质的重要原因之一。相比于对照组，PAW 可以有效地抑制微生物的生长。其中，75kV 处理组效果最好，处理组中大肠菌群数在第 0 天仅有 2.03log MPN/100g，比对照组减少了 1.92log MPN/100g，且处理电压强度越大，杀菌效果越好。

案例 8-4

草莓低温等离子体冷杀菌保鲜

草莓作为一种常见的生鲜水果，由于种植在地表，且表皮柔软、果肉含糖量高，容易受到微生物污染，造成其腐败、腐烂，大大降低了食用价值。采用 PAW＋低温等离子体（DBD）对新鲜草莓进行保鲜处理，其微生物变化趋势如图 8-4 所示。

在 20℃贮藏条件下，用去离子水（DIW）清洗草莓，其表面微生物不断生长繁殖，呈现上升趋势。在相同贮藏时间内，处理组菌落总数、霉菌和酵母总数、大肠菌群总数均显著低于对照组（$P<0.05$），且通过在 PAW 中添加水杨酸（salicylic acid，SA）进一步地抑制了微生物的生长，使得杀菌率从 90.4%提高到 99.0%。

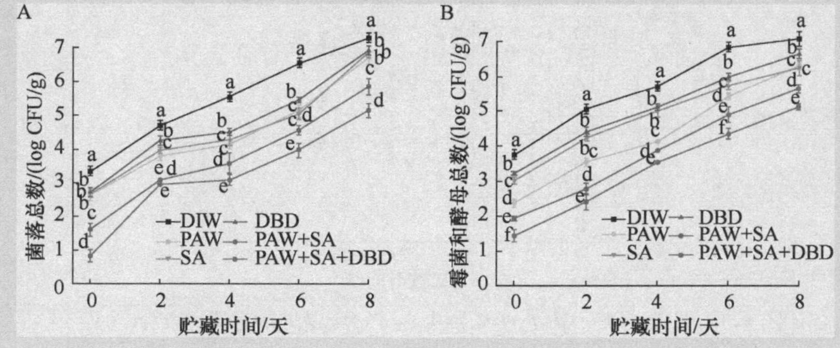

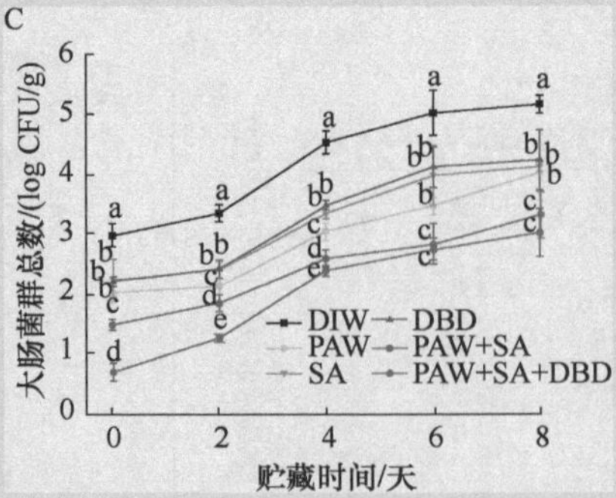

图 8-4 草莓贮藏期内表面菌落总数（A）、霉菌和酵母总数（B）、
大肠菌群总数（C）变化趋势（引自赵莹等，2022）

三、低温等离子体技术在水产品保鲜中的应用

案例 8-5

草鱼肉低温等离子体冷杀菌保鲜

受到生长环境和水体的影响，草鱼可能携带寄生虫、致病菌、病毒或者毒素等有害物质，引发食源性疾病。同时，微生物的生长繁殖很容易引起新鲜草鱼肉的腐败变质。真空包装可以在一定条件下延缓部分水产品中微生物的生长繁殖，但作用效果有限。采用低温等离子体对新鲜草鱼肉进行杀菌处理，其微生物变化趋势如图 8-5 所示。

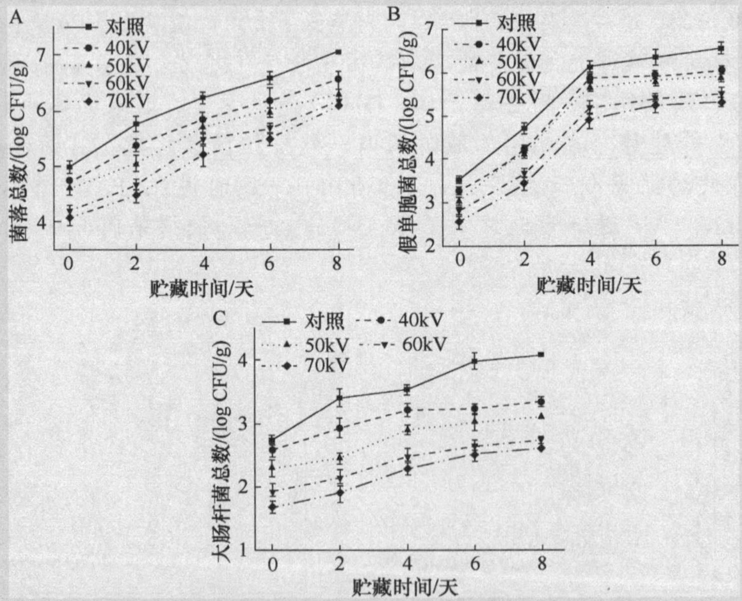

图 8-5 低温等离子体处理草鱼肉在 4℃冷藏期间菌落总数（A）、
假单胞菌总数（B）、大肠杆菌总数（C）变化趋势（引自王艺月，2021）

经 40kV、50kV、60kV 和 70kV 低温等离子体处理后，新鲜草鱼肉的菌落总数、假单胞菌总数和大肠杆菌总数明显减少，且电压越高，杀菌效能越好。贮藏至第 9 天时，40kV 和 50kV 电压处理组样品表面菌落总数分别为 6.3log CFU/g 和 6.1log CFU/g，而 60kV 和 70kV 处理组样品的菌落总数在 8 天后则为 6.2log CFU/g 和 6.1log CFU/g，显著低于对照组，表明低温等离子体冷杀菌能够有效地抑制生鲜草鱼肉中微生物的生长繁殖。

案例 8-6

罗非鱼低温等离子体冷杀菌保鲜

由于较高的水分含量和适当的 pH，罗非鱼肉在微生物和内源酶共同作用下容易发生蛋白质、脂肪和其他成分降解，进而导致异味、变色、黏液形成和质地软化等，影响了罗非鱼在市场中的流通与销售。采用低温等离子体＋MAP 对新鲜罗非鱼片进行冷杀菌保鲜处理（符腾飞，2021），其微生物变化趋势如数字资源 8-6 所示。

数字资源 8-6

低温等离子体处理 60s、180s 和 300s 后，罗非鱼片的菌落总数、嗜冷菌菌落总数、假单胞菌总数和产硫化氢菌总数一般显著低于对照组（$P<0.05$）。随着冷藏时间的延长，对照组菌落总数快速增加，并始终高于处理组。贮藏至第 9 天，处理 60s 组菌落总数含量与对照组无显著差异；15 天后 300s 处理组的菌落总数增加至 6.55log CFU/g，仍然显著低于对照和 60s 组（$P<0.05$）。可见，采用低温等离子体冷杀菌＋MAP 能够显著抑制罗非鱼片中微生物的增长。

四、低温等离子体技术在粮食霉菌消杀及加工产品保鲜中的应用

案例 8-7

粮食霉菌低温等离子体消杀

粮食仓储过程中的霉菌，尤其是黄曲霉和禾谷镰刀菌及其毒素污染严重，事关我国粮食安全、国计民生重大问题，受到党和政府、粮食储备和加工产业的广泛关注。2021 年联合国粮食及农业组织（FAO）报道，全球粮食作物及其衍生食品约有 25%受到黄曲霉或其毒素污染，造成数千亿美元损失。图 8-6 为南京农业大学开展的粮食霉菌低温等离子体消杀试验情况。

随着工作频率的降低及电压强度的升高，低温等离子体对黄曲霉孢子杀菌的效果逐渐增加；在最佳处理条件下处理 5min，对玉米中黄曲霉的杀菌率达到了 98.36%，表明低温等离子体在粮食消杀中具有巨大的应用潜力。

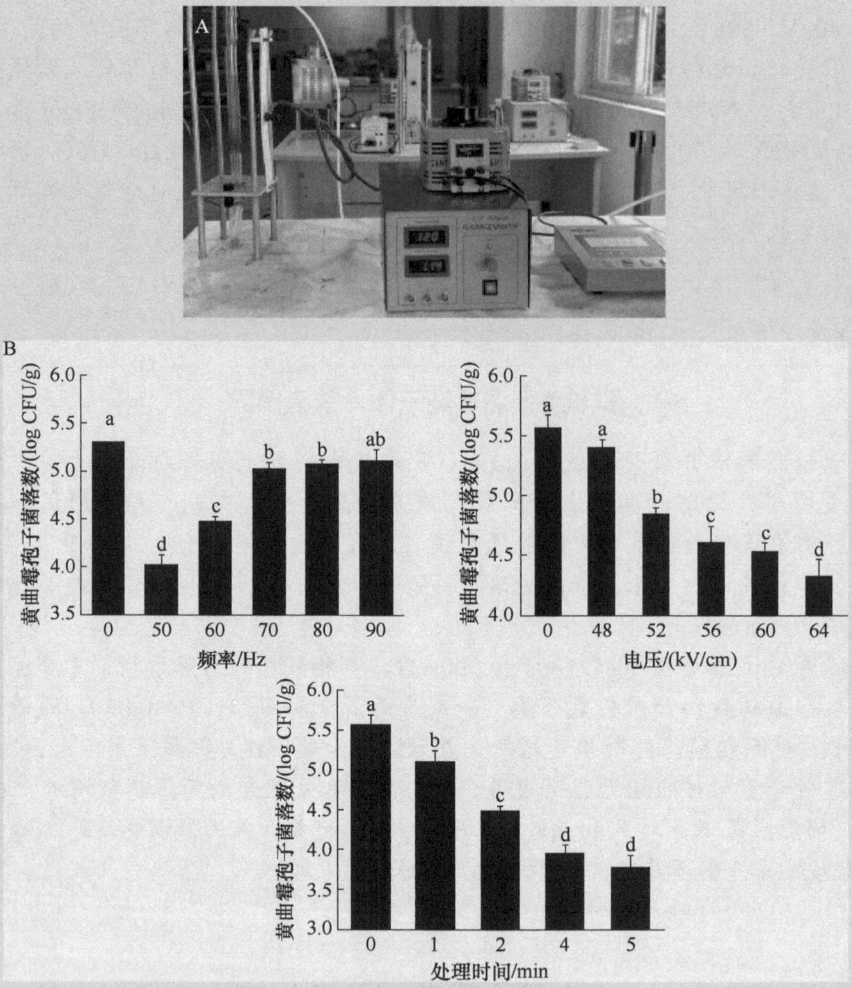

图 8-6 低温等离子体消杀粮食谷物真菌毒素示意图（A）
和低温等离子体激发因素对黄曲霉消杀效能的影响（B）

案例 8-8

四川泡菜低温等离子体冷杀菌

四川泡菜是中国发酵蔬菜的典型代表，被誉为“川菜之骨”。目前，四川泡菜已发展成为四川农产品加工领域的支柱性产业之一，同时也是中国调味品领域中最具特色和比较优势的产业之一。然而，在发酵蔬菜规模化生产中，使用热杀菌或添加食品防腐剂的杀菌工艺造成产品色泽劣化、质构软化、营养健康特性下降等问题，已成为阻碍产品品质升级、产业提质增效的瓶颈问题。传统巴氏杀菌和低温等离子体冷杀菌对四川泡菜中菌落总数、乳酸菌数、酵母数、产膜酵母数和大肠菌群数的影响见数字资源 8-7。

数字资源 8-7

贮藏期间对照组各类微生物含量不断增长，巴氏杀菌组在贮藏期间未检测到活菌。经过低温等离子体处理后，泡菜中菌落总数、乳酸菌及酵母数在短时间内均有不同程度的降低，且贮藏期间显著低于对照组，其中对酵母的杀菌效果最好，这是低温等离子体产生的·OH、NO·自由基，$^1O_2$、O_3 氧化剂及超氧阴离子等的直接氧化蚀刻及粒子间碰撞生成并溶于发酵液的 NO_2^-、H_2O_2 等长效粒子协同作用的结果。此外，泡菜的酸性基质利于 NO_2^- 和 H_2O_2 反应生成高活性的 ONOOH，可直接透过微生物细胞膜，对胞内结构造成不可逆损伤。

第四节　未来趋势与展望

一、中央厨房预制菜低温等离子体冷杀菌保鲜

预制菜是以一种或多种食用农产品及其制品为原料，使用或不使用调味料等辅料，不添加防腐剂，经工业化预加工（如搅拌、腌制、滚揉、成型、炒、炸、烤、煮、蒸等）制成，配以或不配以调味料包，符合产品标签标明的贮存、运输及销售条件，加热或熟制后方可食用的预包装菜肴。传统商业杀菌保鲜包装技术存在杀菌不彻底、二次污染、化学残留等问题，尽管产品可采用冷链贮藏物流销售，但微生物仍能大量繁殖引起产品腐败变质，货架保鲜期短，而热杀菌对产品生鲜感官品质及营养成分的负面影响，不利于保持原有感官风味品质。可见，在不添加防腐剂的前提下，如何利用低温等离子体非热杀菌技术保障预制菜在生产、运输及销售过程中的食品质量是亟待解决的一项难题。低温等离子体杀菌技术作为一种新的冷杀菌方式，开发的低温等离子体冷杀菌＋气调包装生产线具备智能高效自动化、冷杀菌无残留、绿色低碳等优势，特别适用于预制菜的冷杀菌保鲜，具有关键的技术突破、巨大的开发空间和良好前景。

二、仓储粮食霉菌消杀及其毒素降解应用开发

粮食仓储黄曲霉和禾谷镰刀菌等霉菌消杀及其毒素降解是国际性难题，近年来科研投入巨大，但仍然是粮食安全没有突破的技术瓶颈。因此，研发粮食仓储过程霉菌及其毒素消杀降解新技术和新装备，成为解决我国乃至国际粮食仓储安全问题，保障国计民生的当务之急。低温等离子体冷杀菌作为一种非热杀菌技术，对霉菌有显著杀菌效果，对其毒素也有降解效能，与目前采用的粮食仓储化学气流消杀比较，低温等离子体不会产生二次污染和化学残留、安全性高，杀菌过程短、能耗很低、温升很小，且具有广谱杀菌效应、操作简便，更能适应大规模自动化操作智能控制等。

数字资源 8-8

三、畜禽生态养殖、公共卫生防疫低温等离子体气流消杀

在传统畜禽养殖中，高养殖密度和低环境控制使得养殖场空气中充斥着各种细菌和病毒，给畜禽健康带来了严重威胁，并有可能通过食物链给消费者带来食品安全风险。同时，由于缺乏必要的处理设施，畜禽排泄物也会产生大量的恶臭气体，主要包括氨气、硫化氢、甲硫醇、甲胺等，给生态环境造成了极大的负担。另外，

数字资源 8-9

新型冠状病毒的大流行对全球人类健康及经济发展造成了巨大的威胁，因此开发高效的消毒方法对于公共卫生防疫显得尤为重要。借助低温等离子体冷杀菌技术，开发专用空气消杀设备，可广泛适用于公共卫生办公室及畜禽生态养殖的空气消杀。

思 考 题

1．等离子体的定义是什么？
2．低温等离子体杀菌的特点是什么？
3．介质阻挡低温等离子体冷杀菌机制是什么？

主要参考文献

符腾飞．2021．低温等离子体对肠炎沙门氏菌和单增李斯特菌杀菌机理及在罗非鱼中应用研究．海口：海南大学硕士学位论文
王艺月．2021．低温等离子体对生鲜草鱼肉冷杀菌保鲜效能和肌原纤维蛋白理化特性的影响．南京：南京农业大学硕士学位论文
袁园．2020．低温等离子体活化水对鲜切生菜杀菌效能及贮藏品质的影响．南京：南京农业大学硕士学位论文
赵莹，严龙飞，严文静，等．2022．低温等离子体活化水与介质阻挡放电联合处理对草莓冷杀菌效果及品质的影响．食品科学，43（17）：105-116
Langmuir I. 1928. Oscillations in ionized gases. Proc Natl Acad Sci, 14 (8): 627-637
Lunov O, Zablotskii V, Churpita O, et al. 2016. The interplay between biological and physical scenarios of bacterial death induced by non-thermal plasma. Biomaterials, 82: 71-83
Qian J, Ma L, Yan W, et al. 2022. Inactivation kinetics and cell envelope damages of foodborne pathogens *Listeria monocytogenes* and *Salmonella enteritidis* treated with cold plasma. Food Microbiol, 101: 103891

第九章　高压脉冲电场技术

高压脉冲电场（pulsed electric field，PEF）被誉为21世纪最具潜力的食品非热加工处理高新技术，具有耗能低、耗时短、污染小、易操作等技术优势，能够避免或减轻处理原料的感官、物理特性的有害变化，较好地保持原料的营养特性与特征风味。本章概述PEF处理的工艺原理及其在蛋白质领域的研究，并以PEF在果蔬汁加工中的应用作为典型案例进行介绍。

本章思维导图

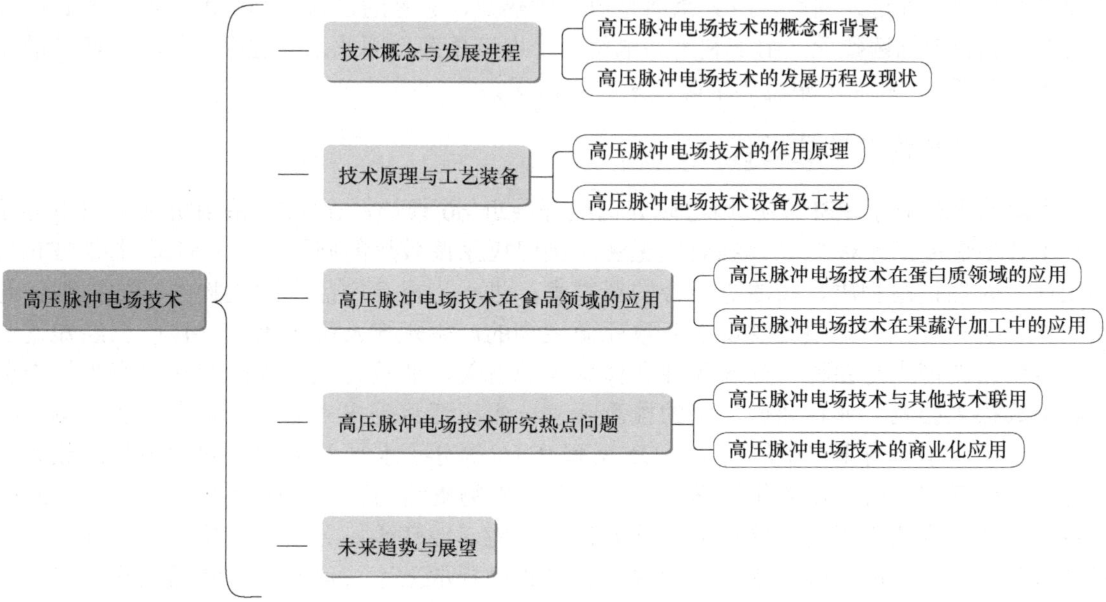

第一节　技术概念与发展进程

一、高压脉冲电场技术的概念和背景

PEF技术是一种新型的非热加工技术，通过在处理室两电极间反复施加高电压短脉冲来形成脉冲电场，进而完成对处理室中物料的脉冲电场处理。该技术具有加工时间短、温度变化小的特点，可以避免对食品品质和感官性能的负面影响，最大限度地保持食品原有的营养价值。该技术主要适用于液体食品和半固体食品，由于电导率的影响，电脉冲更容易渗透到食物中，并通过破坏微生物膜导致微生物死亡。目前，它被应用于食品科学的许多领域，包括食品保存和灭菌、生物活性成分提取、农药残留降解和食品安全等。

二、高压脉冲电场技术的发展历程及现状

（一）PEF 技术发展历程

早在 1909 年，就有学者讨论了电对悬浮在水和牛奶中的不同微生物的影响，其对微生物活性抑制的原理同欧姆加热，主要依赖电流通过时产生的热量。而在使用电处理法净化污水的研究中，通过观察高电位快速振荡电流下细菌活性的变化，发现了电效应本身对细胞膜的作用，在一定场强下对牛奶杀菌，温度并非影响杀菌效果的关键因素。20 世纪 40 年代，学者发现脉冲电场可以有效增加植物组织的渗透性，自此电场开始被用于食品加工中除灭活微生物以外的领域。20 世纪 50 年代，研究人员发现直接将交流或直流电流作用在甜菜组织上会引起甜菜组织细胞的选择性质壁分离，随即将脉冲电场应用于甜菜组织的电质分离研究，设计出了带式电等离子体裂解器。自 20 世纪 90 年代初期以来，国外对非热杀菌技术在食品工业中的应用研究进入高潮，PEF 杀菌是研究的热点，它是通过瞬时高强度脉冲电场破坏微生物的细胞膜使细菌致死，由于利用高电位而非电流杀菌，因此杀菌过程中的温度低（最高温度小于 50℃），从而可避免热杀菌带来的副作用。

（二）PEF 技术发展现状

目前国内外对于 PEF 的应用与研究已经开展近 60 余年，在 PEF 杀菌机制和应用方面都有了许多进展，针对 PEF 单独处理无法达到巴氏杀菌效果的问题，研究者通过将 PEF 与热处理、天然抗菌物质、精油等结合的新技术，进一步提高产品中微生物的有效控制。此外，许多研究者在研究中还发现了亚致死微生物的产生规律及影响因素。目前已经知道亚致死微生物的产生与菌种、处理条件和体系组成有关。亚致死微生物的存在对产品的安全性能造成很大影响，亚致死微生物的检测及进一步灭活将是未来的研究重点。随着科技的进步，已从微生物内蛋白质的变化、DNA 和 RNA 等分子水平上对 PEF 对微生物的致死作用进行了研究与分析。在催化化学反应、改变营养物质结构、天然产物提取方面，PEF 处理可以有效地提高玉米淀粉的酶解特性和消化性能，改变磷脂分子的结构，与活性氧协同提高大分子壳聚糖的降解效率，有效提高花青素的提取效率，以及催化常温酯化反应。这些应用方向的研究往往不需要较高的能量，因此比较具有吸引力。

第二节　技术原理与工艺装备

一、高压脉冲电场技术的作用原理

目前，关于 PEF 技术的作用原理仍不明确，主要的假说包括电穿孔效应、电解产物效应、臭氧效应、电崩解模型及空穴理论等。虽然这些假说均有一定的合理性，但是均无法完整地揭示 PEF 技术的作用机制。其中，电穿孔效应得到了学术界的普遍认可，并成为人们关注的焦点（图 9-1）。细胞通过膜与外界环境隔绝，这种细胞膜或细胞壁含有介电化合物，当电场作用于食品物料时，介电化合物会转化为带电实体并向相反的电极移动。如果外电场小于临界电场（Ee＜Ec），则不会发生穿孔。如果外电场等于或略高于临界电场（Ee≥Ec），则会发生可逆穿孔。在可逆穿孔中，施加电场时，细胞膜会出现暂时的穿孔，在去除电场后，细胞膜会

恢复原来的结构。可逆穿孔在分子生物学中非常有用，因为它可以用来将某些化学物质引入细胞质中。只有当外电场高于临界电场（Ee＞Ec）时，才会发生不可逆或永久穿孔。

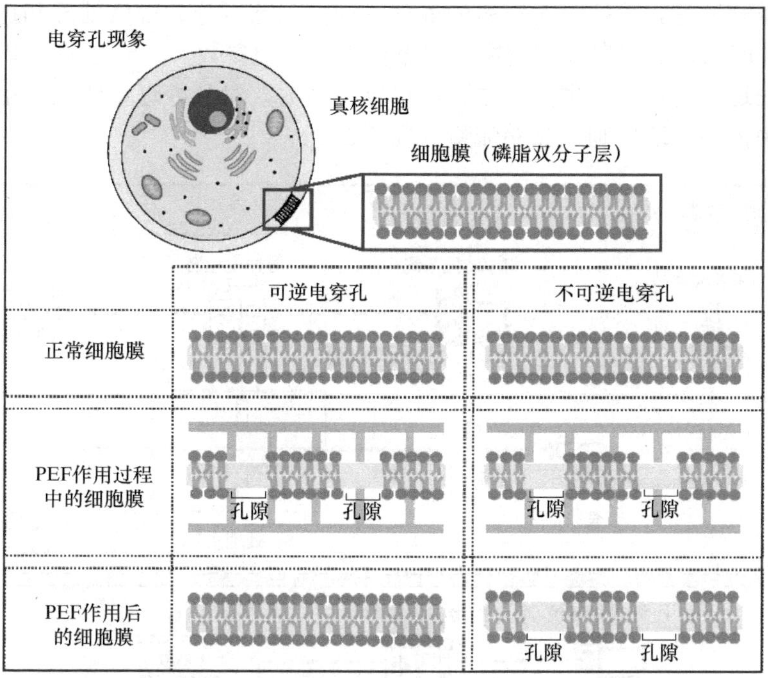

图 9-1　电穿孔杀菌原理（引自 Vignali et al.，2022）

案例 9-1

PEF 作用下磷脂双分子层的电穿孔效应

Casciola 等（2016）采用分子动力学模拟在磷脂双分子层和水/辛烷体系中的实验，以模拟在 0.5V/nm 的外部电场下特定的电穿孔过程。研究中，在电穿孔过程的早期观察到许多线性充满水的孔隙，称为水缺陷。这些水孔逐渐渗透到细胞膜中，最终穿透整个膜结构。随着该过程的继续，孔隙扩大，膜表面的脂质头基团变形。随着时间的流逝，孔内的脂质分子变得均匀分散，形成脂质头基团。最终，孔隙结构达到稳定状态，整个电穿孔过程耗时约 5700ps。此外，他们发现在电场移除后，水分子逐渐向细胞膜两侧扩散，导致孔隙逐渐变窄。最终，细胞膜恢复到原来完整的脂质双分子层结构，但恢复时间较长。值得注意的是，PEF 的热效应通常与高场强度和脉冲持续时间有关，导致不可逆的电穿孔。不可逆电穿孔的发生通常会导致蛋白质变性，这会对产品质量产生不利影响。因此，在食品加工过程中，降低强度以保持热敏组分的生物活性是一种更有利的方法。

数字资源 9-1

二、高压脉冲电场技术设备及工艺

PEF 技术通过在处理室两电极间反复施加高电压短脉冲，形成脉冲电场，进而完成对处理室中物料的脉冲电场处理。标准的脉冲系统主要由高压脉冲电源、样品处理室、控制系统 3 部分组成。其中，高压脉冲电源在 PEF 处理中起着重要的作用，如存储电能、产生和传递各种波形的高压脉冲等。该技术对原料的处理过程按工艺可分为批量处理和连续处理。在批量处理工艺中，产品被放置在处理室中，根据预先编程的参数，高能脉冲从 PEF 发电机组施加到产品上；在连续处理工艺中，根据预先设定的参数，对从处理室连续流动的产品施加高能电脉冲，并由控制系统控制产品的流量（图 9-2）。

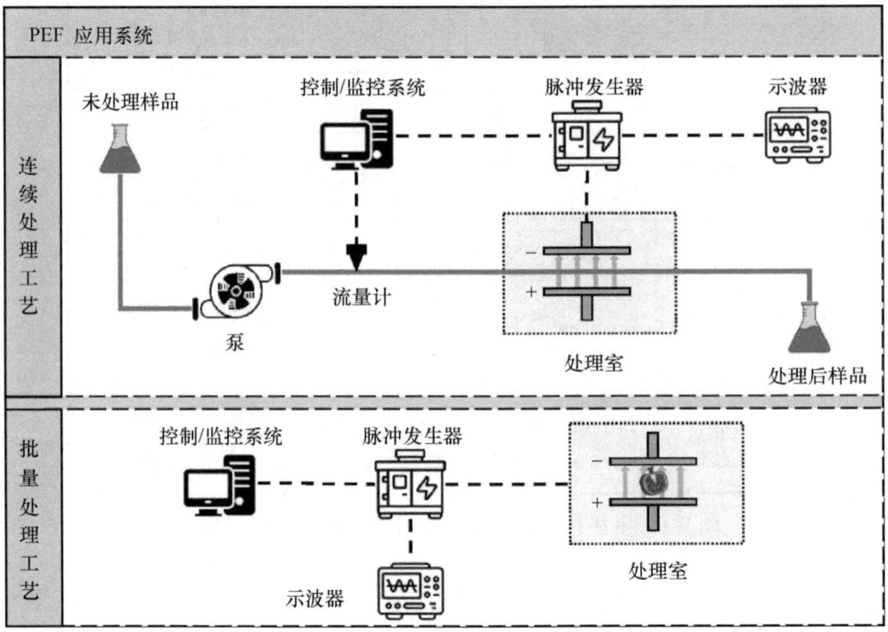

图 9-2　PEF 设备处理物料流程图（引自 Brito et al.，2024）

电极是处理室的重要组成部分，通常有平板式、同轴式和共场式 3 种形状。选择电极材料需综合成本因素，选择导电性质佳、腐蚀性低的食品级材料，电极涂层可将食品基质与电极分离，有效防止电极腐蚀，并降低焦耳效应，从而在操作过程中保持温度。控制系统可对工艺参数、样品流速、处理温度进行监控，以进行参数的改进和优化。其他系统也可提供一些辅助功能，如紫外杀菌系统，可保持加工处于无菌环境。

数字资源 9-2

第三节　高压脉冲电场技术在食品领域的应用

一、高压脉冲电场技术在蛋白质领域的应用

（一）高压脉冲电场技术对蛋白质功能及结构的影响

PEF 技术可以改变食品生物大分子和细胞内分子之间的非共价相互作用（如氢键、疏水相互作用、离子键和范德瓦耳斯力），从而影响食品生物大分子的结构，引起其功能特性的改变，从而使食品品质特性得到改善（Razola-Díaz et al.，2023）。PEF 处理引起蛋白质结构变化可能通过以下过程：①蛋白质分子的极化；②由非共价键连接的蛋白质四级结构展开；

③二硫键或疏水氨基酸的暴露；④静电相互作用导致极化蛋白质之间的相互吸引；⑤疏水相互作用或共价键可能形成聚合体。由于蛋白质分子中的多肽具有很强的偶极矩，因此更容易受到 PEF 处理的影响，带电离子的移动和极化会导致蛋白质的电子分解常数发生变化，从而改变蛋白质分子的二级和三级结构，但不会改变蛋白质的一级结构。Oussedik 等研究了 PEF 对牛血清白蛋白（BSA）和人胃蛋白酶原（PGP）二级结构、三级结构和聚集态结构等方面的影响。研究结果表明，高压脉冲电场处理能够使 BSA 分子中的二硫键发生断裂，造成疏水作用增强；PGP 分子中氢键和疏水作用减弱，致使分子聚集态发生变化；同时还会使 BSA 分子中 α 螺旋结构向 β 折叠结构转变。上述研究表明，PEF 处理已被发现能引起蛋白质分子的结构变化，如疏水基团的暴露和二级结构的变化。

案例 9-2

PEF 处理对酪蛋白和乳清蛋白的影响

以酪蛋白和乳清蛋白为例，某些极性基团在暴露于强电场时会吸收能量并产生自由基，这些自由基可以破坏蛋白质分子之间的几种相互作用，包括二硫键和氢键，以及疏水相互作用、静电相互作用和范德瓦耳斯力。此外，电场会影响多肽链的强偶极矩，增加蛋白质的介电常数。这些变化可能促进蛋白质分子的展开，以及疏水基团和—SH 基团暴露于蛋白质分子表面。增加 PEF 处理的持续时间可能导致聚集体的形成，因为共价键和疏水相互作用可能交联未折叠的蛋白质分子。值得一提的是，PEF 处理过程中温度的升高可以促进蛋白质分子的变性（Lauane et al.，2019）。

数字资源 9-3

（二）高压脉冲电场技术对酶功能及结构的影响

内源酶在食品的生产、加工和运输过程中对食品品质的影响不容小觑，大量研究表明 PEF 技术可以激活或钝化蛋白酶的活性，在温和的条件下提高对目标产物的提取率。PEF 技术在蛋白酶领域的应用广泛（表 9-1）。

表 9-1　PEF 技术在蛋白酶领域的应用

酶种类	食物来源	处理条件	结论	参考文献
碱性磷酸酶（ALP）	牛奶	28～37kV/cm，19.6μs	酶活性降低 24%～42%	Shamsi et al.，2008
	牛奶	21kV/cm，34～101μs	酶活性降低＞96%	Sharma et al.，2014
脂氧合酶（LOX）	豆类	42kV/cm，1036μs	酶活性降低 88%	Li et al.，2008
	胡萝卜	30kV/cm，800μs	酶活性降低 76.78%	陈晨等，2011
多酚氧化酶（PPO）	苹果	40kV/cm，100μs	酶活性降低 46%	Riener et al.，2008
	苹果	12.5kV/cm，76.4kJ/L，62Hz	酶活性降低＞90%	Wibowo et al.，2019
	梨汁	30kV/cm，120μs	酶活性下降 86.8%	赵瑾等，2008
过氧化物酶（POD）	辣根	4～23kV/cm，30～60s	酶活性升高 20%	Ohshima et al.，2007
	苹果汁	12.5kV/cm，76.4kJ/L，62Hz	酶活性降低＞90%	Wibowo et al.，2019

续表

酶种类	食物来源	处理条件	结论	参考文献
过氧化物酶（POD）	胡萝卜	30kV/cm，800μs	酶活性降低 53.03%	陈晨等，2011
乳酸脱氢酶（LDH）	鸡心脏	4～23kV/cm，30～60s	酶活性升高 20%	Ohshima et al.，2007
木瓜蛋白酶	木瓜	10～13kV/cm，48～432μs	酶活性降低 64.0%	Meza-Jiménez et al.，2019
葡萄糖淀粉酶	—	15kV/cm，80mL/min	酶活性增加 20.74%	田美玲等，2015
果胶酯酶（PE）	—	25kV/cm，1449 个脉冲数	酶活性降低 65.30%	钟葵等，2005
果胶甲酯酶（PME）	西柚	40kV/cm，100μs	酶活性降低 96.80%	Riener et al.，2009
	橙子	25kV/cm	酶活性降低 90.00%	Yeom et al.，2009

酶本质上是一种蛋白质，PEF 处理可以改变酶蛋白的分子结构，钝化食品体系中的酶，大量研究表明 PEF 可能对蛋白质二级结构产生影响，主要表现在 α 螺旋、β 折叠、β 转角和无规卷曲 4 种结构含量的变化。田美龄等报道在电场强度为 15kV/cm、流速为 80mL/min 的条件下，葡萄糖淀粉酶活性与对照组相比增加 20.74%，同时发现其 α 螺旋和 β 折叠的含量分别增加 3.00%和 2.80%。Tian 等也发现 PEF 处理能激活 α-淀粉酶的活性，尤其是在电场强度为 10kV/cm、流速为 100mL/min、脉冲宽度为 2.5μs、频率为 1128Hz 时，其酶活性增加 22.13%，而 α 螺旋含量升高 5.7%，β 折叠含量降低 2.9%。葡萄糖淀粉酶和 α-淀粉酶活性经 PEF 处理后酶活性提高，但是 β 折叠的变化趋势不一致的原因是两种酶的结构存在差异，且处理条件不同。PEF 处理激活酶活性的可能机制是偶极矩的变化引起酶的折叠，空间结构的改变使酶与底物结合得更容易，从而能让酶活性得到提高。

（三）高压脉冲电场技术对食源性肽功能及结构的影响

随着 PEF 处理对蛋白酶等大分子结构研究的深入，PEF 处理对小分子肽的结构研究也逐渐成为最新的研究热点。近些年来，少数研究探讨了电场强度和脉冲频率对食源性肽二级结构中 α 螺旋、β 折叠、β 转角及无规卷曲的影响。主要包括：①PEF 处理通过影响食源性肽中 α 螺旋、β 折叠、β 转角、无规卷曲的含量来改变多肽的二级结构；②PEF 处理可以引起 α 螺旋的构象变化，改变 α 螺旋的偶极矩方向，从而形成更稳定的 α 螺旋结构；③PEF 处理可以影响蛋白质基团之间的静电相互作用和带电基团的定位。上述研究表明，PEF 技术对食源性多肽的作用靶点是 α 螺旋、β 折叠、β 转角及无规卷曲，其作用机制在于：PEF 技术可以影响蛋白质基团之间的静电相互作用及带电基团的位置，而对于功能性多肽来说，PEF 技术不但可以作用于氢键上，使氨基酸残基的分布发生变化，而且有可能干扰氨基酸残基之间的电场分布及静电相互作用，造成电荷的分离，进而对多肽的二级结构产生影响。

由于 PEF 处理提高食源性肽活性领域的研究对象多为成分不单一且化学结构复杂的混合物，导致对食源性多肽活性机制的研究只停留在功能基团、二级结构检测等方面，有必要针对结构已知的高活性合成肽，分析 PEF 处理前后生物活性肽的空间构象变化。小分子构象分析技术中应用最广泛的是将 NMR 技术和计算机模拟相结合。分子动力学（MD）模拟是在分子、原子水平上解析多体问题的计算机模拟方法，可以在施加电场应力后模拟食源性蛋白质的结构和动力学。通过这种方法，不仅可以得到原子的轨迹，还可以像做同样的实验一样在不同体系下进行各种观测。然而，PEF 处理对食源性肽空间构象的影响目前仍停留在实验阶段。因此，将 MD 模拟与 NMR 技术相结合来解析食源性肽的空间构象变化规律，将有助于进一步剖析 PEF 技术对食源性肽的作用机制。

案例 9-3

PEF 处理对食源性肽免疫活性的调控作用

食源性免疫活性肽因其无毒、低敏、安全性高等特点，且可以调节人和动物机体免疫能力，对人类营养与健康、疾病预防与治疗具有重要意义，已被应用到功能性食品及临床治疗中。然而，蛋白质酶解制备的免疫活性肽对机体免疫力的提升能力有限，寻找提高食源性蛋白肽免疫活性的加工技术是食品行业急需解决的问题。PEF 技术已被证实可提高多种食源性肽的功能活性，然而，目前关于 PEF 处理改善功能活性的具体机制尚不明确，且 PEF 处理是否能够提高食源性肽免疫活性的研究还未有报道。在此基础上，Zhang 等（2024）采用动物、细胞模型明确了松子肽 VNAVLH 的免疫调节信号通路及其识别受体，并首次阐明了 PEF 技术对食源性免疫活性肽的作用机制。该研究确定了 Toll 样受体 4（TLR4）是松子肽 VNAVLH 的免疫激活识别受体，TLR4 上的 158His 与 PEF 处理后的松子肽 C 端形成了两个新的氢键，键长分别为 3.1Å 和 3.5Å。明确了 VNAVLH 经 PEF 处理后产生的构象变化导致其免疫活性提高的潜在机制：PEF 处理后的松子肽能够与 TLR4 形成更稳定的复合物，激活 TLR4 介导的 NF-κB/MAPK 信号通路从而增强免疫调节作用，引起细胞内级联反应。

数字资源 9-4

二、高压脉冲电场技术在果蔬汁加工中的应用

（一）PEF 技术在提升果蔬汁品质中的应用

1. 理化品质 相比巴氏杀菌和高温杀菌，PEF 处理能够有效地提高果蔬汁的出汁率并在一定程度上保持其理化品质。PEF 技术对果蔬出汁率的提升基于电穿孔效应，施加电场诱导植物组织的结构变化，增加组织细胞的渗透性，有利于后续压榨、扩散、干燥及渗透作用等（Roobab et al.，2022）。长期施加电场引起的温升会导致细胞中热敏性营养元素的丧失，长时间的电场应用也会增加能量消耗，而 PEF 技术由于具有较高的电场强度（10～50kV/cm）、较短的脉冲宽度（0～100μs）和较高的脉冲频率（0～2000Hz），可以有效避免以上现象。

2. 感官品质 果蔬汁的风味及色泽在加工和储存过程中极易发生变化。传统热处理会引起美拉德反应，加剧氧化，进而对果蔬汁的挥发性化合物产生一定影响，呈味物质如糖、酸、多酚等也会随温升变化，影响消费者的香气感知。PEF 技术能够通过抑制不同色素的降解起到护色作用，有效改善果蔬汁的感官品质。果蔬汁色泽、风味劣变与过氧化物酶和多酚氧化酶主导的酶促褐变、非酶促褐变紧密相关。果蔬中主要的色素群是胡萝卜素和类胡萝卜素、花青素、叶绿素、酚类化合物，对热处理和氧化敏感，所以经传统热处理的果蔬汁中叶绿素、花青素等热敏色素的含量显著降低，颜色发生劣变。

案例 9-4

热处理和非热处理对橙汁感官品质的影响

橙汁被加热时，会发生一系列复杂的化学反应，涉及糖类、氨基酸、脂质、维生素 C、含硫成分、酚类化合物和果皮油成分，这些反应可导致新鲜风味的损失。经过热处理的橙汁中特征香气物质 β-肉桂烯和 β-芳樟醇的相对浓度明显降低，导致异味化合物 α-萜品烯、4-萜品醇和 α-萜品醇的形成；而在 E＝40kV/cm 的高强度 PEF 处理后，α-蒎烯、肉豆蔻烯、辛醛、柠檬烯和癸醛的浓度保持率比常规热处理后更好。E＝20kV/cm、t＝25μs、能量输入为 100kJ/kg 或 150kJ/kg 的 PEF 处理与 95℃ 30s 的热处理相比，更好地保留了橙汁中的柠檬烯、β-肉豆蔻烯、α-蒎烯和戊烯等挥发性成分（Timmermans et al.，2022）。

数字资源 9-5

3．营养品质 消费者对饮料的接受程度直接取决于感官和营养品质属性，而果蔬产品的营养价值通常以多酚类生物活性化合物、抗氧化能力和维生素 C 含量等作为质量参数进行评估。一些研究人员已经发现，经过 PEF 处理的新鲜果汁的生物活性特性可以更有效地保存。它能更好地保存多酚、类异戊二烯化合物、脂肪酸、氨基酸、维生素 C、维生素 A 和其他几种水溶性维生素。例如，在 4℃下储存 14 天后，PEF 处理过的橙汁中维生素 C 的生物利用度仍然明显高于未经处理的样品，PEF 增加了从水果和蔬菜中提取的维生素和其他生物活性物质的数量。与热处理相比，PEF 处理能够增强维生素 C 和酚类化合物的体外生物可及性及果汁饮料的抗氧化能力。此外，单极模式会提高氧化反应而导致自由基的形成，自由基与氨基酸反应，会降低其含量。在适宜的电场条件下，双极模式处理得到的游离氨基酸含量更高，因此工艺参数对氨基酸含量的保持乃至提高至关重要。

（二）PEF 技术在果蔬汁钝酶中的应用

植物组织中天然存在多种酶，对植物的生存起着至关重要的作用。然而，由于果蔬中的过氧化物酶（POD）、多酚氧化酶（PPO）、果胶甲酯酶（PME）、脂氧合酶（LOX）和 β-葡萄糖苷酶（β-GLUC）等内源性酶在采后加工过程中仍保持活性，导致果蔬制品的颜色、质地、风味和营养成分发生劣变，控制酶活在果蔬汁的加工和贮藏中具有极其重要的意义。近 20 多年的多项研究证实了单独使用高强度的 PEF 或与热处理等其他技术结合使用可以使果蔬汁中的部分内源性酶有效失活。但也有研究表明在一定的处理条件下，PEF 处理对某些酶的活性并无影响，还可能会增强酶活。过氧化物酶和多酚氧化酶导致酚类化合物的氧化，从而导致营养和感官价值的丧失，如褐变和变质，故 POD 和 PPO 的失活是果蔬加工质量的重要前提和指标。

（三）高压脉冲电场技术在果蔬汁杀菌中的应用

PEF 对微生物失活的影响取决于工艺参数（电场强度、处理时间、比能量、脉冲形状、脉冲宽度、频率和温度）、处理过的食物样品（pH 和电导率）和靶细胞（大小、形状、膜和包膜结构）（袁佳璐等，2024）。

1．参数因素 PEF 的杀菌处理效果受多种因素的影响，主要取决于电场强度、脉冲宽度、脉冲频率、处理时间、极性、温度等关键工艺参数，其中果蔬汁基质是决定 PEF 工艺效率的重要因素。在加工过程中需综合评估多种因素及其相互影响，进而确定最佳处理参数。脉冲数（C）和电场强度（E）的计算公式如下：

$$C = \frac{2L\pi r^2 f}{Q} \tag{9-1}$$

$$E = \frac{V_{\mathrm{pp}}}{2L} \tag{9-2}$$

式中，f 为频率（Hz）；L 为电极长度（cm）；r 为电极半径（cm）；Q 为样品流速（mL/s）；E 为电场强度（kV/cm）；V_{pp} 为示波器上显示的输入电压。

Poojary 等发现经 9kV/cm 的场强处理，需氧嗜温菌种群（总平板数）从 150×10^3 log CFU/mL 下降到 120×10^3log CFU/mL，在 13kV/cm 的场强下达到菌群数量最低值 35×10^3log CFU/mL。该现象即与临界电场强度有关。根据施加的电场强度是否超过临界电场强度，细胞膜形成可逆或不可逆的电穿孔。不可逆的电穿孔会使细胞膜破裂、细胞内容物不断外渗，进而细胞死亡；而可逆电穿孔会导致细胞出现亚致死状态，适当的条件下细胞仍可以恢复活性。

2. 微生物因素 PEF 杀菌效果的指示微生物主要有金黄色葡萄球菌、大肠杆菌、酵母等，不同类型和生长阶段的微生物对 PEF 的敏感性具有一定差异。经过比较研究发现，革兰氏阴性菌（金黄色葡萄球菌）、革兰氏阳性菌（大肠杆菌）、真菌（酵母）对 PEF 的敏感性依次递增，这基于细胞壁厚度与组成成分的差异，陶晓赟的研究结论与此一致。进一步观察到，相比于稳定期和调整期，对数期的大肠杆菌细胞对 PEF 处理更为敏感。

3. 样品因素 García 等（2005）已经证明，除了微生物特性，PEF 处理下亚致死膜损伤的发生还取决于介质的 pH，如大肠杆菌在酸性 pH 下（与中性 pH 相比）表现出更高的抗 PEF 能力，这与其修复破坏的细胞膜的能力有关。同样，在一定的 PEF 条件下处理哈密瓜汁时，pH＝7.0 时酿酒酵母的失活率和亚致死率分别为 1.4log CFU/mL 和 1.8log CFU/mL；在 pH＝4.0 时，酿酒酵母细胞被杀死的比例更高，且 PEF 诱导的亚致死损伤细胞无法恢复并死亡，这表明酿酒酵母细胞对低 pH 敏感，培养基的 pH 对受试菌株对 PEF 的抗性有一定影响。在相同处理参数下，PEF 对低电导率样品的杀菌效果比高电导率样品更好。

第四节 高压脉冲电场技术研究热点问题

一、高压脉冲电场技术与其他技术联用

尽管高压脉冲电场技术以其热效应低的特点，在保持食品的色泽、风味、营养物质方面有很大的优势，但也存在一定的技术缺陷，如难以彻底杀死病原菌、杀菌强度大时易造成升温等，尤其是过高的电场强度会击穿液体电介质，不仅缩减高压脉冲源的使用寿命，还会导致电极腐蚀，影响果蔬汁品质，限制了其应用范围。因此，将高压脉冲电场技术和其他技术联用以克服其劣势成为当前的研究热点。

（一）与热处理联用

PEF 技术与温和热处理结合可以将热与非热效应优势互补，在不影响果蔬汁中热敏物质的前提下提升杀菌效果。将苹果汁预热至 50℃后再用 PEF 处理（40kV/cm，100μs），其中的 POD 活性下降幅度最高（68%）；相比之下 PPO 的 PEF 处理抗性较强，当 PEF 和 60℃预处理相结合时，实验室规模的 PEF 处理会导致苹果汁中的 PPO 完全失活。将带有酿酒酵母的哈密瓜汁在 20kV/cm 的 PEF 处理 200μs 后，在 50℃或 55℃的水浴中孵育 5min，然后在 4℃条件下保存，亚致死损伤细胞从 1.5log CFU/mL（仅 PEF 处理）下降到 0.8log CFU/mL（PEF 处理联合 50℃）和 0.3log CFU/mL（PEF 处理联合 55℃）。这说明温度和 PEF 的协同作用也可以有效抑制亚致死细胞的恢复能力，增加微生物的致死率，达到与热巴氏杀菌相同的效果，且与单独 PEF 处理相比，更好地保存了哈密瓜汁的理化性质和维生素 C 含量。

（二）与其他非热处理联用

陈梅英等（2008）根据威尔科克森检验（Wilcoxon test）方法评定 PEF 技术与集成冷冻浓缩技术结合制取浓缩果汁，发现其品质、风味显著优于巴氏杀菌结合 PEF 处理的果汁，同时大大降低了能耗，节约了生产成本。相比于未处理或经超声、PEF 单一技术处理，超声和 PEF 联用显著提高了菠菜汁的营养特性与贮藏稳定性。有研究人员采用 PEF 和超声处理研究对单增李斯特菌的灭活效果，当 PEF 和 HHP、超声波技术同时使用时可观察到协同效应。将等离子体结合 PEF 灭菌，经研究发现，二者结合具有显著的协同抑菌效果，等离子体处理 3min 后，与 PEF（15kV/cm、10μs）处理的组合能够分别杀灭 5.98log CFU/mL、5.82log CFU/mL 金黄色葡萄球菌、大肠杆菌。研究了 PEF 处理协同静电相互作用对 α-淀粉酶/果胶复合物的影响，发现酶失活的程度更大，其二级结构的变化更为显著。最后提出了微粒表面电荷再分布、偶极-偶极相互作用和外加电场快速反向运动等假说来解释静电配合物的最终形态。

数字资源 9-6

二、高压脉冲电场技术的商业化应用

PEF 技术自被发现其杀菌作用以来，因其独特的加工特性一直深受国内外学者的关注。随着对 PEF 灭菌机制的不断探索，20 世纪 80 年代后，国际上欧、美等国家和地区开启了 PEF 设备的研发。华盛顿州立大学的食品非热加工中心（CNPF）研发了一个处理量为 100L/h 的连续 PEF 加工系统（带无菌包装系统），其已被应用于苹果汁的处理。一些具有代表性的企业如美国的 PurePulse Technologies 公司也开始关注并研发 PEF 工业设备，开发了处理量为 10L/h 和 200L/h 的“CoolPure” PEF 处理体系。对 PEF 设备的开发有效地促进了食品基质的加工和产业化应用。

目前，中国农业大学、江南大学、浙江大学、大连工业大学等院校对 PEF 应用于杀菌、灭酶、生物活性成分提取及其机制已开展研究，清华大学、西安交通大学等院校在 PEF 设备设计方面也取得了一定的进展，其中华南理工大学研制出的高强脉冲电场提取装备高效稳定，推动了国内该技术的产业化。此外，科技部在“十三五”“十四五”国家科技创新规划中将“非热加工”等技术列入我国科技创新的重点领域，推动非热技术和装备的研发与应用；国务院发布的《“健康中国 2030”规划纲要》中也大力支持食品加工创新技术。基于政、产、学、研的合作，协同创新，为非热加工技术和装备的产业化、商业化带来了无限可能。

第五节　未来趋势与展望

PEF 技术不仅能保持食品原本的品质，还具有低能耗、低污染等优势，未来具有广阔的发展前景。目前为止，PEF 对液体和半固体食品的杀菌效果较好，这是因为带电分子存在于液体中，电流在液体食品中更有效移动且固体食品含有丰富的离子、蛋白质和脂类，食品电导率增加，影响场强，液体食品中微生物比固体食品中微生物易灭活。尽管高压脉冲电场在固体食品上的应用尚未被报道，但通过一些改进，PEF 技术也可以像液体食品一样用于固体食品的保存，进而提高或保持食品在贮存条件下的质量稳定性。

至今，PEF 杀菌技术大多停留在实验室水平，未能运用于工业化生产。同时，不同处理室间存在电场强度不均匀、场强过小等问题。PEF 处理过程中微生物细胞亚致死损伤的发生会严重影响 PEF 处理食品的微生物货架期和食品安全。这说明 PEF 杀菌技术需要进一步优化，增强 PEF 的杀菌效果，需进一步推广 PEF 电场技术的应用。研究表明，金属电极对微生物的致死率较高，但是金属电极（不锈钢、钛）长时间处于高电压条件下易发生分解，影响食品安全和电极板使用寿命，关于新型电极材料（碳材料）的应用仍需进一步研究。

目前，大多数人都追求营养食品和健康食品，因此食品行业也试图通过提高食品的经济价值来促进健康食品在市场上的稳定销售。寻找环境友好的方法来保存食品，以提高食品的价值、质量、口感、风味和保质期。由于人们对优质食品需求的增加，食品保鲜的 PEF 工艺将在行业中获得更多的使用。最近几年，低、中电场强度的电场技术引起了大多数研究者的关注。为了 PEF 技术能被大规模应用，PEF 技术设备的优化与深入研究、结合其他杀菌技术增强杀菌效果有待进一步探索。相信通过不断地研究与完善，PEF 技术将在未来的食品工业崛起中发挥更大的优势。

思　考　题

1．PEF 技术加工的基本原理是什么？
2．简述 PEF 对果蔬汁品质的影响有哪些。
3．PEF 对微生物的杀菌取决于哪些因素？

主要参考文献

陈梅英，龚雪梅，王文成．2008．高压脉冲电场集成冷冻浓缩加工果汁初探．中国农学通报，（4）：440-444

袁佳璐，林敏，周佳，等．2024．脉冲电场技术在果蔬汁加工中的研究进展及应用．食品与发酵工业，50（13）：367-376

Brito I P C, Silva E K. 2024. Pulsed electric field technology in vegetable and fruit juice processing: A review. Food Research International, 184: 114207

Casciola M, Tarek M. 2016. A molecular insight into the electro-transfer of small molecules through electropores driven by electric fields. Biochimica et Biophysica Acta (BBA) - Biomembranes, 1858(10): 2278-2289

García D, Hassani M, Mañas P. 2005. Inactivation of *Escherichia coli* O157:H7 during the storage under refrigeration of apple juice treated by pulsed electric fields. Journal of Food Safety, 25(1): 30-42

Lauane N, Tavares G M. 2019. Thermal treatments and emerging technologies: Impacts on the structure and techno-functional properties of milk proteins. Trends in Food Science & Technology, 90: 88-99

Razola-Díaz M D C, Tylewicz U, Rocculi P. 2023. Chapter Eight - Application of Pulsed Electric Field Processing in the Food Industry. London: Woodhead Publishing: 257-298

Roobab U, Abida A, Chacha J S. 2022. Applications of innovative non-thermal pulsed electric field technology in developing safer and healthier fruit juices. Molecules, 27(13): 4031

Shuyu Z, Chuwen M, Ruowen L, et al. 2024. Pulsed electric field (PEF) activates immune activity in RAW 264.7 macrophages by altering pine nut peptide-TLR4 binding sites. Food Bioscience, 58: 103779

Timmermans R A H, Roland W S U, van Kekem K. 2022. Effect of pasteurization by moderate intensity pulsed electric fields (PEF) treatment compared to thermal treatment on quality attributes of fresh orange juice. Foods, 11(21): 3360

Vignali G, Gozzi M, Pelacci M, et al. 2022. Non-conventional stabilization for fruit and vegetable juices: overview, technological constraints, and energy cost comparison. Food and Bioprocess Technology, 15(8): 1729-1747

Wibowo S, Essel E A, de Man S, et al. 2019. Comparing the impact of high pressure, pulsed electric field and thermal pasteurization on quality attributes of cloudy apple juice using targeted and untargeted analyses. Innovative Food Science and Emerging Technologies, 54: 64-77

第十章　高级氧化技术

高级氧化技术（advanced oxidation process，AOP）也称为深度氧化技术或高级氧化工艺，是由不同物化方式产生氧化自由基来通过氧化作用灭菌或降解有机物的一类共性技术。本章概述高级氧化技术的主要类型、工艺及其原理，通过案例分析介绍其在清洗去污、杀菌保鲜等食品领域的应用前景。

本章思维导图

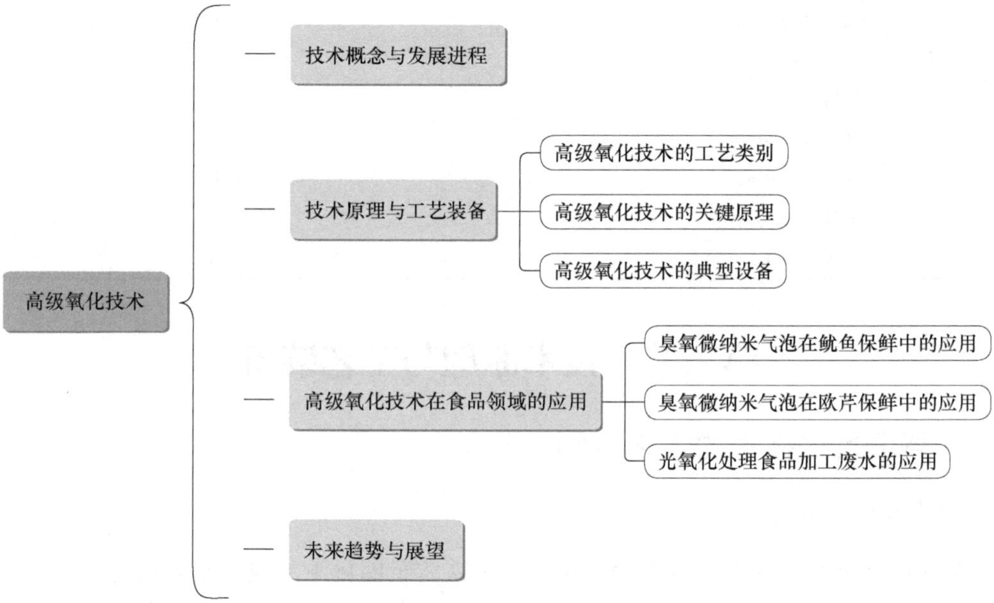

第一节　技术概念与发展进程

食品工业耗水量巨大，在清洗、熟化、杀菌等加工过程中，都需要使用洁净度高的水或在水中进行，而加工后污水也需要净化处理以达到排放标准。目前常用的水质消毒方法是采用氯水，即添加次氯酸钠或次氯酸钙，虽然经济有效但却稳定性不佳，污水处理仅靠生物法或化学沉降对部分有机物降解效果一般。因此，在环境技术中广泛采纳的高级氧化技术引起了研究人员的关注，越来越多的研究表明其可能替代氯水或传统污水处理技术，从而在食品领域得到应用。

AOP 技术的共性是产生以羟基自由基为主的活性氧（reactive oxygen species，ROS）基团，通过在液体体系中产生的大量自由基来高效氧化。这种强烈氧化反应的最初形式是基于过氧化氢与二价铁（Fe^{2+}）的 Fenton 反应体系，其反应机制是在酸性条件下过氧化氢被 Fe^{2+} 催化分解产生活性极高的羟基自由基，从而引发自由基链式反应，激发有机物和其他还原态物质的氧化。Fenton 氧化法发明于 100 多年前，这种方法的出现让有机物降解可以完全基于常温常压的化学反应，反应速率较高。但是，处理后的水常带有颜色，金属铁离子的引入也可带来其他风险（Bustillo-Lecompte，2020）。

人们基于 Fenton 氧化法陆续开发了改进版的 Fenton 体系，如 UV 催化的 Fenton 体系（UV/H_2O_2）、光增强的 Fenton 体系（$UV/Fe^{2+}/H_2O_2$）。随后又发现臭氧（O_3）、臭氧-过氧化氢组合（O_3/H_2O_2）等类似的氧化物体系，以及基于 UV、超声或等离子体的物理催化体系，这些都可以产生以羟基自由基为主，其他活性基团为辅的高浓度自由基，也因此逐渐被归为同一类技术。表 10-1 中展示了不同自由基或氧化剂的氧化还原能力。

表 10-1　常见自由基或氧化剂的氧化还原电势值（引自 Fan et al.，2020）

氧化剂	氧化还原电势/*V*
羟基自由基(·OH)	2.80
臭氧(O_3)	2.07
过氧化氢（H_2O_2）	1.78
过氧根离子（HO^{2-}）	1.70
次氯酸（HClO）	1.49
氯气（Cl_2）	1.36
氧气（O_2）	1.23

第二节　技术原理与工艺装备

一、高级氧化技术的工艺类别

（一）Fenton 氧化法

经典的 Fenton 反应利用过氧化氢（H_2O_2）在铁离子催化下生成羟基自由基来将有机物质氧化分解成较简单的无害产物，目前为止 Fenton 试剂依然被用于消毒和常规废水处理。随着技术的更迭，大多数场景均采用了优化改进的 Fenton 反应，抑或基于 Fenton 与光、等离子体等技术的结合来进一步提高降解率。尤其是复杂体系中的高浓度蛋白质等大分子，降解速率较慢。AOP 处理食品废水还包括降解其中的重金属离子、染料、农药或真菌毒素等。研究表明，Fenton 反应残留的金属离子需要进一步处理，未彻底氧化的有机物也可能还有残留毒性，因此是否可以达到排放标准仍需要在工艺进程中进行监测，在严格定量分析的基础上完成。Fenton 氧化还可以分为均相催化和非均相催化两种类型，相比较而言，非均相催化的 Fenton 反应不会在水中溶解铁离子，产生额外的副产物，增加后续处理的步骤，所以相对较环境友好。由于 Fenton 反应对体系的 pH 有较高要求，为了维持此反应条件必须加入酸化试剂，导致成本增加。

（二）光催化氧化法

基于光催化的 AOP 技术起源于光-Fenton 反应，目前已拓展出更多不同的光催化反应，催化光波长也不局限于 UVC，而涵盖 225～400nm 的全部紫外波段、可见光和红外区段。基于不同波长的光与不同光敏物质的组合能以不同反应产生自由基，这些光敏物质包括无机物（以 TiO_2 为代表）、有机酸（以没食子酸为代表）甚至更复杂的复合化合物（Ran et al.，2023），其中部分天然光敏物已获得食品安全许可，因此尤其被食品工业关注，特别是在生鲜产品表面消毒等研究热点方向。事实上，基于光催化的杀菌技术已经发展出较独立完整的体系，即便其中的一部分处理仍然在 AOP 技术的范畴之内，但以光动力和光激发来命名此类杀菌技术已被默认为更直观的称谓。

一方面，光催化的 AOP 技术的特点在于需要外加光源，因此对光强度、穿透性的控制就成为氧化作用强弱的关键之一；另一方面，结合过氧化氢或其他食品级别光敏剂的光氧化法部分可以排除金属催化剂的介入，因此化学残留相对较少或几乎没有。当然，技术设备的设计如何从实验室级别放大为切实可用的工业化设备，保证紫外波段光不产生其他安全隐患，还是有不少需要解决的问题。以针对不同目标微生物的杀菌效果来看，在理想的纯水体系中对革兰氏阳性或阴性细菌的杀菌强度都不难达到 5 个对数以上的降低，不过实际情况中水质的影响、光源设备工程化应用的可控性等必然会造成效果的下降（Corrêa et al.，2020）。此外，国内外食品相关部门对于用于直接接触食品的光氧化技术尚没有出台切实的技术标准，在光氧化副产物的毒性研究方面还有待于深入探究其潜在的化学风险，毕竟应用于食品体系内的氧化自由基可能无差别地与食品本身化学成分发生反应，而这些微量物质的检测难度很大，摄入是否会影响健康有待于确认。

（三）臭氧氧化法

臭氧作为一种常见的强氧化剂，在国外 1893 年就已被用于瓶装水的消毒，美国 FDA 于 2001 年认定了臭氧为食品处理、存贮和加工使用的杀菌剂，包括其气态和液态形式。在 AOP 技术体系中，臭氧的单体氧化还原电势最高，因此本身就具有最强的氧化力，臭氧在食品工业中应用不但包括果蔬、谷物和设备环境的消毒，还可有效降解农残与毒素，但同时也存在不够稳定、高浓度对人体有危害等缺陷，在一定程度上限制了其广泛应用（Brodowska et al.，2018）。

臭氧作为一类 AOP 技术的核心组成，其主要的一个优点是可以以不同形式建立氧化消毒体系，如气态臭氧或气态臭氧与 UV 的结合、臭氧水或臭氧微纳米气泡甚至是臭氧冰。以臭氧水制取臭氧冰可以充分利用流化冰的降温功能与臭氧的杀菌效果，为水产保鲜提供了新思路。

（四）其他氧化法

其他 AOP 技术主要是基于新型非热加工技术，如超声波的空化效应、等离子体和辐照的电离作用等产生的氧化效应。以超声波为例，空化效应是声波振动生成的微气泡在瞬间崩溃并产生冲击波，导致局部高温、高压的现象。在这种极端条件下，局部位点的水被水解直接产生单线氧（·O）、过氧自由基（·OOH）和羟基自由基等，加速了 Fe^{3+}/ Fe^{2+}氧化还原循环的进程；类似的其他物理场也是在高能量激发下导致化学反应和离子化，从而开始自由基链式反应，大量生成 ROS。高级氧化技术的主要分类概括可以参见图 10-1。

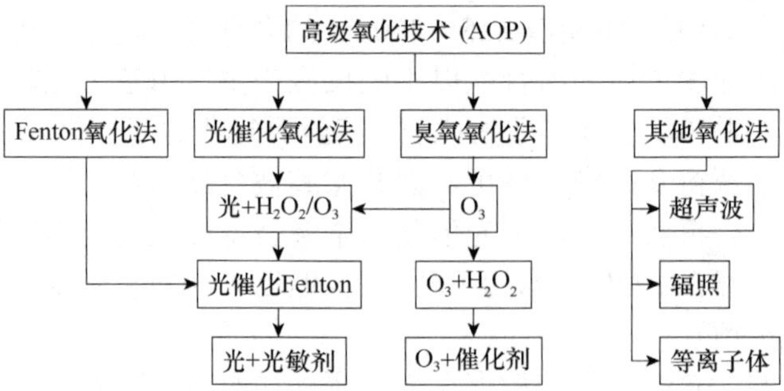

图 10-1 主要 AOP 技术的分类示意图

二、高级氧化技术的关键原理

（一）自由基化学反应

1．Fenton 氧化法 表 10-2 中总结了 AOP 技术中的主要自由基反应，Fenton 氧化反应中的反应式 2 是限制反应效率的关键步骤，因为它限制了 Fe^{3+}/Fe^{2+}的循环，提高此步骤的反应速率成为研究焦点。此外，过氧化氢不完全分解和严格的反应 pH 范围（2.5～3.5）也限制了 Fenton 氧化反应的应用，引入催化剂或结合电/光技术可以加速 Fe^{3+}/Fe^{2+}的循环。

表 10-2 AOP 技术中自由基化学反应的主要类型

AOP 技术	主要自由基类别	主要自由基反应	参考文献
Fenton 氧化法	$\cdot OH/HO^-$	1．$Fe^{2+}+H_2O_2 \longrightarrow Fe^{3+}+HO^-+\cdot OH$	Dong et al.，2022
		2．$Fe^{3+}+H_2O_2 \longrightarrow Fe^{2+}+HO^-+HO_2\cdot$	
光催化氧化法	$\cdot O^{2-}/H_2O_2/\cdot OH/^1O_2$	1．$O_2+e^- \longrightarrow \cdot O_2^-$	Nosaka et al.，2017
		2．$\cdot O_2^-+2H^++e^- \longrightarrow H_2O_2$	
		3．$H_2O_2+e^- \longrightarrow \cdot OH+OH^-$	
		4．$\cdot O_2^-+h^+ \longrightarrow {}^1O_2$	
		5．$h^++H_2O \longrightarrow \cdot OH+H^+$	
臭氧氧化法	$\cdot R/\cdot OH/\cdot O_3^-$	1．$RH+O_3 \longrightarrow \cdot R+\cdot OH+O_2$	Nosaka et al.，2017
		2．$O_3+2H^++2e^- \longrightarrow O_2+H_2O$	
		3．$O_3+e^- \longrightarrow \cdot O_3^-$	
		4．$\cdot O_3^-+H^+ \longrightarrow \cdot OH+O_2$	
超声氧化法	$\cdot H/\cdot OH/H_2O_2$	1．$H_2O \longrightarrow \cdot OH+\cdot H$	Walter et al.，2016
		2．$\cdot H+\cdot H \longrightarrow H_2$	
		3．$2\cdot OH \longrightarrow H_2O_2$	

注：h^+为带正电荷的“缺失电子”

2．光催化氧化法 光催化氧化主要利用不同波长的光在均相体系或非均相表面产生光诱导电子和空穴，生成$\cdot O^{2-}$、H_2O_2、$\cdot OH$、$^1O_2$ 等多种不同的活性氧自由基，由于自由基种类更多，产生后可以介导和加入后续一系列更复杂的连锁反应，直接或间接氧化分解有机污染物。具体自由基的种类和数量取决于光的波长、能量、光敏物质等多方面因素。

3．臭氧氧化法 臭氧分子通常通过电晕放电或紫外线照射等方法产生，在臭氧氧化过程中，当臭氧分子与有机物（RH）接触时，它会快速产生·R 和·OH。·R 和·OH 继续与有机物反应，将其氧化分解为较小的分子，从而去除有机物。同样，臭氧氧化法可以在其他催化剂存在的条件下进一步加速。例如，臭氧氧化可以与光催化联合处理产生协同作用，除产生表 10-2 中所列的·R 和·OH 自由基外，O_3 在 O_2 存在时被还原产生·O_3^-，从而进一步快速地产生·OH（Wu et al.，2021）。

4．其他氧化法　相比较而言，纯物理场激发自由基比化学法难度高。例如，在超声空化效应过程中，局部温度和压强可达 5000℃和 500atm①，导致热点附近水被分解成·H、·OH 等反应性初级自由基，然而在没有外源氧化物的条件下，超声场产生的自由基种类较单一、浓度低，因此氧化能力一般（Walter et al.，2016）。等离子体产生自由基与其作用气体、湿度和等离子体发生设备的原理息息相关，是相对物理法产生最复杂和浓度较高的一种方法，但其具体反应机制由于多种组分的混合反应难以进行明确分析。

（二）自由基氧化微生物致死机制

AOP 技术产生的自由基对大多数微生物都有氧化杀菌效果，因为自由基含有的未配对电子的高度反应性，它们倾向于与其他分子中的电子形成共价键。因此，在接触微生物时可以通过与其细胞膜、蛋白质或核酸发生反应，破坏微生物的结构和功能，导致其死亡。当然，不同自由基对于不同微生物的致死机制有所区别，常见细菌的致死机制主要总结为以下两方面。

1．细胞膜的氧化损伤　细菌的最外层（包括细胞壁和细胞膜）是与外界直接接触的重要部分，不但维持其生理结构的稳定，细胞膜上还存在与其 ATP 合成、呼吸作用相关的重要组分。自由基容易和细胞膜中的脂质分子等发生反应，导致膜的氧化和破坏。这一方面导致细胞膜通透性增加、内容物外泄等，另一方面也直接破坏电子传递链等能量产生的关键环节。

2．细胞内大分子的氧化损伤　当自由基渗透进入细胞，或者直接在细胞内产生时，它们可能迅速氧化微生物内部的蛋白质、酶和核酸等重要生物大分子，破坏其结构和功能。研究已经表明自由基可以氧化胞内辅酶 A，抑制细胞的呼吸和能量代谢；具体的比如·O^{2-} 和·OH^-两种自由基可以靶向攻击蛋白质的硫醇键，影响多种生理过程。此外，自由基还可以直接氧化损伤核酸分子中的碱基和糖基，甚至导致 DNA 链的断裂或交联，严重干扰 DNA 的修复和复制，导致细菌细胞死亡（Kebbi et al.，2020）。

（三）自由基氧化有机物降解机制

1．食品染料的氧化降解　食品染料种类多、应用广泛，然而人工合成的染料不符合清洁标签食品的健康趋势，甚至有一定的安全隐患。大多数染料是含有色团的芳香族化合物，在自由基反应的初期色团结构瓦解，形成小分子的芳香化合物。例如，罗丹明染料经由去乙基化和发色团裂解反应，可产生 4 种降解中间体，包括 2-羟基-3-甲基苯甲酸、2-羟基苯甲酸、2,4-二羟基苯甲酸和 2-羟基-3-甲基苯甲酸。这些中间体的苯环进一步打开，被羟基自由基再次氧化变为更小的化合物最终矿化为二氧化碳和水。在光催化氧化的条件下，染料分子可能直接或间接产生超氧自由基（·O_2^-）、过氧自由基（HO_2·）等，随后大多数再生成活性强的羟基自由基，通过羟基自由基的氧化反应生成 CO_2 和 H_2O（Bustillo-Lecompte，2020）。

---

① $1atm=1.013\ 25\times 10^5Pa$

2．农残的降解 农药的化学结构种类繁多，包括有机磷、有机氯、氟代烷基、吡嗪酮等，因此 AOP 技术对于农药残留的降解原理大相径庭。以 Fenton 反应为例，使用 FeS_2 作为 Fenton 反应催化剂以促进甲草胺的降解。甲草胺首先发生羟基化反应，生成 2-氯-2′-乙酰基-6′-乙基-n-（甲氧基甲基）乙酰苯胺，通过抽氢作用裂解生成 2-氯-2′,6-乙基-乙酰苯胺等一系列副产物，这些副产物进一步氧化得到氯、甲酸盐、乙酸盐和草酸盐等小分子物质，最终矿化为 CO_2 和 H_2O，并释放无机离子。

当臭氧与有机农药发生反应时，它会破坏不饱和脂肪族，如烯烃和炔，通过破坏碳链和打开苯环，将农药分子氧化为二氯乙烯基、硝基、甲氧基、氨基等官能团。臭氧与农药分子中的不饱和碳链进一步反应产生小分子化合物，如酸、醇、胺、羰基、羧酸及其氧化物，主要是水溶性的。因此，它们可以用自来水冲走，从而达到降解和去除农药残留的目的。

3．黄曲霉素的降解 臭氧可能会攻击黄曲霉毒素分子中的 C8-C9 双键。黄曲霉毒素 B_1 和黄曲霉毒素 G_1 的结构中含有二氢呋喃环，这使得 C8-C9 双键容易受到臭氧的破坏，进而分解成有机酸、醛类和酮类产物（Sert et al.，2021）。

4. 抗生素的降解 以 γ 射线和电子束为例，氧化电位为 2.72V 的羟基自由基和还原电位为 2.9V 的溶剂化电子是两种主要的活性物质。根据辐照条件的不同，活性自由基对抗生素的降解作用是不同的。一般来说，羟基自由基在氧化状态中起主要作用，而水合电子和氢自由基在还原条件中起主要作用。

三、高级氧化技术的典型设备

（一）臭氧发生器

臭氧发生系统通常包括臭氧发生器、电源、反应器、余气排放单元和臭氧分析仪，如果臭氧在水相中使用还需要接触器。较常见的臭氧发生器为电晕放电型、紫外辐照型、等离子体和电解型，通过使用干燥空气或纯氧作为氧源，将氧分子电解后再结合转化为臭氧。如果使用空气，必须将其干燥至约－65℃的冷凝点，以提高臭氧处理效果并防止氮氧化物的形成。

（二）LED 光源设备

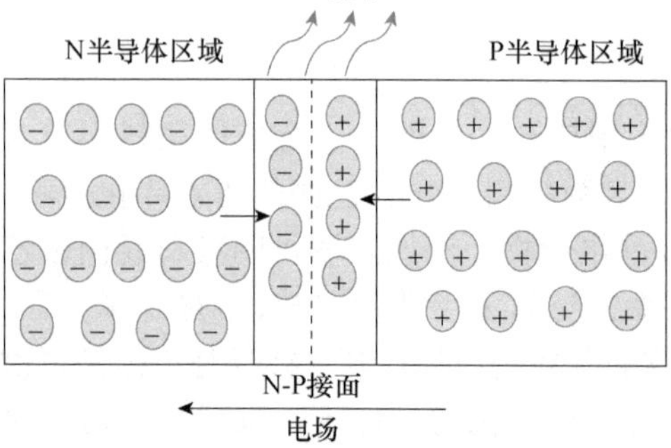

图 10-2 LED 光源的基本结构单元示意图
（引自 Kebbi et al.，2020）

发光二极管（light-emitting diode，LED）是一种新型紫外光源，与传统汞灯相比较更复杂、环保且成本低。LED 的基本结构是基于两端半导体的结合，称为 P-N 结，将直流电转换为辐射（图 10-2）。采用不同的半导体材料，LED 可以在不同波长处发射光线。例如，氮化铝/氮化铝镓（AlN/AlGaN）通常用于制造紫外 LED（200～400nm），砷化镓（GaAs）通常用于产生红光和近红外光（700～1100nm）。此外，LED 光源还具有寿命长、低热量、体积小等优点，可以灵活应用在各类 AOP 技术中。

数字资源 10-1

（三）AOP 污水处理设备

传统的 Fenton 反应装置或大型设备通常包括反应槽、过氧化氢供应系统、铁离子供应系统、pH 和温度控制装置等。反应槽是 Fenton 反应器的主体部分，食品废水和 Fenton 试剂在反应槽内混合并进行反应，通常采用耐腐蚀材料制成，其他装置部分用于维持反应物浓度、反应最适条件等。AOP 氧化处理设备比传统的污水处理设施投资成本更高，材料耐压、耐腐蚀性要求更高，但对于处理难以降解的有机物的氧化效果更佳。

光催化 AOP 或其他物理场催化氧化的设备更加复杂，光催化设备通常也称为光反应器，主要由光源、反应槽、反应介质、控制系统等组成（图 10-3）。常见的光源包括紫外线灯、LED 灯、汞灯等。光源的选择取决于反应所需的波长和强度。反应槽是装载反应介质和光源的容器，其形状和材质可以根据具体应用而变化。反应槽通常由光透明材料制成，以允许光能穿透到反应介质中。例如，为了加强光收集效率，可以采用复合抛物面集光器集中光束，提高单位处理体积收到的光强度。根据反应介质的状态和光源的配置方式，光反应器还可以分为批式、连续式、循环式等不同类型（Bustillo-Lecompte，2020）。

图 10-3　用于污水处理的光反应器设备（引自 Bustillo-Lecompte，2020）
A．平板式；B．管式；C．复合抛物面集光式

第三节　高级氧化技术在食品领域的应用

一、臭氧微纳米气泡在鱿鱼保鲜中的应用

美洲大赤鱿是全球范围内备受欢迎的海鲜之一，富含蛋白质、赖氨酸、谷氨酸、维生素 B_{12}、钾、铁等营养成分，对人体健康大有裨益。然而，由于其新鲜状态下水分含量高，容易腐败变质。微生物可能会渗透到鱿鱼表皮组织中，产生粉红色素，进而改变鱿鱼的整体颜色，降低消费者的接受度。研究表明，臭氧氧化处理能够有效控制水产品的微生物污染，一种较新颖的方法是利用臭氧填充的微纳米气泡进行水产品表面的消毒清洗，该方法可以增加臭氧溶解度，提高氧化反应速率和去污效果。通过将氧气注入等离子体臭氧发生器制得臭氧（O_3），将产生的臭氧气体注入微泡发生器中，与水混合形成臭氧微泡水（OMB）。

数字资源 10-2

案例 10-1

臭氧微纳米气泡用于美洲大赤鱿的保鲜研究

美洲大赤鱿分别在 OMB 中浸泡 1min、3min、5min 和 10min，根据处理后鱿鱼的微生物数量（总菌数、大肠菌群、大肠杆菌和嗜冷菌）、化学指标［pH、总挥发性盐基氮（TVBN）、过氧化值和水分含量］及物理特性（颜色和微观结构），评估出最佳的 OMB 处理时间为 3min。同时，开展了 OMB 处理 3min 后鱿鱼在 7℃条件下储存 21 天的货架期实验。结果显示，在整个储存期间，OMB 处理 3min 的鱿鱼中微生物总数始终低于对照组（使用去离子水处理 5min），证实了 OMB 的抗菌活性。在化学性质方面，OMB 浸泡 3min 后的鱿鱼，其 TVBN 和氨在贮藏过程中显著降低。组织学分析表明，与其他处理组相比，OMB 处理 3min 的鱿鱼更为完整、均匀，且其直径更窄、更厚。此外，OMB 处理 3min 还延缓了鱿鱼色泽变化，证明了 OMB 在鱿鱼保存和消毒方面的有效性（Lin et al.，2023）。

二、臭氧微纳米气泡在欧芹保鲜中的应用

欧芹富含胡萝卜素、维生素和各种其他营养素，其蛋白质含量和铁含量是一般蔬菜和水果的两倍，是一种天然健康食品。然而，在储存、运输和销售过程中常会出现黄变、萎蔫、腐烂和食源性病原体感染等问题，严重影响了其整体质量，降低了经济价值。

案例 10-2

臭氧微纳米气泡用于欧芹的保鲜研究

本研究利用臭氧微纳米气泡处理欧芹，增加了臭氧的传质系数，使其达到臭氧大气泡的 2.2 倍，提高了水中臭氧的饱和度。使用微纳米气泡发生器生成直径为 5nm～20μm 的臭氧微纳米气泡（O_3-MNBW），并将欧芹样品浸泡其中。实验证实，2.5mg/L 的 O_3-MNBW 是最佳处理浓度。将 10kg 的欧芹浸泡在 2.5mg/L 的 O_3-MNBW 中 10min，对照组则用蒸馏水处理，然后进行自然风干，将样品装入聚乙烯袋中，并在（20±1）℃的避光条件下储存 5 天。每天进行观察和样品采集，采集的欧芹样品立即在液氮中冷冻并保持在－80℃。结果显示，O_3-MNBW 有效地保留了欧芹的感官品质，减轻了其质量损失，降低了呼吸速率、乙烯水平和 MDA 水平，并保持了较高的硬度水平和维生素 C、叶绿素含量。此外，O_3-MNBW 处理还提高了贮藏欧芹中总酚类和类黄酮的水平，增强了过氧化物酶和抗坏血酸过氧化物酶的活性，抑制了多酚氧化酶的活性。通过电子鼻、气相色谱-质谱联用及代谢组学分析表明，O_3-MNBW 处理保留了欧芹在储存过程中的香气和风味（Shi et al.，2023）。

三、光氧化处理食品加工废水的应用

接骨木莓、橄榄和葡萄加工产生的废水含有大量的多酚、有机酸、类黄酮、油脂等化合物，由于这些化合物的存在及废水的高流量和季节性特点，常规技术往往难以有效处理。光-Fenton反应可产生羟基自由基（·OH）等活性氧，表现出更显著的废水处理效率。

案例 10-3

利用光氧化处理技术进行食品废水处理

图 10-4 显示，在处理接骨木莓废水 4h 后，与单独使用 UVA、UVA/Fe^{2+}、UVA/H_2O_2 相比，Fenton 反应可将可溶性有机碳（DOC）降解效率提高至 35%。当 UVA 与 Fenton 反应结合使用时，4h 后 DOC 的降解效率提高至 53%。这是因为 UVA 能够加速 Fe^{3+}/Fe^{2+} 循环，从而加速产生羟基自由基（·OH），这一步骤恰恰是单独使用 Fenton 氧化反应时的关键限速步骤。UVA/Fenton 反应能够有效降解接骨木莓废水中的 DOC，并且在白酒厂、红酒厂和橄榄洗涤废水中也表现出较高的 DOC 降解能力（30%～70%降解率）。

在不同 Fe^{2+} 浓度、H_2O_2 浓度和 DOC 浓度下，UVA/Fenton 反应对 DOC 的降解能力有所差别。随着 Fe^{2+} 浓度和 H_2O_2 浓度的增加，DOC 的降解率呈现出先增加后减少的趋势，在 Fe^{2+} 浓度和 H_2O_2 浓度分别为 10mg/L 和 500mg/L 时达到最大值。这可能是因为在一定范围内，Fe^{2+} 和 H_2O_2 浓度增加导致反应速率增加，从而提高了降解能力；然而，当浓度进一步增加时，过量的 Fe^{2+} 和 H_2O_2 可能清除了羟基自由基，导致降解速率下降。过量的 H_2O_2 还可能生成较低氧化还原电位的氢过氧自由基（·OOH），降低了整体反应性。此外，随着初始废水浓度的增加，动力学速率略微下降，可能是废水的吸收率增加导致单位照明体积的减少。光-Fenton 反应在食品加工废水的处理中展现了优异的应用前景，但在实际工业处理中，光-Fenton 反应的处理使用试剂和电力成本仍然很高，需要降低总体运行成本（Ferreira et al.，2021）。

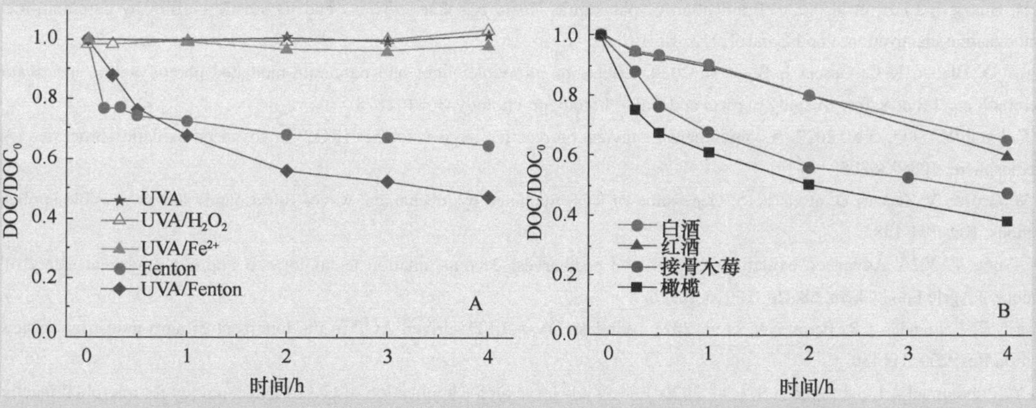

图 10-4 不同处理条件对接骨木莓废水中 DOC 的降解效率（引自 Ferreira et al.，2021）

A．不同处理对接骨木莓废水中 DOC 的降解效率；B．UVA/Fenton 反应去除橄榄、红酒、白酒洗涤废水及接骨木莓洗涤废水 DOC 的效果。DOC_0 为可溶性有机碳的初始含量

第四节　未来趋势与展望

高级氧化技术在食品中的应用研究还处于发展阶段，与传统污水处理和氯基消毒剂的清洗方式相比较，AOP 的试剂成本和设备成本需要更多的资金投入，对于有机物含量较高的水（化学需氧量＞5g/L）的适用性还有待提高。由于自由基极易反应，在短时间内湮灭，AOP 过程需要持续维持试剂的浓度，而果蔬等食品中渗出的糖分、蛋白质等物质及农产品携带的土壤成分等都可能与之反应，导致 ROS 在未与目标氧化对象结合前就已经被消耗。虽然过氧化氢或臭氧可以进一步与物理场技术结合来提高效果，但无疑也会进一步增加成本，复杂体系的技术原理也有待进一步深入研究。

即便如此，AOP 技术的研究成果也已经充分证实其在食品废水处理、农残去除、生鲜产品消毒等多个食品工业应用方向上的巨大潜力，随着技术瓶颈不断被突破，将会有进一步的实际应用。未来研究还需要关注的问题包括采用有效技术进行 ROS 在食品加工过程中的实时检测来明确其机制和工艺参数，全面研究 AOP 技术处理食品的品质和货架期稳定性等。

思　考　题

1．简述高级氧化技术的工艺类型。
2．光催化氧化的基本反应原理是什么？
3．臭氧微纳米气泡用于食品保鲜的优缺点各有哪些？

主要参考文献

Brodowska A J, Nowak A, Śmigielski K. 2018. Ozone in the food industry: Principles of ozone treatment, mechanisms of action, and applications: An overview. Crit Rev in Food Sci Nutr, 58(13): 2176-2201

Bustillo-Lecompte C. 2020. Advanced Oxidation Processes - Applications, Trends, and Prospects. London: IntechOpen: 149-167

Chen B, Huang J, Li H, et al. 2020. Eradication of planktonic *Vibrio parahaemolyticus* and its sessile biofilm by curcumin-mediated photodynamic inactivation. Food Control, 113: 107181

Corrêa T Q, Blanco K C, Garcia É B, et al. 2020. Effects of ultraviolet light and curcumin-mediated photodynamic inactivation on microbiological food safety: A study in meat and fruit. Photodiagn Photody, 30: 101678

Dong C, Fang W, Yi Q, et al. 2022. A comprehensive review on reactive oxygen species (ROS) in advanced oxidation processes (AOPs). Chemosphere, 308: 136205

Duco W, Grosso V, Zaccari D, et al. 2016. Generation of ROS mediated by mechanical waves (ultrasound) and its possible applications. Methods, 109: 141-148

Fan X, Song Y. 2020. Advanced oxidation process as a postharvest decontamination technology to improve microbial safety of fresh produce. J Agric Food Chem, 68(46): 12916-12926

Ferreira L C, Fernandes J R, Peres J A, et al. 2021. Wireless UV-A LEDs-driven AOP in the treatment of agro-industrial wastewaters. Environ Res, 200: 111430

Kebbi Y, Muhammad A I, Sant'Ana A S, et al. 2020. Recent advances on the application of UV-LED technology for microbial inactivation: Progress and mechanism. Compr Rev Food Sci Food Saf, 19(6): 3501-3527

Lin C M, Herianto S, Hsieh C W, et al. 2023. Coupling ozone with microbubbles (OMB) water for food disinfection: Effects on microbiological safety, physicochemical quality, and reducing pink discoloration of jumbo squid (*Dosidicus gigas*). J Clean Prod, 418(5): 138036

Nosaka Y, Nosaka A Y. 2017. Generation and detection of reactive oxygen species in photocatalysis. Chem Rev, 117(17): 11302-11336

Rekhate C V, Srivastava J K. 2020. Recent advances in ozone-based advanced oxidation processes for treatment of wastewater—A review. CEJ Advances, 3: 100031

Sert D, Mercan E. 2021. Effects of ozone treatment to milk and whey concentrates on degradation of antibiotics and aflatoxin and physicochemical and microbiological characteristics. LWT, 144: 111226

Shi J, Cai H, Qin Z, et al. 2023. Ozone micro-nano bubble water preserves the quality of postharvest parsley. Food Res Int, 170: 113020

Shi Q, Wang J J, Chen L, et al. 2022. Fenton reaction-assisted photodynamic inactivation of calcined melamine sponge against *Salmonella* and its application. Food Res Int, 151: 110847

Wu Q Y, Yang Z W, Du Y, et al. 2021. The promotions on radical formation and micropollutant degradation by the synergies between ozone and chemical reagents (synergistic ozonation): A review. J Hazard Mater, 418: 126327

第十一章　超高压微射流技术

超高压微射流技术是一种新型的均质技术，主要是将要处理的液体溶液置于高压环境下，利用压力产生的强烈物理作用，包括剪切力、空化、撞击等，使大液滴破碎并分解为小液滴，在此过程中实现乳化、均质效果的方法。本章概述了超高压微射流技术的发展进程、作用原理及常见设备，并以液态食品的杀菌和纳米颗粒的制备为典型案例进行介绍。

本章思维导图

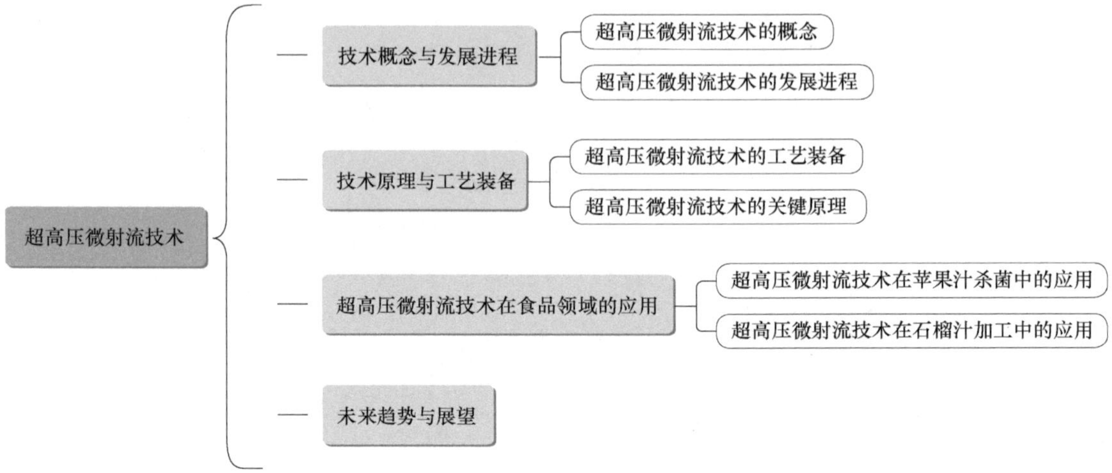

第一节　技术概念与发展进程

一、超高压微射流技术的概念

超高压微射流技术（ultra high-pressure microfludization，UHPM）是一项市场前景广阔的加工新技术，属于高压均质的一种处理方式。其特点是在物料流出口增加对撞或对射等处理方式。UHPM 不同于高静压加工技术，可用于连续化生产，且能在短时间内同步实现料液的输送、混合、均质、杀菌等系列操作（Benjamin et al.，2020；Yu et al.，2024）。UHPM 技术是以高压理论、流体力学理论、撞击流理论为基础，通过对流体物料进行强烈剪切、高速撞击、压力瞬时释放、高频振荡、膨爆和气穴等系列协同作用，从而实现物料的微化、均一化和结构改性等效果。首先，在瞬时压力的推动下，流动的混合物料在作用腔内受到强烈撞击、高频剪切、高速振荡和气穴爆炸等一系列综合作用力达到剪切破碎、碰撞破碎或聚结的效果（Francesco et al.，2010）。其次，在 100MPa 以上的压强下，让液体物料快速通过高压微射流装置均质头的缝隙，泄压的同时受到强烈剪切、高频振荡、空穴爆炸和分子高速对流撞击等机械力作用，以此改变物料的理化特性，并杀灭物料中的微生物（Marszałek et al.，

2023）。

二、超高压微射流技术的发展进程

1980 年，动态高压微射流作为一种新型均质技术首次用于生产。1985 年，Choi 等采用动态高压微射流技术制得粒径为 0.05～0.15μm 的苯乙烯细乳液。同年，Chandonnet 等采用动态高压微射流首次制备微乳液。1986 年，Oza 等首次采用动态高压微射流对初始乳液进行二次均质制备皮克林乳液，所得乳液的平均粒径大小为 1～2μm。1989 年，Silvestri 等在低表面活性剂浓度的条件下，采用动态高压微射流技术制得水包油型亚微米乳液。

高压均质技术在食品中的研究最早可追溯到 19 世纪末由 Gaulin 发明的处理牛乳的均质设备，最高工作压强为 50MPa。1994 年，Lanciotti 等首次报道了高压均质对食品中腐败和致病微生物的杀灭作用，并且发现该处理可以延长牛奶、果汁等食品的货架期。直到 20 世纪 90 年代，UHPM 作为一种典型的高压均质技术，才开始被作为一种破坏细胞结构、提取有效成分的方式使用。目前，UHPM 技术主要被应用于化工、化妆品、食品等多个领域。

第二节 技术原理与工艺装备

一、超高压微射流技术的工艺装备

超高压微射流均质机主要是由液压泵和撞击腔组成，其结构如图 11-1 所示。利用液压泵所产生的高压，使撞击腔内的流体被分散成两股或更多细流，并在极小空间内进行强烈的高速撞击。撞击的过程中瞬间转化其大部分能量，产生巨大的压力降，从而使得液体颗粒高度破碎。它主要适用于流体混合物料液-液相或液-固相的剪切、破碎、均质和膨化。在这种均质过程中，剧烈的处理条件如液体高速撞击、高剪切、空穴爆炸、高速振荡等作用可能会导致大分子结构的变化，从而引起物料的物理性质发生变化，与此同时也能对致病微生物起到一定的杀灭作用（Mouton et al.，2020）。

数字资源 11-1

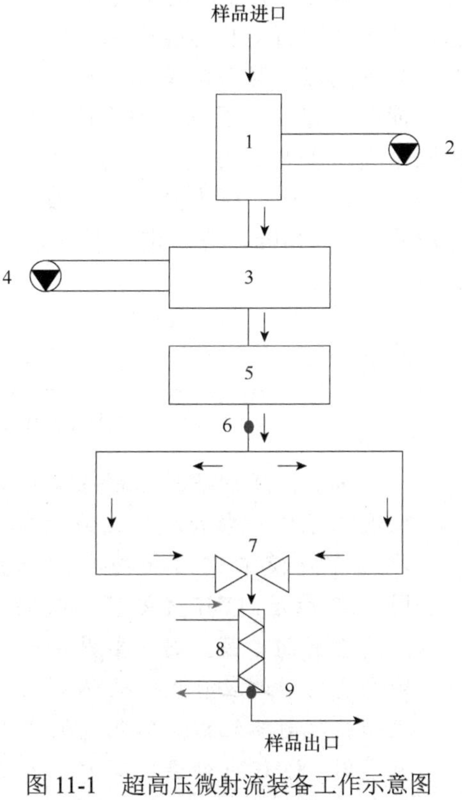

图 11-1 超高压微射流装备工作示意图

1．进料罐；2．低压泵；3．增压器；4．高压泵；5．蓄能器；6．压力传感器；7．高压喷口；8．冷却系统；9．温度传感器

二、超高压微射流技术的关键原理

（一）机械力作用

高压均质是指通过高速旋转的切割装置，将物料经过高压环流区，形成强烈的剪切力和压缩力，使物料均质，主要是由剪切、冲击和压缩多种情况协同完成的。一是物料在压力腔内通过时会受到压力给予的压缩力，二是物料传

输过程中通过高速旋转产生的切割力，三是物料从均质阀的窄缝经过时受到流体产生的冲击力，这些机械力协同作用使得物料颗粒变小，从而实现均质的效果（Mukhtar et al.，2022）。

（二）空穴效应

液体以较高的速度流经均质腔阀的缝隙时，会形成极大的压力降。当压力降低到液体的饱和蒸汽压时，液体开始沸腾并发生极速汽化，形成大量气泡。液体流出均质阀的瞬间，压力迅速增大，导致气泡突然破灭，瞬间形成大量的空穴。空穴将释放出大量的能量，形成高频率振动，使液滴发生破碎，从而使处理物料和微生物等分子结构发生较大的变化。

第三节　超高压微射流技术在食品领域的应用

UHPM 可被应用于生物、制药、食品、化工和许多其他行业，其用途主要包括细胞破碎，食品均质化，精细化学品、脂质体和纳米颗粒的制备（陈璐璐等，2021；黄丽萍等，2022；曹梦梦等，2022）。

果蔬汁等热敏性液体食品的加工对品质和风味的要求极高。高静压装备因其对产品包材的限制存在一定的局限性。超高压微射流技术在保证压力的条件下，可以使加压后的液态样品在金刚石交互容腔内部产生高速微射流，速度可达 500m/s。这使得液态果蔬汁在喷射口处受到极高频率的剪切作用力，并在流出的瞬间因压力作用而形成具极强撞击力的射流对撞在一起，实现物流的均质效果。并且，在此过程中，存在其中的微生物被多种作用协同杀灭，主要是机械损伤的作用。同时，样品对撞瞬间会有升温作用，但其作用远小于高频剪切、对射、压力降、空穴效应等高能物理作用的影响。目前，UHPM 装备的最高工作压强为 500MPa，在一定的温度条件下极难被杀灭的细菌休眠体芽孢可以被杀灭 4～5 个数量级。

案例 11-1

超高压微射流技术在苹果汁杀菌中的应用

传统高压均质技术的杀菌效果受到微生物种类、处理条件（压力、温度等）及液体性质的影响，且在绝大多数情况下的处理压强都在 200MPa 以下。UHPM 处理可以使工作压强提高到 400MPa，并实现对细菌营养体的全部灭活。如图 11-2 所示，UHPM 处理（400MPa 结合 50℃的出料温度）可以杀灭约 10^8CFU/mL 金黄色葡萄球菌。这主要是由于 UHPM 处理过程中所产生的强剪切力、空穴效应等剧烈物理效应能直接破坏细胞结构，增加细胞膜透性，造成内源性蛋白质的泄漏，进而引起菌体死亡。其也能显著降低金黄色葡萄球菌的生物膜形成能力，减弱其毒性作用。UHPM 处理能有效杀灭苹果汁中全部的金黄色葡萄球菌，同时保持其 pH 和色泽稳定。

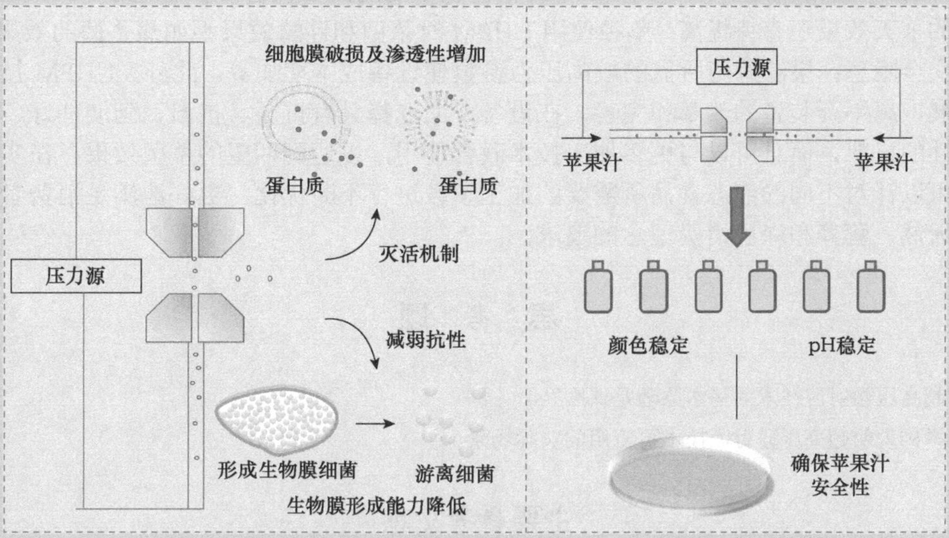

图 11-2　UHPM 处理金黄色葡萄球菌污染的苹果汁（引自 Zhang et al.，2023）

案例 11-2

超高压微射流技术在石榴汁加工中的应用

石榴富含花色苷、类黄酮、多酚和维生素 C 等有益成分，因此具有强抗氧化活性，有助于预防心血管疾病、糖尿病和癌症等疾病。目前，石榴多用于鲜食，也可以制成果汁、果酒等产品。但其仍采用巴氏杀菌的加工方法，采用该温度处理后，果汁的总花青素、维生素 C 含量和抗氧化能力显著降低，同时影响果汁的香气和风味。

使用 UHPM 和巴氏杀菌处理石榴汁，前者能全部杀灭石榴汁中的微生物，使其在 4℃条件下储藏 28 天。此外，UHPM 处理能显著降低石榴汁中颗粒的粒径大小，保持其稳定性，贮藏 28 天后未出现明显分层。与巴氏杀菌相比，UHPM 处理可以显著降低总酚的降解，有利于营养成分的保留；并通过更好地析出果肉细胞中的酯类化合物，增加石榴汁的香气风味。

第四节　未来趋势与展望

UHPM 技术的优势在于可以通过均质作用，一方面能更好地释放果蔬等食品原料中的活性成分，提升产品的营养功效；另一方面可以减小液态食品中的颗粒粒径，保持产品的稳定性。UHPM 技术作为一种非热加工技术，相比于热加工，还能更大程度地保存果蔬等热敏性食品原有的营养成分与口感，具有一定的杀菌效果，可以延长货架期。UHPM 技术还具有连续化生产的可操作性，也为食品杀菌提供了新思路。

但目前UHPM在食品加工中的应用仍存在较多的局限性。例如，其仅适合加工流态食品；对芽孢的杀灭效果还有待提高；单独使用UHPM时杀菌和钝酶效果不如热杀菌的效果好，从而引发安全隐患；果汁杀菌所需的较高压力参数使设备成本增加等。此外，UHPM技术的创新和发展，离不开装备的改革和完善，在设备方面选择具有抗压、抗温、延展性好、密封性好等特性的材料，而且可以与更多加工技术联合使用，以达到期望的杀菌效果，在实际生产过程中可以针对不同的液态食品所需要的加工参数进行不断优化，更好地满足消费者对于果蔬产品天然、营养和绿色消费理念的追求。

思　考　题

1. 超高压微射流技术的基本原理是什么？
2. 举例说明超高压微射流技术可应用的实际场景。

主要参考文献

曹梦梦，刘一鲲，陈兴，等．2022．动态高压微射流技术制备乳液运载体的研究进展．食品工业科技，43：474-482

陈璐璐，玄晨宇，代养勇，等．2021．高压微射流处理对马铃薯淀粉结构和糊特性的影响．食品研究与开发，42：17-23

黄丽萍，靳学远，谭演清，等．2022．超高压微射流处理对火龙果汁微生物指标及理化特性的影响．食品安全质量检测学报，13：6563-6568

Benjamin O, Gamrasni D. 2020. Microbial, nutritional, and organoleptic quality of pomegranate juice following high-pressure homogenization and low-temperature pasteurization. J Food Sci, 85(3): 592-599

Donsì F, Wang Y, Li J, et al. 2010. Preparation of curcumin sub-micrometer dispersions by high-pressure homogenization. J Agr Food Chem, 58: 2848

Marszałek K, Trych U, Bojarczuk A, et al. 2023. Application of high-pressure homogenization for apple juice: An assessment of quality attributes and polyphenol bioaccessibility. Antioxidants, 12: 451

Mouton T L, Tonkin J D, Stephenson F, et al. 2020. Increasing climate-driven taxonomic homogenization but functional differentiation among river macroinvertebrate assemblages. Global Change Biol, 26: 6904-6915

Mukhtar K, Nabi B G, Arshad R N, et al. 2022. Potential impact of ultrasound, pulsed electric field, high-pressure processing and microfluidization against thermal treatments preservation regarding sugarcane juice (*Saccharum officinarum*). Ultrason Sonochem, 90: 106194

Yu D Y, Xing K W, Wang N, et al. 2024. Effect of dynamic high-pressure microfluidization treatment on soybean protein isolate-rutin non-covalent complexes. Int J Biol Macromol, 259: 129217

Zhang Z Q, Cui T L, Tai L Y, et al. 2023. Effect of high-pressure micro-fluidization on the inactivation of *Staphylococcus aureus* in liquid food. Foods, 12: 4306

第十二章　磁 场 技 术

磁场技术是利用磁场对带电离子和极化分子产生洛仑兹力而改变其运动状态，从而对生物产生不同层次的效应。磁场技术在食品领域的应用主要是提高微生物发酵效率、改善食品品质、杀菌、抑菌保鲜等。本章论述磁场处理的效果与原理，并以磁场辅助发酵技术和磁场辅助冷藏、冷冻保鲜技术和磁场改善食品品质技术作为典型案例进行介绍。

本章思维导图

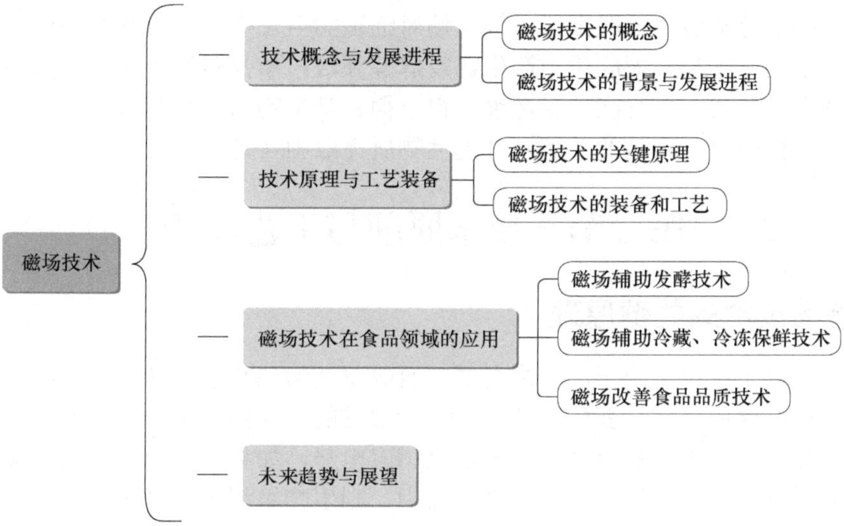

第一节　技术概念与发展进程

一、磁场技术的概念

磁场（magnetic field），物理概念是指传递实物间磁力作用的场。磁场是由运动着的微小粒子构成的，在现有条件下看不见、摸不着。磁场具有粒子的辐射特性。磁体周围存在磁场，磁体间的相互作用就是以磁场作为媒介的，所以两磁体不用在物理层面接触就能发生作用。

磁场技术中的磁场指的是强度远大于地磁的人工磁场，根据磁场强度与时间之间的变化规律，磁场类型可分为静磁场和动磁场。静磁场指的是在同一空间点的磁场强度和方向不随时间变化而变化；而动磁场指的是在同一空间点的磁场强度和方向随时间会发生周期性的变化。静磁场是永磁体或由携带直流电的线圈产生的。动磁场是由以可变速度移动的带电粒子或具有不同强度的电流以旋转、交变、脉冲和脉动形式产生的。动磁场依据频率可分为低频电磁场（<300Hz）、中频电磁场（300Hz～10MHz）和射频电磁场（10MHz～300GHz）。一

个随时间变化的电场允许激发磁场，反过来，不断变化的磁场会引发电场并向前移动，产生一个空间可传输的电磁场。许多研究已经将以这种形式产生的磁场描述为电磁场。为了描述不同的磁场生物效应，磁场分为弱（<1mT）、中等（1mT～1T）、强（1～5T）和超强（>5T）磁场（田小飞和张欣，2018）。中等和弱磁场适用于调节微生物行为及动物定位和归巢。强磁场和超强磁场对微生物和动物有害，可用来杀菌和对动物健康造成危害。高强和高频的磁场对生物体造成不可逆转的损害。一般静磁场仅仅产生非热生物效应，而动磁场则可同时产生非热及热效应，磁场频率越高，其所产生的生物热效应越强（汤龙升，2023）。

二、磁场技术的背景与发展进程

自 1962 年 Gerencser 在 *Nature* 上发文指出高强磁场具有一定抑制细胞活性的作用以来（黄松松等，2020），磁场技术应用于食品加工诸多领域的研究越来越多，如食品杀菌、保鲜、改性、发酵及提取等领域。一般来说，弱磁场对细胞的生长代谢具有积极的促进作用，在适宜的温度下可辅助其生长并被应用于微生物发酵等领域；中强磁场可用于果蔬和肉制品的辅助保藏，改善食品品质，同时在低温环境下也会抑制微生物的生长和繁殖；高强磁场会破坏细胞膜结构，可被应用于食品的杀菌及功能性物质提取中（姚黄兵等，2024）。

第二节　技术原理与工艺装备

一、磁场技术的关键原理

磁场对带电离子和极化分子产生洛仑兹力而改变其运动状态，从而对生物产生不同层次的效应。根据电磁感应原理，变化的磁场在它所通过的空间内产生感应电场，而与该空间的电导率无关，在该空间中任意闭合圆周上产生感应电势，如果圆周上有导电介质，便会产生感应电流，假设圆周上具有均匀导电的生物组织，则生物组织内会产生感应电流。磁场的生物效应是生物体在磁场的作用下产生的一系列生理甚至遗传方面的变化，是生物体内能量传递和物质交换的结果，这些效应与生物体内电荷有关。食品包括果蔬、禽肉、蛋乳等，内部含有抗磁性物质，如水、蛋白质、多糖、脂肪和核酸等生物大分子，以及顺磁性的 K^+、Na^+、Cl^-和自由基等具有相应的磁性特征及电学特性的物质（姚黄兵等，2024）。磁场技术在食品加工领域应用的原理有如下 4 类。但是，由于目前磁场引发的生物效应研究仍相对缺乏，其具体机制仍亟待探索。

（一）磁场辅助发酵的作用机制

磁场辅助发酵的作用机制目前主要有 3 类说法：①磁场影响微生物细胞内活性氧（reactive oxygen species，ROS）水平，清除自由基，调节发酵目标物合成基因和蛋白质的表达；②磁场诱导顺磁性金属离子振动，改变了菌体内相关酶的活性；③磁场提高了细胞膜的通透性和流动性，加快了底物吸收和代谢速率，实现提高发酵目标物产量的目的（吴平，2021）。

（二）磁场杀菌的作用机制

磁场杀菌的作用机制主要是将微生物的细胞膜作为磁场的作用靶点，目前主要有 3 种解释：①微生物细胞同时受到磁场频率和强度瞬时变化产生的振荡效应作用和磁场及感应电流作用，微生物细胞被瞬时产生的冲击能量破坏，造成 DNA 损伤，胞内物质溢出及异常的呼吸代谢；②强磁场加速带电粒子摩擦，导致分子分解和电解成为阴离子和阳离子，这些离子穿过细胞膜，作用于微生物细胞内物质以抑制细胞代谢；③微生物细胞内部自源性磁性物质或带电粒子与外界磁场响应，产生感应电位差或洛伦兹力效应，进而诱导细胞死亡（Guo et al.，2021）。

（三）磁场辅助冷藏、冷冻保鲜的作用机制

目前磁场辅助冷藏、冷冻保鲜的机制大多聚焦于对细胞膜功能和相关酶活性的影响。农产品原料/食品的磁导率极低，而顺磁性和铁磁性物质具有一定的磁导率，因此：①磁场改变含有金属离子辅基的酶的活性和结构功能；②磁场加快冷冻速度、缩短相变时间、抑制冷冻过程冰晶生长并提高结晶的均匀性，减少对保鲜物质细胞的机械损害（翁金通等，2023）。

（四）磁场改善食品品质的作用机制

①磁场加速酒的酯化反应，提高了酒中总酸总酯、己酸乙酯含量，为有害物质（氨基甲酸乙酯、尿素、甲醇和杂醇油等）的分解创造了有利的环境，破坏了原有的分子间缔合状态，形成新的水-醇-酯-酸低能缔合体系，加速了陈化过程（刘逸舟，2018）；②磁场降低了总脂含量（三酰基甘油和二酰基甘油），减少糖基化，提高了羊奶的品质和风味（Zhang et al.，2022）；③磁场强化面团面筋聚集行为，改善面团中水分的分布，改变面筋蛋白的分子结构，提高面团的发酵特性（张艳艳等，2024）；④磁场冷冻抑制蛋白质聚集、内部疏水基团的暴露和 α 螺旋的展开，减弱 α 螺旋向 β 折叠转变的能力，并维持良好的二、三级结构稳定性，对蛋白质的结构和功能有较好的保护和改善作用（逯晓燕等，2022）。

二、磁场技术的装备和工艺

目前还没有用于工业化生产的装备，依据工作原理，磁场处理设备包括磁场处理室、电路系统和温度控制系统三大组件（图 12-1）。通过电路系统调节电流类型，实现磁场处理室中的磁场类型。电流为直流电时，处理室中的磁场为静磁场，电流为交流电时，依据电流的特性，处理室中的磁场可为旋转、交变、脉冲和脉动等形式及低频、中频和高频可变的动磁场。通过调节电流可产生弱、中等、强和超强磁场。另外，磁场处理设备与食品加工系统结合可实现磁场辅助加工。例如，磁场处理设备与冷藏冷冻系统结合可实现冷藏冷冻保鲜（图 12-1）。

磁场技术因应用领域不同，工艺有所不同。对于固体食品，可将样品放到磁场处理室，也可以在磁场处理室设计输送带，采用输送带运送固体食品。对于液体食品，可采取在磁场处理室设计管道，通过管道输送样品。再依据加工目标，设置磁场和加工参数。如磁场保鲜，设置冷藏或者冷冻参数，以及磁场强度、处理时间等参数。如磁场辅助发酵，对于小容积间歇发酵，可以将发酵容器直接放置在磁场处理室；对于连续式发酵，可采取发酵罐，通过管道输送发酵液流经磁场处理室，设置发酵温度，流速、流量等泵的参数，磁场强度、处理时间及磁场介入时间等参数。

数字资源 12-1

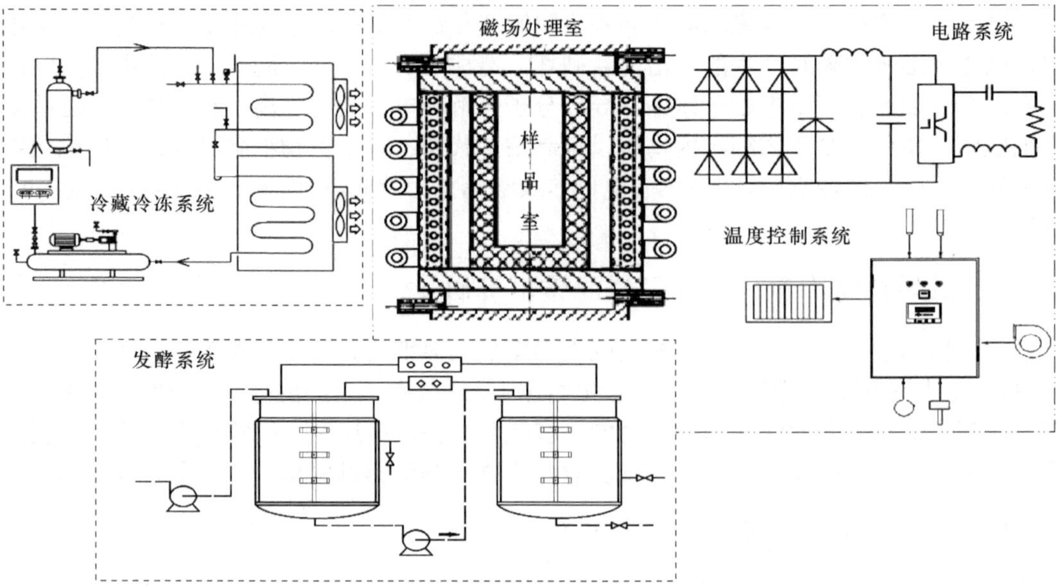

图 12-1　磁场技术装备示意图

第三节　磁场技术在食品领域的应用

一、磁场辅助发酵技术

案例 12-1

磁场提高黑曲霉生产柠檬酸的产量和纤维素酶的活性

黑曲霉是工业化生产柠檬酸和纤维素酶的典型菌种。提高柠檬酸产量和纤维素酶活性是工业化生产追求的目标。采用低频弱磁场辅助发酵提高黑曲霉生产柠檬酸产量和纤维素酶活性，其工艺过程如图 12-2 所示。

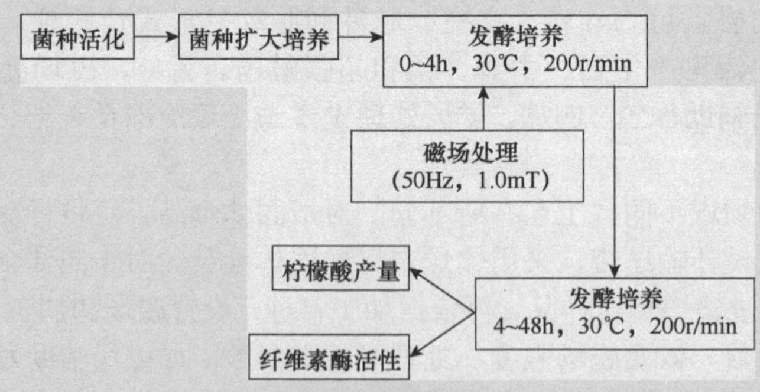

图 12-2　磁场辅助黑曲霉摇瓶发酵工艺

用 50Hz 的交变磁场处理摇瓶发酵黑曲霉 0～4h，黑曲霉继续发酵到 24h，纤维素酶活性增加最大。继续发酵到 52h，柠檬酸产量增加最大。另外，磁场处理开始到结束的时间，也就是介入时间也非常关键。在发酵的某个阶段处理比全周期处理的效果要更好。当然，磁场介入时间是由发酵菌种决定的（Gao et al.，2011）。

二、磁场辅助冷藏、冷冻保鲜技术

案例 12-2

磁场提高肉制品冷藏、冷冻保鲜效果

新鲜肉（牛肉、猪肉、鱼肉）是日常饮食中高蛋白、低脂肪的必备食品，含有多种矿物质元素和氨基酸。但在储存和配送过程中，生化反应和微生物生长使新鲜肉的质量恶化，给生产商带来了经济损失。市场上销售的肉制品主要有热鲜肉、冷鲜肉和冷冻肉。冷鲜肉在 0～5℃的低温条件下生产和销售。冷鲜肉中的微生物在低温下仍能缓慢生长，最终导致肉的腐败。采用低频弱磁场辅助肉制品冷藏、冷冻保鲜技术，其技术工艺设备和原理如图 12-3 所示。以细菌总数、滴水损失、腐胺含量、总挥发性盐基氮（total volatile basic nitrogen，TVBN）含量、游离氨基酸、肌纤维蛋白及肉品颜色等指标，优化磁场参数（强度、频率）和冷藏、冷冻温度及处理时间等，得出不同种类、大小和形状的肉制品处理工艺（翁金通等，2023）。

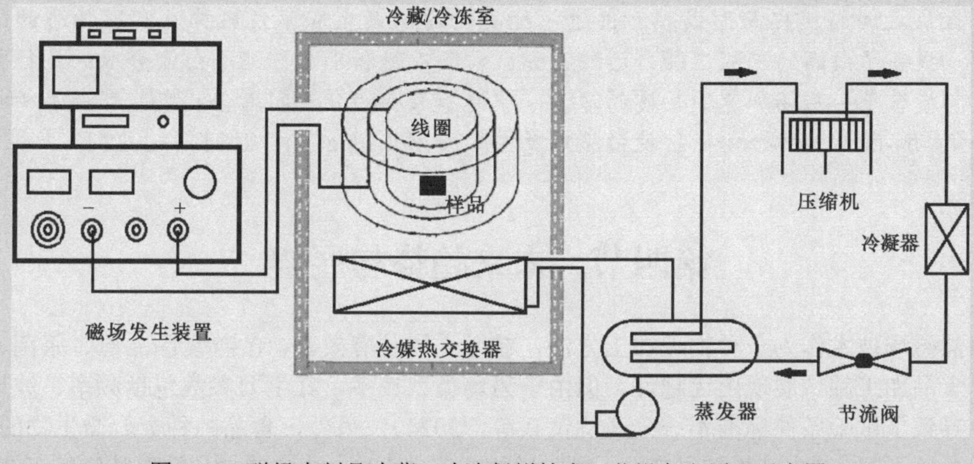

图 12-3 磁场肉制品冷藏、冷冻保鲜技术工艺设备和原理示意图

交变磁场可以抑制牛肉、猪肉、鱼肉样品上的微生物生长，降低 TVBN 含量、滴水损失和腐胺含量，延长保鲜期。磁场辅助冷藏保鲜技术可延缓肉制品中游离氨基酸向生物胺的转化，抑制了蛋白质氧化，并抑制苦味氨基酸的积累，降低牛肉肌原纤维蛋白的巯基含量，保持其营养特性（Zhang et al.，2022，2023）。

三、磁场改善食品品质技术

案例 12-3

磁场促进白酒陈化

陈化是白酒风味形成的一个关键过程，陈化过程是通过酯化、缩合、氧化还原反应等化学过程，增强白酒体系中分子之间的缔合与协同作用，使各种物质有效碰撞，成分之间的比例平衡。磁场加速白酒陈化技术可节省时间以改善白酒品质（刘逸舟，2018）。磁场加速白酒陈化技术工艺过程如图 12-4 所示。

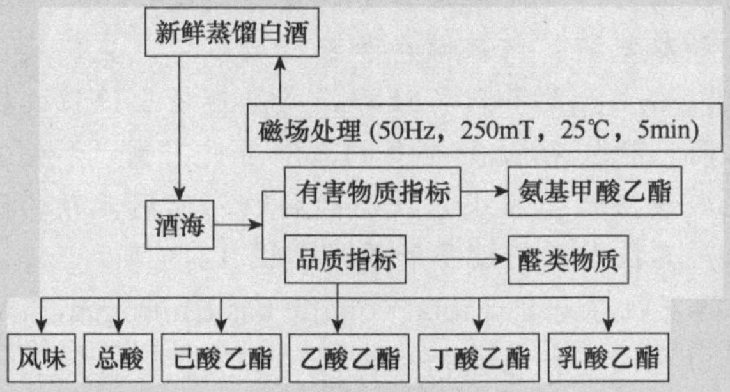

图 12-4　磁场加速白酒陈化技术工艺过程

鲜酿白酒由于醛类物质含量高，一般都有涩味，磁场处理极大地加速了醛和顺磁性氧之间的反应而形成酸，促进了酯类物质的产生和不良风味及有害物质的分解，提高了白酒的丁酸乙酯、己酸乙酯、乳酸乙酯和乙酸乙酯等白酒分级的特征香气物质含量。磁场加速了物质的缔合，破坏了原有的分子间缔合状态，形成了新的水-醇-酯-酸低能缔合体系，使白酒口感柔软和谐（Jia et al.，2021， 2022）。

第四节　未来趋势与展望

虽然磁场技术作为一种物理加工方法，在微生物发酵效率、改善食品品质、杀菌、抑菌保鲜等食品加工领域展现出优越性，但由于磁场类型较多，其主要参数包括频率、波形、强度等，导致了试验条件标准不统一（姚黄兵等，2024）。另外，食品的种类、微生物的种类、食品组分等不同，其电特性差异较大，对磁场的响应也不同。特定的食品需要特定的工艺参数，因此试验结论的可重现性和试验效果的普适性较差。所以，未来需要从以下 4 个方面探究。

（1）依据物理学、机械、电子等学科知识，解决现有磁场发生装置内部磁场的波动性和均匀性，开发普适性强、自动化程度高的工业端设备，推广磁场技术在食品加工领域的规模化应用。

（2）结合微生物学、细胞生物学、分子生物学等学科知识，解析磁场对微生物的作用机制，以及磁场对食品各组分单独及食品体系的作用机制。

（3）探究磁场处理食品的同时给食品带来的新功能。例如，磁场不仅加速白酒陈化，磁化白酒还有改善大鼠的抗动脉粥样硬化作用。

（4）拓展磁场技术与其他物理场技术的联合应用形式，如磁场与温度场、磁场与光场、磁场与电场、磁场与超声场等，以扩大应用范围。

思 考 题

1．简述磁场技术的可能机制有哪些。

2．磁场技术在食品加工的应用领域有哪些？

3．制约磁场技术推广应用的因素有哪些？

主要参考文献

刘逸舟．2018．高频交变电磁场酒水催陈的研究与设计实现．济南：山东大学硕士学位论文

逯晓燕，刘丽，黄文哲，等．2022．低磁场冷冻对鲢鱼肌原纤维蛋白的作用．肉类研究，36（6）：1-8

汤龙升．2023．不同参数稳态磁场对斑马鱼免疫功能的影响及机制研究．合肥：安徽农业大学博士学位论文

田小飞，张欣．2018．稳态强磁场的细胞生物学效应．物理学报，67（14）：19-29

翁金通，生庆海，刘敬科，等．2023．磁场辅助低温贮藏技术在食品中的应用及研究进展．食品科学，44（23）：372-382

吴平．2021．豆粕高温固态发酵及其低强度交变磁场强化研究．镇江：江苏大学博士学位论文

姚黄兵，金亚美，张令涛，等．2024．磁场技术在农产品加工中的应用及研究进展．食品科学，45（6）：306-316

张艳艳，张斯琦，孙萌辉，等．2024．磁场处理对面团发酵特性的影响及作用机制．食品科学，45（3）：110-116

Gao M, Zhang J, Feng H. 2011. Extremely low frequency magnetic field effects on metabolite of *Aspergillus niger*. Bioelectromagnetics, 32: 73-78

Guo L, Azam S M R, Guo Y, et al. 2021. Germicidal efficacy of the pulsed magnetic field against pathogens and spoilage microorganisms in food processing: An overview. Food Control, 136: 108496

Jia W, Fan Z, Du A, et al. 2021. Untargeted foodomics reveals molecular mechanism of magnetic field effect on Feng-flavor Baijiu ageing. Food Res Int, 149: 110681

Jia W, Fan Z, Du A, et al. 2022. Molecular mechanism of mare nectaris and magnetic field on the formation of ethyl carbamate during 19 years aging of Feng-flavor Baijiu. Food Chem, 382: 132357

Zhang R, Zhu Z, Jia W. 2022. Molecular mechanism associated with the use of magnetic fermentation in modulating the dietary lipid composition and nutritional quality of goat milk. Food Chem, 366: 130554

Zhang W, Wang Y, Zhu X, et al. 2023. Influence of alternating magnetic field on the quality of beef and its protein during cold storage. Int Food Sci Tech, 58: 1741-1753

第十三章　脉冲强光技术

脉冲强光（pulsed light，PL）是一种新型的非热杀菌技术，利用瞬间产生的高能脉冲强光达到杀菌效果，无化学物质残留且可较好地保留食品中的营养成分。本章概述脉冲强光技术的原理，以及常见食品微生物的杀菌效果与机制，并以粉末食品的脉冲强光加工作为典型案例进行介绍。

本章思维导图

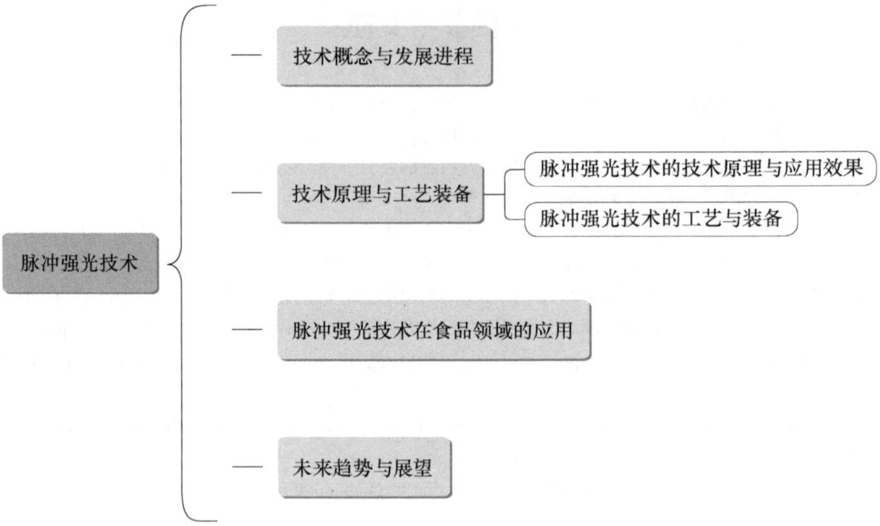

第一节　技术概念与发展进程

脉冲强光技术于 1996 年被美国食品药品监督管理局批准用于食品加工，是一种通过使用短时间（纳秒到微秒级）、强烈光脉冲（200～1100nm）去灭杀食品表面微生物的非热技术。该技术也有多种其他称呼，如脉冲白光、强脉冲强光等。最早使用充满惰性气体的闪光灯产生强烈而短暂的紫外线以灭活微生物的技术始于日本，而脉冲强光技术的概念首次出现在 20 世纪 80 年代，由美国 Pure Pulse 公司研发。这项技术最初主要用于医学领域，如眼科手术、皮肤病治疗等，研究表明 PL 可以有效控制微生物，包括细菌（营养细胞和芽孢）、真菌、病毒和原生动物。这些研究结果表明 PL 具有应用于食品工业的巨大潜力。

由于脉冲强光技术是在极短时间内产生高强度光脉冲，因此它能够在不显著升高食品温度的情况下达到灭菌效果，这对于保持食品的新鲜度和营养价值非常有利。一些发达国家已经将此技术应用于商业食品生产中，主要用于鲜果蔬、果汁、乳制品的表面处理。我国在这一技术的商业化应用尚处于发展阶段，在部分食品加工企业中已开展试点应用。

第二节 技术原理与工艺装备

一、脉冲强光技术的技术原理与应用效果

（一）脉冲强光技术的原理

脉冲强光技术的本质是产生短时高强度的宽谱脉冲强光，使电磁能量在几分之一秒内累积在电容器中，然后在纳秒至毫秒级短时间内以光的形式释放，造成功率的放大而额外能耗较小。PL 波长一般为 200～1100nm，包括紫外线（100～400nm）、可见光（400～700nm）和红外线（700～1100nm），光脉冲通常每秒发射 1～20 次闪光，产生能量密度为 0.01～50J/cm^2。传统紫外辐射虽然可以连续发射，但是穿透深度差、发射功率低，相比而言脉冲强光因为能量增加了数倍而具有更高的穿透深度和发射功率，对微生物失活更为有效和迅速。此外，由于脉冲持续时间短和脉冲间的冷却期，温度升高较少（John et al.，2018）。

（二）微生物灭活效果与机制

脉冲强光技术对不同食品表面或液体中的微生物都有一定的杀菌效果，部分研究结果列举在表 13-1 中。总体来看，脉冲强光杀菌效果受处理功率和时间的影响较大，其他参数和处理对象也均有影响。脉冲强光的杀菌机制被认为主要是基于紫外线部分的致死作用，氧化破坏微生物的核酸和蛋白质，达到杀死微生物的效果。研究表明，PL 可以通过断裂 RNA 单链、损伤病毒结构及引起蛋白质破裂等物理性状改变来灭活鼠诺如病毒。另有研究表明，PL 使李斯特菌和大肠杆菌失活主要是基于氧化应激导致的 DNA 损害，而不是直接破坏细胞膜或胞内酶，这一过程中也可能有光热等物理效应（Bharati & Chakraborty，2022）。比较不同微生物对脉冲强光的敏感性，可以发现大多数孢子和霉菌比营养细胞对脉冲强光的抵抗性更强。另外，果蔬表面的复杂结构可能形成一种屏障效应，阻止入射的脉冲强光抵达目标微生物，导致很多情况下食品表面的病原微生物灭活效果低于水溶液中。

表 13-1 脉冲强光在不同食品体系中的杀菌效果

食品	微生物种类	工艺参数	杀菌效果	参考文献
莓类	甲型肝炎病毒（hepatitis A virus）	546μs/脉冲，16 脉冲，0.72J/cm^2	约 2 个对数	Jubinville et al.，2022
苹果片	短乳杆菌（*Lactobacillus brevis*）	50μs/脉冲，3s，1.75J/cm^2	约 3 个对数	John et al.，2018
石榴汁	大肠杆菌（*Escherichia coli*）	300μs/脉冲，90s，761.4J/cm^2	5 个对数	Bharati & Chakraborty，2022
糯米	总菌数（total microbial count）	3ms/脉冲，120s，54.43J/cm^2	0.5～2.5 个对数	Hwang et al.，2018
煮鸡蛋	*Escherichia coli* K12	360μs/脉冲，0.35J/cm^2	3.5 个对数	John et al.，2018
奶粉	阪崎肠杆菌（*Cronobacter sakazakii*）	14.0Hz，60s，17.46J/cm^2	4.7 个对数	Chen et al.，2020
干腊肠	李斯特单增杆菌（*Listeria monocytogenes*）	250μs/脉冲，11.9J/cm^2	约 1.7 个对数	John et al.，2018

（三）对食品品质的影响

数字资源 13-1

大多数情况下，脉冲强光在杀菌的同时对食品品质的影响较小，但高强度的脉冲强光处理也可能导致硬度变化、脂质氧化等。例如，脉冲强光处理可延迟切达奶酪表面发霉的时间，没有引起颜色或脂质氧化的显著变化。部分研究也声称脉冲强光技术能延长果蔬保质期，在 7.8J/cm^2 的最优脉冲强光处理条件下将鲜切哈密瓜的冷藏保质期延长了近 8 天。2.4～47.8J/cm^2 的脉冲强光处理可以使草莓采后霉菌感染率减少 16%～42%，从而延长其保质期。脉冲强光照射分别提高了新鲜蓝莓的抗氧化能力（50%）和总酚含量（48%），并且显著增加了总花青素含量，这可能是脉冲强光诱导了植物应激机制，导致苯丙氨酸解氨酶（PAL）的上调。类似的脉冲强光产生的积极影响也在处理超氧化物歧化酶（SOD）、脂氧合酶（LOX）等过程中有所体现（John et al.，2018）。

二、脉冲强光技术的工艺与装备

脉冲强光技术的工艺优化主要侧重于脉冲强光强度、时间和频率等参数的调控。此外，研究人员也发现脉冲强光可以与其他抗菌处理技术相结合。例如，脉冲强光与苹果酸结合使用，在不同鲜切产品（牛油果、西瓜和蘑菇）表面达到＞5 个对数李斯特菌和大肠杆菌的灭活，优于单独使用脉冲强光；脉冲强光也可以与超声等其他非热技术结合来协同提升杀菌效果。

脉冲强光设备通常由一个或多个可调氙灯单元、电源单元、处理腔、高压连接及控制系统组成，实验室级别装置的简图如图 13-1 所示，随着电流通过可调氙灯单元的气室，会发出短暂而强烈的光脉冲。商业化级别 PL 设备已有若干国外公司研发生产，如德国的 SteriBeam、美国的 Xenon Corporation。这些设备可能产生兆瓦级的峰值功率，同时产生的热量非常少，在连续化加工杀菌中的应用潜力较大。

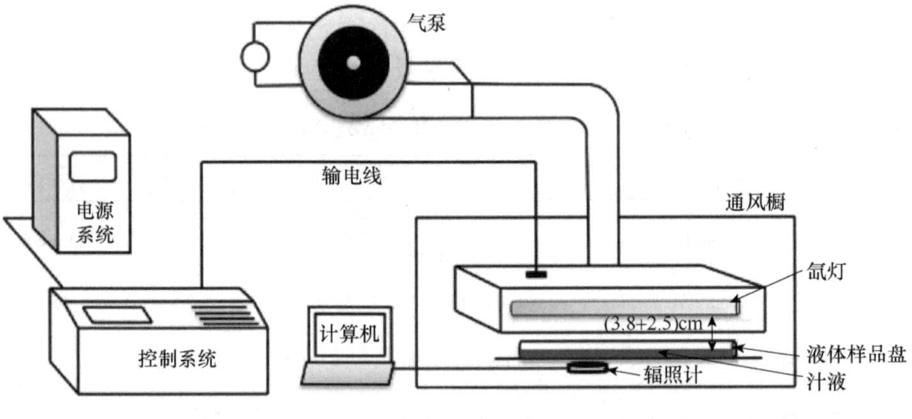

图 13-1　一种液体食品杀菌的 PL 设备简图（Bharati & Chakraborty，2022）

第三节　脉冲强光技术在食品领域的应用

粉体食品因其低水分活度，在之前被认为在微生物学上是安全的，但近年来它们被致命病原体污染的食品安全事件频出，目前缺乏有效的方法对粉末食品进行消毒。例如，阪崎肠杆菌（*Cronobacter sakazakii*）在婴儿配方奶粉中能够存活约 5%，这种病原体能在极低水分的食品或相对较高的温度下生存，可能会导致严重危及生命的新生儿脑膜炎（Chen et al.，2020）。

案例 13-1

催化脉冲强光技术杀灭粉体食品中的微生物

脉冲强光技术与二氧化钛（TiO_2）相结合是一种创新的粉末食品杀菌方法，通过触发光催化反应产生自由基，可以协同增效杀菌。在对脱脂奶粉和小麦粉两种粉末食品的消毒过程中，预先将接种了阪崎肠杆菌和粪肠球菌的脱脂奶粉与小麦粉分别装入容积式喂料机中，并通过振动喂料机在脉冲强光灯下进行输送。设置脉冲强光灯的高度为 8cm，以保证光照的有效强度和覆盖范围。如表 13-2 所示，在脱脂奶粉中，通过 TiO_2 光催化实现了额外的 1 个对数减少，总共达到了阪崎肠杆菌（4.71±0.07）log CFU/g、粪肠球菌（3.49±0.01）log CFU/g 和蜡样芽孢杆菌（2.52±0.10）log CFU/g 的减少。在小麦粉中，相应分别减少了（5.42±0.10）log CFU/g、（4.95±0.24）log CFU/g 和（2.80±0.23）log CFU/g。脉冲强光结合 TiO_2 光催化显示出在提高粉末食品安全性的同时降低能耗的潜力，同时脉冲强光处理对食品颜色和粉末粒径无明显影响。这些结果表明，脉冲强光技术能有效用于低水分活度食品的微生物控制，并且与无机光敏剂结合使用时，具有更强的增效灭菌能力，为该技术的进一步研究和商业应用提供了坚实的基础。

表 13-2　催化脉冲强光对粉体中不同微生物的杀菌效果（引自 Chen et al.，2020）

食品样品	微生物	微生物菌数减少/（log CFU/g）	
		PL 60s	PL+TiO_2 60s
脱脂奶粉	阪崎肠杆菌	3.97±0.08a	4.71±0.07b
	粪肠球菌	3.00±0.04a	3.49±0.01b
	蜡样芽孢杆菌	1.68±0.38a	2.52±0.10b
小麦粉	阪崎肠杆菌	4.15±0.07a	5.42±0.10b
	粪肠球菌	3.31±0.06a	4.95±0.24b
	蜡样芽孢杆菌	1.53±0.21a	2.80±0.23b

注：同一行数据的不同字母标注（a，b）表明两者具有显著性差异

第四节　未来趋势与展望

脉冲强光技术虽然已有不少商业化应用的尝试，但其技术理论、装备工艺标准化及安全性仍然需要进一步评估。目前已有研究表明脉冲强光在过敏物质和毒素降解或食品包装消毒方面的应用潜力，为实现更广泛的应用，其杀菌效果和适用范围需要进一步提高到与其他发展更成熟的杀菌新技术的同等水平。

思 考 题

1．脉冲强光技术的主要工艺参数有哪些？
2．脉冲强光技术杀菌的基本原理是什么？

主要参考文献

Bharati B, Chakraborty S. 2022. Potential of pulsed light treatment to pasteurize pomegranate juice: Microbial safety, enzyme inactivation, and phytochemical retention. LWT, 159(7): 113215

Chen D, Wiertzema J R, Peng P, et al. 2020. Catalytic intense pulse light inactivation of *Cronobacter sakazakii* and other pathogens in non-fat dry milk and wheat flour. Food Chem, 332(6): 127420

Hwang H J, Cheigh C I, Chung M S. 2018. Comparison of bactericidal effects of two types of pilot-scale intense-pulsed-light devices on cassia seeds and glutinous millet. Innov Food Sci Emerg, 49(8): 170-175

John D, Ramaswamy H S. 2018. Pulsed light technology to enhance food safety and quality: A mini-review. Curr Opin Food Sci, 23: 70-79

Jubinville E, Trudel-Ferland M, Amyot J, et al. 2022. Inactivation of hepatitis A virus and norovirus on berries by broad-spectrum pulsed light. Int J Food Microbiol, 364(1): 109529

第十四章　干 燥 技 术

用加热的方法使水分或其他溶剂汽化，并将产生的蒸汽排除，借此来除去食品物料中湿分的操作，称为食品的干燥。本章介绍干燥的含义及目的、分类、温湿度控制热风干燥技术和真空脉动干燥技术。

本章思维导图

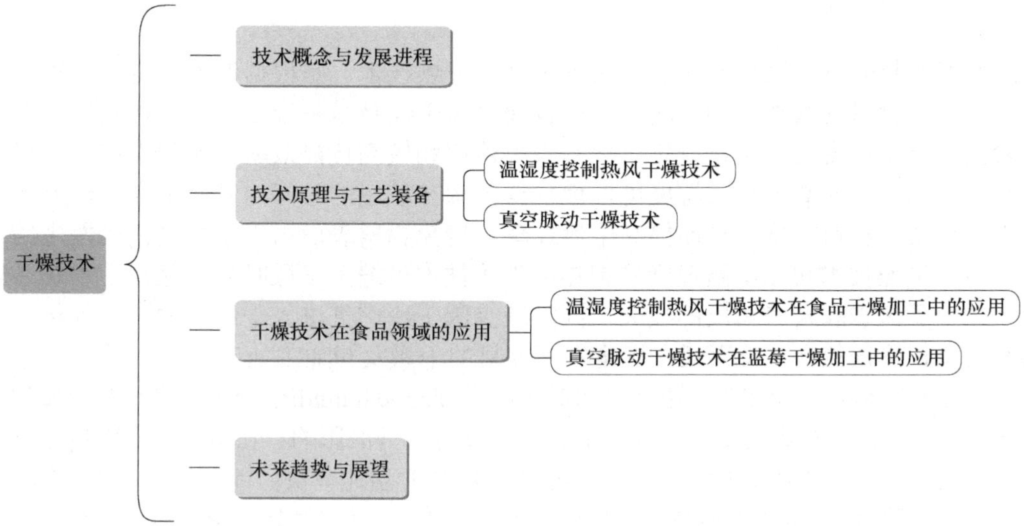

第一节　技术概念与发展进程

干燥技术于 19 世纪中叶问世，彼时工业革命释放了生产力，提高了生产效率，对干燥技术及干燥机的需求大增，于是干燥机开始批量生产，并作为一个独立的行业崭露头角。经过上百年的不断改进，干燥设备的产品结构逐渐完善，各种不同类型的干燥设备适应了不同行业的特殊干燥需求。我国干燥行业相较于发达国家起步较晚，然而，通过我国干燥行业的不断探索，在干燥机技术方面取得了可观的成绩。目前，我国干燥行业已形成相当大的产业规模，所生产的干燥设备完全能满足国内市场需求，结束了我国工业干燥依赖进口干燥机的历史。综合来看，我国干燥行业虽然起步晚，但已进入成熟的发展阶段，国产干燥设备在化工、医药、食品、纺织、造纸等各行各业发挥着重要作用。相信随着科技的不断发展，我国干燥技术将在未来的发展中取得更大的突破。

干燥的目的有：①使制品保留果蔬原有的营养成分、口感风味；②降低果蔬的水分、增加可溶性物质的浓度，不给微生物繁衍提供可乘之机，使产品不易腐烂；③抑制果蔬中所含酶的活性，使制品能够长期保存；④降低运输成本。通过食品干燥，可延长贮藏期，便于商品流通，调节果蔬生产淡旺季，同时作为救急救灾和战备用的重要物资。

按照传热方式，可将干燥分为传导干燥、对流干燥、辐射干燥和介电干燥等；按操作压强可分为常压干燥和真空干燥；按操作方式可分为连续式和间歇式干燥。其中对流干燥按照结构形式又可分为厢式、洞道式、流化床、喷动床、气流式、喷雾干燥等；按物流气流接触方式可分为并流、逆流、混流和横流式干燥等。本章选取对流干燥中的温湿度控制热风干燥技术、传导干燥中的真空脉动干燥技术作为代表，说明该干燥技术的原理及应用案例。

第二节 技术原理与工艺装备

一、温湿度控制热风干燥技术

（一）基本原理

温湿度控制热风干燥技术（或称为阶段降湿干燥技术）是根据温度一定时，干燥介质的焓值随着湿含量的增加而不断增加，在普通热风干燥技术基础上，通过控制干燥过程中不同阶段的介质温度及湿含量变化，保持较大焓值和较高传热效率以实现农产品物料的干燥。在干燥初期，较高的相对湿度可以使物料内部在较短的时间内升到很高的温度，而后降低干燥介质的相对湿度，从而提高干燥速率，避免物料表面由于干燥过快而发生结壳现象。与热风干燥技术相比，温湿度控制热风干燥技术可缩短干燥时间，避免了干制品表面硬化，减少了风味和营养物质的损失，同时减少因干冷空气进入干燥室的二次加热，提高了热利用率，降低能耗，特别适合批量农产物料的干燥及初加工处理。

当干燥温度和总压一定时，通常以相对湿度（relative humidity，RH）来反映介质湿度或湿含量的大小。RH 对热质传递过程及干燥品质具有显著的影响。在恒定干燥温度条件下，针对传热过程，升高 RH 有助于强化传热过程，物料升温速率快；针对传质过程，降低 RH 有助于强化传质过程；RH 对传热和传质的影响此消彼长，相互耦合。RH 对于干燥品质的影响主要体现在物料表面结壳和收缩方面。阶段降湿干燥方式能够缓解物料表面结壳，减小收缩率，提高干燥效率。

（二）干燥设备

温湿度控制热风干燥设备的总体结构如图 14-1 所示。该机主要由加热系统、干燥室、加湿装置、风道、内部送风风机、自动控制系统、称量模块、料架、机架等部分组成。

干燥室、进风道、回风道、干燥机箱体均使用 2mm 厚 304 不锈钢制作，采用保温层进行保温处理，并且回风管路与轴流风机进风口相连，实现了余热的回收利用，降低了能耗。内循环风扇使内部热风循环流动，增强了流场的均匀性，热风循环方向如图 14-1 中箭头所示。控制系统控制加热管，加湿电磁阀和排湿风机来对干燥室内的温度和相对湿度进行控制，可以实现多阶段变温变湿干燥工艺。温湿度控制热风干燥设备的主要技术参数如表 14-1 所示。

在加热管装配体中，从进风口进入的空气经过轴流风机加速后，被送至加热管表面，进行热量交换。气流经过风箱装配体流入干燥室中，对物料进行干燥。一部分气流经过回风管路流回加热管中的轴流风机的进风处，实现了余热的回收利用。

相对湿度设定为一个范围值。加湿水箱首先经过热水器加热到 40～60℃，当干燥室中的相对湿度值小于设定阈值时，加湿水箱的水经过软管流入风道中，形成湿帘，热空气将湿帘

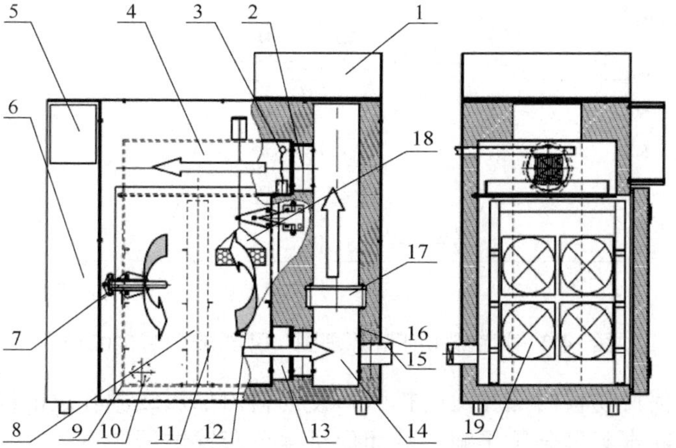

图 14-1 温湿度控制热风干燥设备示意图（引自巨浩羽等，2023）

1. 加湿水箱；2. 进风管道；3. 湿帘；4. 风道；5. 触摸屏；6. 配电箱；7. 门把手；8. 风机支架；9. 干燥室门；10. 排湿风机；11. 料篮支架；12. 门合页；13. 回风道；14. 加热管装配体；15. 进风口；16. 铁纱网；17. 轴流风机；18. 称量模块；19. 扰流风机

表 14-1 温湿度控制热风干燥设备的主要技术参数（引自巨浩羽，2016）

特征技术参数	数值	特征技术参数	数值
外形尺寸（长×宽×高）/mm	700×400×600	内部热风风速/（m/s）	3～4
温度控制范围及精度/℃	（30～80）±0.5	总功率/kW	1200
相对湿度控制范围及精度/%	（10～60）±3	干燥室容积/m^3	0.01
料盘尺寸/mm	120×170×50		

中的水分蒸发。水蒸气随着气流进入干燥室中，对干燥室加湿。当干燥室中的相对湿度大于设定相对湿度范围上限时，排湿风机开启，对干燥室排湿。

二、真空脉动干燥技术

（一）基本原理

真空脉动干燥（pulsed vacuum drying，PVD）技术是一种在干燥过程中周期性循环升压降压，直至达到物料目标含水率的技术。进行干燥操作时，将新鲜物料置于密闭的干燥室内，通过控制真空泵的开启与关闭来控制干燥室内的压力变化，使得物料处于真空与常压交替循环的干燥环境中，直到干燥结束。真空脉动干燥过程中一个压力循环周期包括①、②、③、④阶段（图 14-2），在物料置于干燥室后，常压状态下经过抽真空阶段①进入真空阶段②，过了一定的真空保持时间 t_v 后，再由破空阶段③进入常压保持阶段④，经过设定时间 t_a，再进入真空阶段②，如此往复循环，使鲜物料完成传热传质过程。其中常压阶段中干燥室压强与大气压一致，真空阶段的压强要求在绝对压强 5～10kPa 内，真空保持时间与常压保持时间之比为脉动比。比如，设定真空保持时间为 9min，常压保持时间为 2min，则脉动比为 9∶2。

水分的沸点随压力的降低而降低，在真空环境、相同传热条件下，物料内部的水分达到沸点所需的时间更短，可促进水分的汽化从而提高干燥效率；另外，物料在干燥过程中大部分时间处于真空环境中，可减少物料营养成分氧化褐变的发生；与恒真空干燥相比，真空与

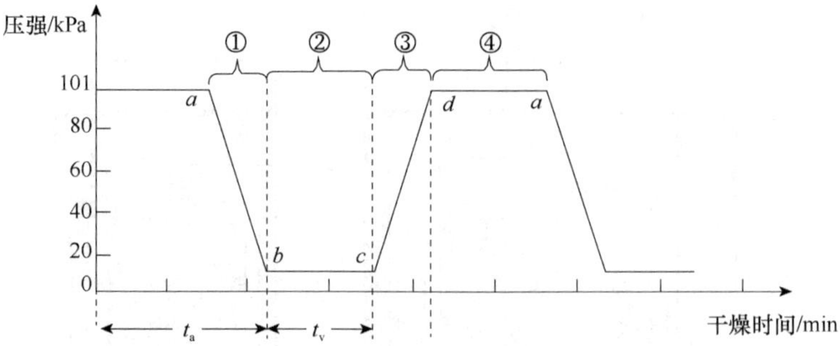

图 14-2 真空脉动干燥原理图（引自刘子良，2021）

常压的交替变化可促使物料内部孔道的扩张，使物料内部形成微孔道的同时，又可打破物料表面与干燥介质之间水蒸气分压平衡，从而促进水分蒸发过程的进行。对于不同的物料，真空和常压的保持时间对干燥特性的影响各不相同。在常压阶段，物料充分加热；在真空阶段，物料水分蒸发量增大，物料温度下降。真空脉动干燥技术的优势体现在：真空低氧的环境能够减少有效成分的降解，一般都用于热敏性蜡质层覆盖、易褐变、高糖分物料的干燥加工。

（二）干燥设备

该干燥设备主要由真空系统、加热系统、控制系统三部分组成，具体结构如图 14-3 所示。真空系统主要由真空干燥箱（1）、冷凝器机组（7）、真空泵（8）组成，冷凝器机组（7）的作用主要是为真空泵提供循环冷却水，维持真空泵的正常工作。在真空泵（8）与真空干燥箱（1）之间有单向阀（6），主要防止真空泵停止工作时，真空泵的冷凝水不会被倒吸入真空干燥箱。干燥箱安装有破空阀（9），由控制系统根据设定真空保持时间、常压保持时间直接控制破空阀（9）的开闭，产生脉动压力。排污阀（10）为手动球阀，方便污水排出。干燥室内的加热系统由 4 层料盘组成，可模拟实际干燥过程中料盘多层叠加的状况。有效干燥面积为

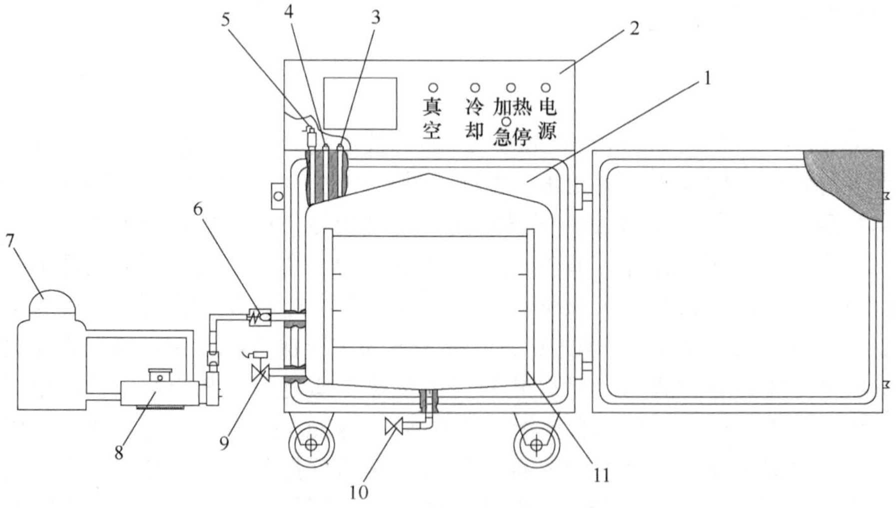

图 14-3 真空脉动干燥设备（引自巨浩羽等，2022）

1．真空干燥箱；2．控制箱；3．传感器接口；4．电源接口；5．压力传感器接口；6．单向阀；7．冷凝器机组；8．真空泵；9．破空阀；10．手动球阀；11．料盘

$1m^2$，这样方便样机放大时参数的核算。物料装载方式为静态薄层。其中，上下层之间的距离以方便装料为宜，并尽量缩小间距，提高物料装载率。采用规格为 50mm×50mm 碳纤维红外板作为加热元件。控制系统位于真空干燥箱（1）上方，便于人工操作。箱体顶部依次开有安装孔 3、4、5，方便与控制系统的电路连接。其中 3、4 安装有航空插头，3 孔主要连接温度传感器信号线，4 孔主要连接电源线，5 孔安装压力传感器。实时采集箱体内温度和压力信息。控制箱设有电源指示灯，显示电气元件运行状况；并设有紧急停止按钮，可避免意外情况发生。对应实物如图 14-3 所示，右侧为真空干燥箱，左侧为真空冷凝系统。

第三节 干燥技术在食品领域的应用

一、温湿度控制热风干燥技术在食品干燥加工中的应用

（一）阶段降湿在食品干燥加工中的应用

阶段降湿干燥方式是指热风干燥过程中，使用高 RH 维持一段时间，待物料升至较高温度后，降低 RH 至干燥结束。研究表明，相对于连续排湿干燥方式，阶段降湿干燥能够缓解物料表面的结壳，有助于形成和保持物料的水分迁移通路，从而能够提高干燥效率和品质。阶段降湿干燥方式现已成功应用于胡萝卜、香菇、山药片、圣女果、木瓜片等的干燥加工中。

案例 14-1

阶段降湿干燥的应用

阶段降湿中前期高 RH 使得物料迅速升温，较高的温度使得物料内部水分具有较高的扩散系数；RH 降低后，由于物料表面和干燥介质较大的水蒸气分压差，内部迁移至表面的水分迅速蒸发，故提高了干燥效率。例如，张卫鹏等经过研究发现，相对于恒定 RH 20%，干燥温度 60℃，12mm 的山药片保持 RH 50% 15min 而后降为 20%，干燥时间缩短了 14.3%。效碧亮等的研究表明，相对于恒定 RH 20%，干燥温度 60℃，RH 30%保持 30min 而后降为 20%，苹果片干燥时间缩短了 16.66%。

在干燥前期保持较高的 RH，令物料内部大量自由水迁移扩散至表面。内部水分迁移量迅速增大，表面会产生水分积累，物料表面保持湿润状态不会发生明显结壳现象。在干燥中期，物料脱除的为少部分自由水和大量物理-化学结合水，内部水分迁移量逐渐降低直至与表面水分蒸发量相等，此时可能为物料将要产生结壳的临界点。在此阶段逐渐降低 RH 使得内部水分迁移量逐渐减小，表面水分蒸发量缓慢增大，以延缓表面结壳的产生时机，使得脱除更多的水分。在干燥后期，物料脱除的为大量的物理-化学结合水，内部水分迁移量逐渐小于表面水分蒸发量，物料表面产生结壳现象，并逐渐增厚。结壳增厚以后进一步使得内部脱水通路发生堵塞，内部水分迁移速率变慢，若在此期间升高 RH，一方面抑制表面水分蒸发量，另一方面使得物料内部水分在梯度差的作用下进行热湿交换重新分布而趋于均匀，降低由于干燥过程中水分迁移所引起的内部应力冲击，故阶段降湿在干燥后期可能对脱水通路的演化具有显著影响，从而缓解物料表面结壳现象。例如，张卫鹏等经过研

究发现干燥温度60℃，12mm的山药片在RH 15%干燥时，表面水分蒸发过快而发生结壳硬化，而RH 45%保持25min后降为15%时，物料表面呈清晰的蜂窝状多孔结构，且提高了干燥效率。Dai等研究了杏子在干燥温度70℃，连续排湿（图14-4A）及阶段降湿（第1阶段41%，2.5h；第2阶段25%，3.5h；第3阶段7%，6.0h）（图14-4B）干燥后杏子表面的微观结构。结果表明，在连续排湿干燥条件下，表面微孔出现堵塞的现象；而阶段降湿干燥的样品，表面形成疏松多孔的微观结构。

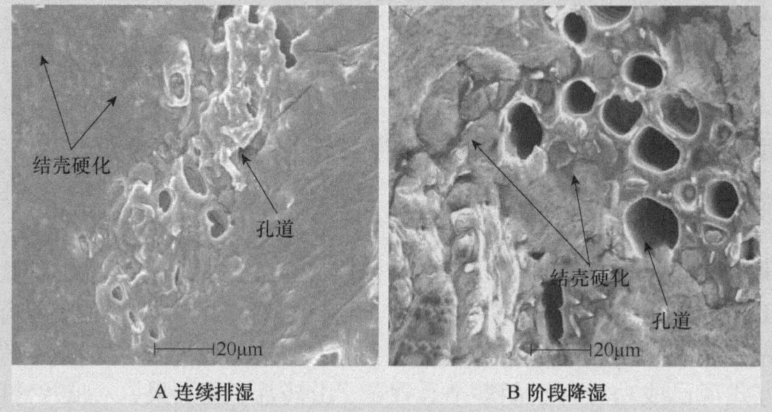

图14-4 不同相对湿度干燥条件下杏子表面微观结构（引自Dai et al.，2015）

（二）多阶段降湿在食品干燥加工中的应用

案例14-2

多阶段降湿干燥的应用

王庆惠等研究了干燥温度70℃，RH为70%、2h，50%、2h，30%、2h，10%直至干燥结束的条件下能够显著提高圣女果的热风干燥效率。巨浩羽等研究了干燥温度60℃、风速3.0m/s，切片厚度为4mm的山药片在RH50%、10min，40%、20min，30%、20min，20%、20min，10%至干燥结束条件下的干燥特性，结果表明多阶段降湿方式相对于RH50%、10min直接降为10%的双阶段干燥方式，干燥时间缩短了25%。

多阶段降湿干燥方式为前期保持高RH，待物料升至较高温度后，分3个或更多的阶段降低RH直至干燥结束。在两阶段降湿干燥过程中，高RH直接降为很低值后，由于表面水分大量蒸发，消耗了大部分热量，物料温度可能会降低，抑制了传热过程。物料温度降低后使得内部水分迁移作用减弱，故RH的降低幅度不宜过大，而应以不导致物料温度下降为基本约束条件，由此来逐步降低RH。因此由双阶段降湿干燥方式衍生出多阶段降湿干燥方式。

（三）基于物料温度监测的 RH 调控方式在食品干燥加工中的应用

基于物料温度监测的 RH 调控方式为，根据干燥过程中物料温度的变化规律来动态调控 RH，以同步强化传热传质过程。基于物料温度变化规律将干燥过程分为干燥前期、干燥中期和干燥后期 3 个阶段。在干燥前期物料温度迅速上升，干燥中期物料温度缓慢上升，在干燥后期物料温度上升逐步趋于干燥介质的温度。该相对湿度控制方式是基于湿度控制的箱式热风干燥设备实现的，实施的前提是要保证干燥室内温度、风速流场分布的均匀性。干燥过程中使用 Pt100 温度传感器（北京昆仑阳光工控科技有限公司，精度±0.2℃）采集 3 个位置的物料温度，对其求解平均值作为控制依据。

在干燥前期，利用 RH 有助于传热的影响，设定为很高的 RH，监测物料温度的变化率小于某一值后转为干燥中期。在干燥中期，开启排湿风机令 RH 降低。由于物料内部温度较高，大量水分迁移至表面并在表面蒸发。表面水分大量蒸发消耗热量，如果物料温度值有下降趋势时，则说明此时物料所吸收的热量有一部分开始用于加热物料，物料内部温度不足以使更多的水分迁移至表面，物料需要升温才能使得内部水分迁移至表面，故此时提示应当升高 RH 以升高物料温度。当物料温度升高 1～2℃后再次降低 RH，再进一步增大表面水分蒸发量。通过不断地升高和降低 RH，以同步强化传热传质过程。研究表明，对于特定的物料，在特定的干燥工艺和介质条件下，对应其干燥区段，均存在相应的干燥速率最大值，发生在物料内部水分均匀一致的情况下。在每个升高 RH 区段使得物料温度和水分分布趋于一致，再次降低 RH 后可能为当前区段物料能够获得的最大干燥速率。因此，在干燥中期调控 RH 使得物料在最大干燥速率进行干燥。

当物料温度上升至趋近于干燥介质温度或关闭排湿后干燥介质中的热量不足以使物料升温时，则说明干燥过渡为降速干燥阶段，物料已具备较高温度，此时开启排湿，使物料在高温低湿下干燥。干燥过程变为由内部结合水控制的降速干燥过程。监测一定时间间隔空气中的绝对湿度的差值，当差值小于一定范围时则认为干燥结束。此控制方式下相对湿度最大偏差为 1.0%，且相对于两阶段的降湿干燥方式，能够更进一步地提高干燥效率和品质。然而干燥室内不同位置物料的温度及脱水速率不可能完全一致，仅依靠 3 个位置的温度变化来调控相对湿度难免会造成干燥不均匀或者干燥终点判断不准确的现象。未来的研究可以通过增加物料温度采集位置数量或基于干燥室内相对湿度的变化规律来实时调控相对湿度，以达到干燥均匀且强化传热传质的目的。

数字资源 14-1

二、真空脉动干燥技术在蓝莓干燥加工中的应用

（一）干燥特性

在真空保持时间为 15min、常压保持时间为 4min 时，蓝莓真空脉动干燥时间随干燥温度的提高而减少；在相同干燥温度（65℃）下，蓝莓真空脉动干燥所需的时间比热风干燥缩短了 32.14%。

在干燥温度 65℃，常压保持时间为 4min，真空保持时间为 9min、12min、15min 和 18min 时，蓝莓真空脉动干燥达到安全含水率时所需的时间分别为 884min、832min、760min 和 968min。随着真空保持时间的增长，干燥时间呈现先减少后增加的趋势。在相同的常压保持

时间下，更长的真空保持时间会减少常压与真空交替变化的循环次数，而周期性变化的压力更有利于打破蓝莓表面水分蒸汽压的平衡。在较短的真空保持时间下，蓝莓内部温度下坠幅度较大，不利于水分的快速汽化；真空保持时间较长时，物料内部温度变化趋于稳定状态所需时间更短，然而无法使物料在真空阶段保持高速汽化过程，反而不利于物料内部水分的迁移，从而延长干燥时间。较长的真空保持时间可以提供更充足的挥发时间，有利于水分的蒸发。而较短的真空保持时间则可能导致水分没有充分挥发而残留在样品中。但真空保持时间过长会带来一些问题：首先，真空泵的运行会消耗较多的能量，从而增加能耗；其次，过长的保持时间会使物料过度干燥，失去原有的品质和营养价值。因此，合适的真空保持时间需要综合考虑物料的性质、干燥速率等因素来进行确定。

真空时间为 15min，常压保持时间为 2min、4min 和 6min 时，蓝莓真空脉动干燥至安全含水率分别需 850min、760min 和 1008min。在常压保持时间为 4min 时，蓝莓真空脉动干燥时间最短，相比于 2min 和 6min，其干燥时间分别缩短了 11.84%和 32.63%，常压保持时间对蓝莓真空脉动干燥时间有着显著的影响。结合物料温度在不同常压保持时间下的变化规律可知，常压保持时间较短时（2min），物料温度处于相对较低状态的时间更长，且干燥速率较大时会导致温度的下降，不利于水分的脱除；在常压保持阶段，水分汽化速率较慢，蓝莓从加热板上吸收的热量要远高于水分蒸发所吸收的热量，因此，在较长的常压保持时间下，温度的升高幅值更大。然而，蓝莓水分蒸发的主要阶段是真空阶段，过长的常压保持时间不利于水分的脱除，从而会延长干燥过程。

（二）干燥品质

蓝莓在干燥之后总酚、花青素含量均发生降解。蓝莓干的总酚、花青素含量随真空脉动干燥温度的升高及真空保持时间的延长均呈现先增大后减小的趋势，2min 和 4min 的常压保持时间对蓝莓干总酚、花青素含量没有显著影响，而当常压保持时间提高至 6min 时，总酚和花青素含量显著降低。

蓝莓干的硬度随真空脉动干燥温度的上升而增大，随真空保持时间及常压保持时间的延长均呈先减小后增大的趋势，而 2min 和 4min 的常压保持时间对蓝莓干的硬度没有显著性影响，蓝莓在热风干燥之后的硬度最大；真空脉动干燥条件对弹性和凝聚力没有显著影响，干制品的胶着性和咀嚼性均与硬度有着显著正相关关系。

干制品的复水比随着真空脉动干燥温度的升高而减小，相同干燥温度下，热风干燥的蓝莓复水比要比真空脉动干燥在真空保持时间 15min、常压保持时间 4min 的低 38.64%，且复水过程达到平衡状态的时间要比真空脉动干燥的更短；扫描电镜观察结果表明，热风干燥后的蓝莓表皮粗糙，横截面孔隙结构基本完全坍塌，而真空脉动干燥后的表皮出现微裂纹，且孔隙结构清晰可见。

数字资源 14-2

第四节 未来趋势与展望

干燥技术未来的发展趋势包括：①技术升级和自动化。干燥工业将越来越依赖于先进的技术和自动化系统。通过使用更高效、更精确的干燥设备和控制系统，可以提高干燥效率和产品质量，并减少能源消耗和生产成本。②绿色和可持续发展。随着全球环境保护意识的增强，人们对于生产过程中的环境污染和能源浪费的关注也越来越高。在干燥工业中，将出现更多采用可再生能源、减少废弃物排放和使用环保材料的技术与设备。③创新应用和多功能性。干燥工业将越来越注重产品的多功能性和应用的创新。例如，食品干燥领域将迎来更多种类的干燥设备，以满足不同食品的干燥需求，并开发出更多新颖的干燥产品。④自适应和智能化。未来的干燥设备将具备更高的智能化水平，能够自动感知和调整干燥过程中的温度、湿度和气流速度等参数。这将使干燥工业更加灵活和适应性强，能够更好地满足不同产品的干燥需求。⑤国际化和市场开拓。随着全球贸易的扩大和市场竞争的加剧，干燥工业企业将更加注重国际化经营和市场开拓。通过与国外企业的合作和合资，以及积极参与国际展会和拓展海外市场，干燥工业可以获得更多的机遇和发展空间。

总之，干燥工业的发展趋势是技术升级和自动化、绿色和可持续发展、创新应用和多功能性、自适应和智能化，以及国际化和市场开拓。随着科技的进步和全球经济的发展，干燥工业将继续保持良好的发展势头。

思 考 题

1．温湿度控制热风干燥技术的基本原理是什么？

2．真空脉动干燥技术对干燥品质有哪些影响？

主要参考文献

白竣文．2014．无核白葡萄干燥动力学及防褐变机理研究．北京：中国农业大学博士学位论文

白竣文，周存山，蔡健荣，等．2017．南瓜片真空脉动干燥特性及含水率预测．农业工程学报，33（17）：290-297

曹志向，高振江，林海．2009．滚筒式真空脉动压干燥胡萝卜丁试验研究．食品科技，34（3）：81-85

方小明，张晓琳，王军，等．2016．荷花粉真空脉动干燥特性和干燥品质．农业工程学报，32（10）：287-295

巨浩羽．2016．基于温湿度控制的热风干燥装置设计与试验．北京：中国农业大学博士学位论文

巨浩羽，赵士豪，赵海燕，等．2021．中草药干燥加工现状及发展趋势．南京中医药大学学报，37（5）：786-796

巨浩羽，赵士豪，赵海燕，等．2022．光皮木瓜真空脉动干燥特性及神经网络模型．食品与机械，38（3）：147-153

巨浩羽，邹燕子，肖红伟，等．2023．相对湿度对胡萝卜热风干燥过程中水分迁移和蒸发的影响．农业工程学报，39（1）：232-240

刘子良．2021．蓝莓真空脉动干燥促干机理与工艺研究．北京：中国农业大学博士学位论文

钱婧雅，张茜，王军，等．2016．三种干燥技术对红枣脆片干燥特性和品质的影响．农业工程学报，32（17）：259-265

王栋．2015．基于多参数监控的真空脉动干燥过程研究．北京：中国农业大学博士学位论文

谢龙．2017．枸杞真空脉动干燥特性及干燥品质的研究．北京：中国农业大学博士学位论文

邢娜，万金庆，厉建国，等．2019．不同干燥方法对苹果片品质及微观结构的影响．食品与发酵工业，45（16）：148-154

喻芬，万娜，李远辉，等．2021．中药材干燥过程中的理化性质变化规律与机制分析．中草药，52（7）：2144-2153

张卫鹏．2018．茯苓干燥技术适应性及真空脉动干燥特性研究．北京：中国农业大学博士学位论文

张卫鹏，高振江，肖红伟，等．2015．基于 Weibull 函数不同干燥方式下的茯苓干燥特性．农业工程学报，31（5）：317-324

Dai J W, Rao J Q, Wang D, et al. 2015. Process-based drying temperature and humidity integration control enhances drying kinetics of apricot halves. Drying Technology, 33(3): 365-376

Liu Z L, Xie L, Zielinska M, et al. 2022. Improvement of drying efficiency and quality attributes of blueberries using innovative far-infrared radiation heating assisted pulsed vacuum drying (FIR-PVD). Innovative Food Science & Emerging Technologies, 77: 102948

第十五章　冷冻浓缩技术

冷冻浓缩技术是利用水溶液与冰之间的固液相平衡原理，将溶液中的水分以结晶的固态形式除去的一种低温浓缩方法。本章概述冷冻浓缩技术的理论基础、冻结方式及工艺设备，并以冷冻浓缩技术在苹果汁加工中的应用作为典型案例进行介绍。

本章思维导图

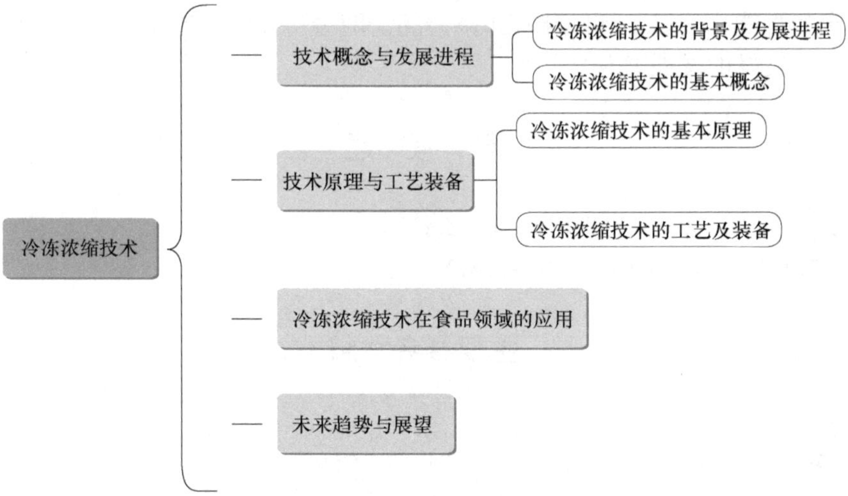

第一节　技术概念与发展进程

一、冷冻浓缩技术的背景及发展进程

自 20 世纪 50 年代末人类开始关注冷冻浓缩技术以来，众多学者针对冷冻浓缩工艺和设备开展了大量研究。1896 年，出生于拉脱维亚的德国籍物理化学家、诺贝尔化学奖获得者 Friedrich Wilhelm Ostwald 提出了奥斯特瓦尔德熟化效应（Ostwald ripening）。20 世纪 70 年代，荷兰科学家 Thijssen 等利用该效应成功地研发了 Grenco 冷冻浓缩设备，并将其广泛地应用于果汁、咖啡、葡萄酒等液态食品的浓缩中，生产出高品质的浓缩产品。20 世纪 90 年代初，德国的 GEA（Germany Engineering Alliance）集团并购了 Grenco，成立了 GEA 集团 Messo PT 公司，目前该公司已成为生产冷冻浓缩设备的领军企业，所生产的冷冻浓缩设备 IceCon®被广泛地应用于食品、生物医药等领域。

二、冷冻浓缩技术的基本概念

冷冻浓缩是利用水溶液和冰之间的固液平衡原理，将稀溶液中的溶剂水在冰点以下冻结形成冰晶体并分离，从而增加溶液浓度的一种方法。通常采用冷冻浓缩技术浓缩热敏性食品，这样可以保证食品中的热敏性物质如酶、色素等不被分解，同时降低食品中挥发性芳香物质的损失，从而最大程度保持食品原有的营养和风味。另外，整个冷冻浓缩过程均在低温下进行操作，能够有效地抑制微生物的增殖，降低微生物侵染对食品安全带来的风险。此外，相较于热力浓缩如蒸发浓缩，冷冻浓缩的能耗只有其1/6～1/3。

第二节　技术原理与工艺装备

一、冷冻浓缩技术的基本原理

冷冻浓缩操作是将稀溶液持续降温，直至水分逐渐被冻结成冰晶体，然后将冰晶分离去除，从而使溶液浓度增加的过程，一般用溶液中可溶性固形物的含量（°Bx）表示其浓缩程度。

如图15-1所示，在冷冻浓缩的相平衡图中，横坐标表示溶液的浓度（*X*，°Bx），纵坐标表示溶液的温度（*T*，℃）。*DABE* 是溶液的冰点曲线，其中，*D* 点表示纯水的冰点，*E* 点表示溶液的低共熔点。假设某一稀溶液的起始浓度为 X_1，温度为 A_1，对该溶液进行持续降温，当温度低于冰点曲线 *A* 时，在溶液中有“种冰”存在的条件下，溶液中的一部分水会冷却结晶并析出，从而使剩下溶液的浓度上升，此过程将沿着冰点曲线 *ABE* 进行，当到达 *E* 点时，溶液浓度达到其低共溶浓度（又称共晶浓度），当温度降低到低共溶浓度以下时，溶液才会被完全冻结。当溶液中没有“种冰”存在时，溶液不会结冰，其温度将会继续降低至 *C* 点，形成过冷液体。过冷液体的稳定性较差，当受到外界干扰如植入“种冰”、振动等，溶液中会形成大量的冰晶，并逐渐成长变大。如在此时把溶液中的冰晶粒进行过滤，即可形成浓缩液体。以上操作即冷冻浓缩过程（丁中祥，2020）。

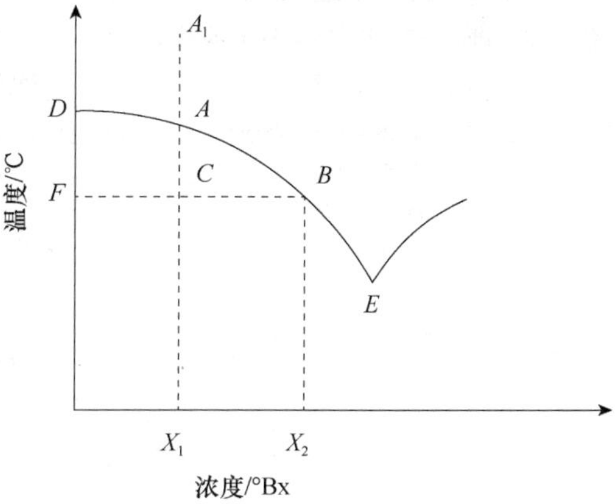

图15-1　冷冻浓缩相平衡图
（引自丁中祥，2020）

二、冷冻浓缩技术的工艺及装备

冷冻浓缩是利用水溶液与冰之间的固液相平衡原理，将稀溶液中的水以固态的形式从溶液中除去的一种在低温环境下实现的浓缩方法，其基本工艺流程如图15-2所示。

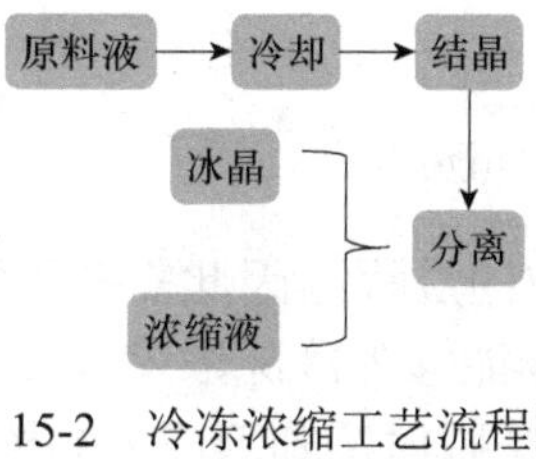

图15-2　冷冻浓缩工艺流程图

目前，冷冻浓缩运用在工业上的结晶方式主要有两种，分别是：①渐进式冷冻浓缩法，也称层状冷冻浓缩法，该方法主要在板式、带式、管式或转鼓式等设备中进行；②悬浮式冷冻浓缩法，该方法主要在伴有搅拌的悬浮式装置中进行。

（一）渐进式冷冻浓缩法

渐进式冷冻浓缩法（progressive freeze concentration）也可称作层状结晶冷冻浓缩法，是通过低温在冷却面形成一层整体冰晶并将其去除的方式实现浓缩的一种方法。随着冷却面温度的不断降低，冰层逐渐形成并成长，溶质不断地从固相层向液相层转移，从而形成浓缩液。该方法的最大特点是在冷冻浓缩结束时，固液相间会形成一层完整的冰晶体，从而易于对其进行分离。另外，冷冻浓缩的整个过程均在同一装置中进行，所以对设备制造的要求较低且易于控制反应条件。然而，在冷冻浓缩过程中，因冰的传热系数很小，固液界面所形成的厚厚的冰层会导致结冰速率迅速下降，从而限制了该技术在大规模工业化生产上的应用。渐进式冷冻浓缩系统如图 15-3 所示。

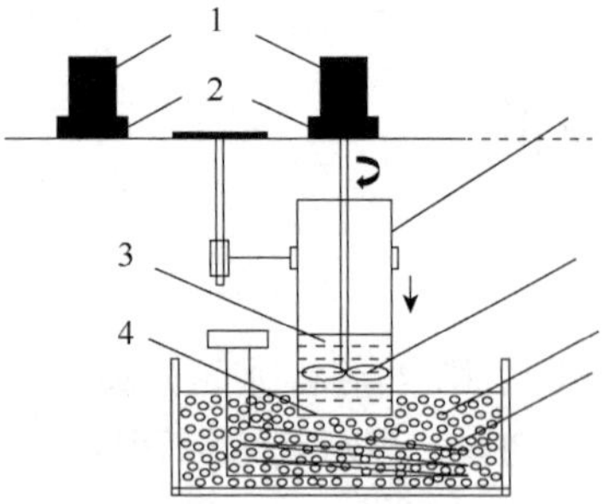

图 15-3　渐进式冷冻浓缩系统示意图
（引自廖振锴，2019）
1. 电机；2. 减速器；3. 溶液相；4. 冰相；5. 不锈钢试料筒；6. 搅拌桨；7. 冷媒；8. 冷却管

（二）悬浮式冷冻浓缩法

悬浮式冷冻浓缩法（suspension freeze concentration）又称作分散结晶浓缩法，该方法通过在低温罐中，将悬浮在溶液中不断成长的小冰晶体排除，从而实现对稀溶液的浓缩。如图 15-4 所示，悬浮式冷冻浓缩系统主要分为 3 个阶段：冰晶粒成核、冰晶粒成长和固液分离。

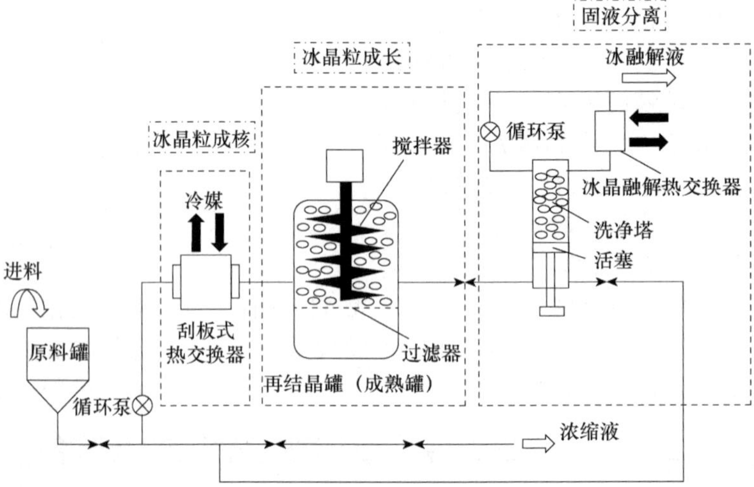

图 15-4　Grenco 悬浮式冷冻浓缩系统流程图（引自丁中祥，2020）

1．冰晶粒成核　冰晶粒的熟化是一个不断消耗小体积冰晶粒的过程，因此需要不断地向稀溶液中供应冰晶粒。由 GEA 集团公司设计的刮板式热交换器能够为冷冻浓缩液提供充足的悬浮分散冰晶粒。在制冷剂的作用下，溶液在热交换器内表面被瞬时冷却形成冰晶核，后被旋转的刮板刮下，连同溶液一起被输送到下一级装置再结晶罐（成熟罐）中。

2．冰晶粒成长　基于奥斯特瓦尔德熟化效应，进入再结晶罐（成熟罐）中的小体积冰晶粒会融化，而大体积冰晶粒会不断成长，在这个过程中，悬浮的冰晶粒表面会进行传热传质。伴随着冰晶粒的成长，浓缩液的浓度会不断地增加，浓缩液的温度却不断地降低，这将会导致浓缩液的黏度不断增大，进而影响冰晶粒的传热传质效率，促使冰晶粒间聚集并包裹更多的浓缩液，使后续的分离变得更加困难。在此过程中，传热受阻会导致浓缩效率下降，而传质受阻会导致冰晶粒夹杂更多的溶质，降低溶质的回收率。

3．固液分离　冰晶粒与浓缩液的分离是冷冻浓缩过程的难点，分离的效果对溶质的回收率和浓缩效果有着至关重要的影响。为了提高溶质的回收率，可以采用冲洗和柱洗两种方式。冲洗法是用冷水或上一级分离后获得的冰晶粒融化液将冰晶粒在分离器中进行冲洗，但此种方法很难均匀地冲洗不同位置的冰晶粒。而柱洗法能够较好地解决这一问题，该方法首先将上一级收集到的冰晶粒压成饼状，然后在一定压力下将冷水从上方充入冰饼，在这个过程中，冷水通过置换的方式将冰晶粒缝隙间的浓缩液冲出，实现冰晶粒与浓缩液间的分离。

第三节　冷冻浓缩技术在食品领域的应用

苹果汁是全球消费和生产量第二大的果汁。大量研究表明，苹果及其深加工产品具有抗衰老、抗癌、降低心脏病和糖尿病发病率等作用。苹果中的功能性成分主要是酚类化合物中的酚酸和黄酮，如绿原酸、对香豆酰奎宁酸、黄酮醇（槲皮素苷）和二氢查耳酮（根皮苷）等。果汁行业常采用浓缩的方式延长产品保质期，降低运输和储存成本，提升产品的营养价值。冷冻浓缩技术因其在加工过程中能降低对产品风味、色泽、生物活性的影响而被广泛地应用于果汁的加工中。

数字资源 15-1

案例 15-1

苹果汁的浓缩

冷冻浓缩对苹果汁中酚类化合物的影响如表 15-1 所示。由表 15-1 可知，冷冻浓缩可有效地提升苹果汁中总酚、总黄酮、黄烷醇类、黄酮醇类等酚类化合物的含量。

表 15-1　苹果原汁和不同冷冻浓缩阶段苹果浓缩汁中酚类化合物含量

（引自 Zielinski et al.，2019）

样本	总酚含量/（mg CAE/L）	总黄酮含量/（mg CTE/L）	黄烷醇类含量/（mg CTE/L）	黄酮醇类含量/（mg RE/L）
‘澳洲青苹果’原汁	837 ± 22^{f}	334 ± 1^{e}	405 ± 15^{ef}	73 ± 2^{d}
‘澳洲青苹果’冷冻浓缩汁（阶段Ⅰ）	1726 ± 37^{d}	526 ± 11^{d}	954 ± 5^{c}	106 ± 2^{c}
‘澳洲青苹果’冷冻浓缩汁（阶段Ⅱ）	2415 ± 70^{c}	1146 ± 48^{b}	1345 ± 24^{b}	192 ± 1^{b}
‘澳洲青苹果’冷冻浓缩汁（阶段Ⅲ）	3353 ± 54^{a}	1203 ± 32^{a}	1758 ± 67^{a}	273 ± 3^{a}
‘红元帅’苹果原汁	740 ± 86^{g}	317 ± 3^{e}	178 ± 3^{g}	17.8 ± 0.5^{h}
‘红元帅’苹果冷冻浓缩汁（阶段Ⅰ）	1466 ± 28^{e}	498 ± 2^{d}	364 ± 10^{f}	42 ± 1^{g}
‘红元帅’苹果冷冻浓缩汁（阶段Ⅱ）	1742 ± 47^{d}	977 ± 9^{c}	452 ± 8^{e}	53 ± 1^{f}
‘红元帅’苹果冷冻浓缩汁（阶段Ⅲ）	2647 ± 35^{b}	1142 ± 36^{b}	707 ± 41^{d}	66 ± 1^{e}

注：结果以平均值±标准误差表示（$n=3$），同一列中不同上角标表示统计学上的显著性差异（$P<0.01$）。CAE．绿原酸当量；CTE．儿茶素当量；RE．芦丁当量

冷冻浓缩对苹果汁抗氧化活性的影响如表 15-2 所示。由表 15-2 可知，冷冻浓缩可有效地提升苹果汁的自由基清除活性和还原能力。

表 15-2　苹果原汁和不同冷冻浓缩阶段苹果浓缩汁的抗氧化活性
（引自 Zielinski et al.，2019）

样本	自由基清除活性		还原能力	
	DPPH/（μmol TE/L）	ABTS/（μmol TE/L）	FRAP/（μmol TE/L）	CUPRAC/（μmol TE/L）
‘澳洲青苹果’原汁	1025 ± 41^{g}	1468 ± 38^{g}	861 ± 48^{f}	9280 ± 501^{e}
‘澳洲青苹果’冷冻浓缩汁（阶段Ⅰ）	2361 ± 52^{e}	4632 ± 131^{e}	4176 ± 76^{d}	$20\,853\pm920^{c}$
‘澳洲青苹果’冷冻浓缩汁（阶段Ⅱ）	4085 ± 55^{c}	6271 ± 34^{c}	5676 ± 95^{c}	$21\,750\pm652^{c}$
‘澳洲青苹果’冷冻浓缩汁（阶段Ⅲ）	5464 ± 168^{a}	$10\,624\pm174^{a}$	8708 ± 85^{a}	$46\,600\pm721^{a}$
‘红元帅’苹果原汁	832 ± 14^{h}	1255 ± 22^{h}	718 ± 26^{g}	7467 ± 244^{f}
‘红元帅’苹果冷冻浓缩汁（阶段Ⅰ）	2072 ± 17^{f}	3817 ± 165^{f}	3332 ± 35^{e}	$16\,587\pm378^{d}$
‘红元帅’苹果冷冻浓缩汁（阶段Ⅱ）	3038 ± 66^{d}	5312 ± 87^{d}	3826 ± 126^{d}	$17\,488\pm386^{d}$
‘红元帅’苹果冷冻浓缩汁（阶段Ⅲ）	4314 ± 66^{b}	8254 ± 168^{b}	6586 ± 91^{b}	$33\,533\pm1074^{b}$

数字资源 15-2

注：结果以平均值±标准误差表示（$n=3$），同一列中不同上角标表示统计学上的显著性差异（$P<0.01$）。DPPH. 2,2-联苯基-1-苦基肼基；ABTS. 2,2′-联氮-双-3-乙基苯并噻唑啉-6-磺酸；FRAP. 铁还原抗氧化能力；CUPRAC. 铜还原抗氧化能力；TE. Trolox 当量

第四节　未来趋势与展望

随着社会的进步、经济的高速发展，消费者对食品质量的要求不断提升。冷冻浓缩技术作为一种可用于生产高品质产品的技术，必将受到广泛应用。冷冻浓缩技术除了可应用于食品领域，还可考虑将其应用于生物医药、废水处理、生物活性物质回收等领域。目前，针对冷冻浓缩技术的研究主要集中于如何有效地提高冰晶体纯度和固液分离率，如何降低浓缩液中可溶性固形物的损失及设备生产成本等方面。

思　考　题

1．简述冷冻浓缩技术的基本原理。
2．冷冻浓缩技术的优势有哪些？
3．冷冻浓缩技术的方法主要有哪几种？

主要参考文献

丁中祥．2020．悬浮结晶冷冻浓缩苹果汁的应用基础研究．广州：广东工业大学硕士学位论文
廖振锴．2019．一体化悬浮式冷冻浓缩设备的研发和性能评价．厦门：厦门大学硕士学位论文
Qin F G F, Ding Z, Yuan J, et al. 2019. Visualization data on concentrating apple juice with a trinitarian crystallization suspension freeze concentrator. Data Brief, 25: 104155
Zielinski A A F, Zardo D M, Alberti A, et al. 2019. Effect of cryoconcentration process on phenolic compounds and antioxidant activity in apple juice. J Sci Food Agr, 99(6): 2786-2792

第十六章　急 冻 技 术

急冻技术又名速冻技术。速冻一般是指运用现代冻结技术在尽可能短的时间内，将食品温度降低到其冻结点以下的某一温度，使其所含的全部或大部分水分形成微小冰晶，实现最大限度地保留食品原有品质的一种方法。本章概述急冻技术的原理、方法及常见装备，并以冷冻大黄鱼的冻结方式的比较、超声波辅助冻结为典型案例进行介绍。

本章思维导图

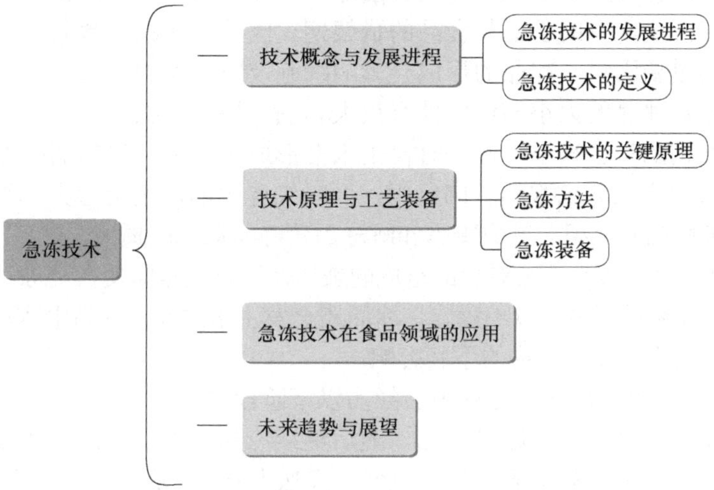

第一节　技术概念与发展进程

一、急冻技术的发展进程

冻结是将水产品温度降低至－18℃温度以下，以降低酶和微生物的活性，从而提高水产品冻藏时间的保鲜手段。它是随着 20 世纪 30 年代制冷技术的发展而发展起来的。食品的 TTT（time-temperature tolerance）理论是美国 Arsdel 等于 1948～1958 年在所做大量实验的基础上，总结出的为保持冷冻食品的优良品质所容许的贮藏时间和温度之间存在的关系，该理论有效地支撑了食品冷冻技术的发展和广泛应用。

二、急冻技术的定义

急冻技术又名快速冻结，即速冻技术。国际制冷学会（International Institute of Refrigeration，IIR）对食品冻结速率的定义做了如下规定：食品表面至热中心点的最短距离，与食品表面温度达到 0℃后食品热中心点的温度降至比冻结点低 10℃所需时间之比，称为该食品的冻结速率 v（cm/h）。快速冻结 v 为 5～20cm/h；中速冻结 v 为 1～5cm/h；慢速冻结 v 为 0.1～

1cm/h。

目前国内使用的各种冻结装置，由于性能不同，冻结速率差别很大。一般鼓风式冻结装置的冻结速率为 0.5～3cm/h，属中速冻结；流态化冻结装置的冻结速率为 5～10cm/h，液氮冻结装置的冻结速率为 10～100cm/h，均属快速冻结装置。

第二节 技术原理与工艺装备

一、急冻技术的关键原理

（一）食品的冻结过程

冻结技术是食品保藏中最常用的保藏方法之一。在冷冻过程中，食品中的水会转化为冰晶，从而降低水分活度，有助于延长食品的货架期。因此，冰晶在食品中的分布和大小是影响冷冻食品品质的重要因素，冰晶的形成会影响细胞及肌纤维的完整性，从而导致食品品质的下降。冻结速率对冰晶的大小和均匀性有很大影响，快速冷冻能产生均匀的冰晶分布在细胞内外，对食物结构的损害较小。慢冻时自由水会形成大且不均匀的细胞外冰晶和小的细胞内冰晶，冰晶的长大会破坏细胞和肌肉组织，同时细胞内的浓度会远大于细胞外的浓度，造成浓度差，从而破坏细胞组织，造成冷冻和解冻后营养与风味的损失。提高冻结速率可以有效地减小冰晶的尺寸，从而减少冰晶对食品造成的破坏作用。但是即使在高冻结速率下形成了小冰晶，若在随后的冻藏过程中温度不稳定，冰晶还会发生重结晶，食品中冰晶体的大小和分布会重新调整。这会加剧冷冻对食物的不利影响。

1．结晶原理 食品在冻结过程中会经历以下阶段（图 16-1A）：首先通过快速预冷除去样品显热，直至温度达到初始冰晶冰点。随后继续冷却，当温度低于样品的相变温度时冰核开始生成。由于释放出样品中的潜热，温度会突然上升至冰晶冰点，该阶段是晶核的形成和生长阶段。在冷冻过程中，食品在通过最大冰晶形成区域（－5～－1℃）时的速度最慢（图 16-1B）。在冻结后期和随后的贮藏阶段，冰晶会发生重结晶。

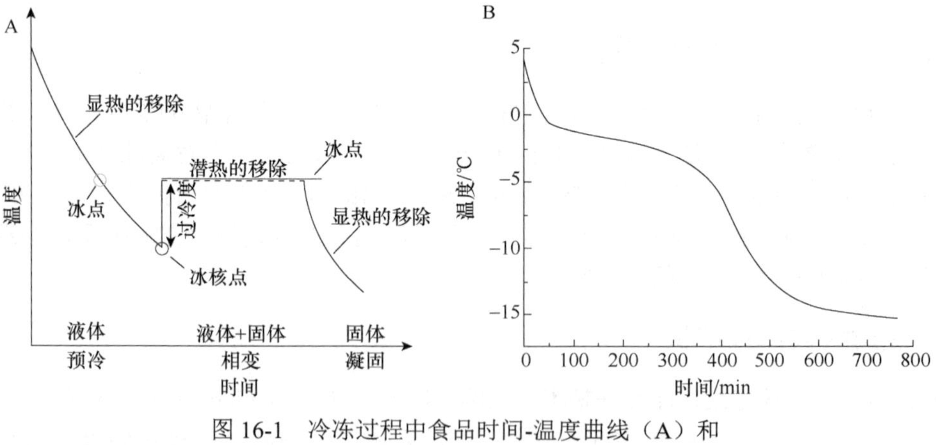

图 16-1 冷冻过程中食品时间-温度曲线（A）和
大黄鱼中心的冷冻曲线（作者根据实验数据绘制）（B）

2．冰晶的成核和生长 成核的实质是液相中分子的相互碰撞并聚集形成非晶簇，随着非晶簇进一步的碰撞和聚集，达到临界体积后，非晶簇中的分子转化为晶格并且形成稳定的核。成核由初次成核和二次成核两个不同的过程组成。初次成核是在没有现有晶体的溶液中生成晶体，而二次成核是在已有晶体存在的溶液中形成晶体。初次成核时可以是均相成核（不含固体杂质和晶体）或异相成核（含有固体杂质）。因此对于初次成核，特别是均相成核，需要较大的过冷驱动力。另外，二次成核可以是通过母冰晶的碰撞和破坏来形成更多的成核位点，也可以母冰晶为模板来实现。在食品中初次成核主要靠异相成核（含有固体杂质）。冰核的形成具有非常大的随机性，受多种因素的影响，如杂质、样品体积、表面积和粗糙度等，因此控制冰核的形成相当困难。

晶核形成之后，在过冷驱动力的驱动下，冰晶开始快速生长。晶体生长速率是成核后半径的增长速率。众所周知，一般情况下过冷度越小，成核率越低。也就是说过冷度越小，晶体生长在接近冰点的温度下越容易发生，这会使得少数晶核生长，并形成少量的大冰晶。晶体生长的本质是质点不断在晶核上堆积，其影响因素有两个：传热和传质。冰成核之后，在过冷度的驱动下晶体的潜热会持续释放出来，导致冰水界面的自由能下降，直至形成稳定的晶核。之后大于临界大小的分子都会聚集在一起，变成可视化大小的晶体。

3. 冰晶重结晶 晶体形成之后，晶体的形状、大小、数量或者其他变化过程均可称为重结晶。水产品中冰的重结晶表现为：冰晶的平均尺寸增加，晶核数减少，晶相的表面自由能下降。驱动水产品中冰晶重结晶主要有 3 种机制：积聚、迁移和表面等渗，见图 16-2。积聚主要发生在重结晶的早期阶段，相邻区域的晶体容易融合形成较大的晶体（Zhu et al.，2019）。在等渗重结晶过程中，晶体系统趋向于热力学稳定状态，粗糙表面的晶体在变得光滑后又会趋向于锐利形态。

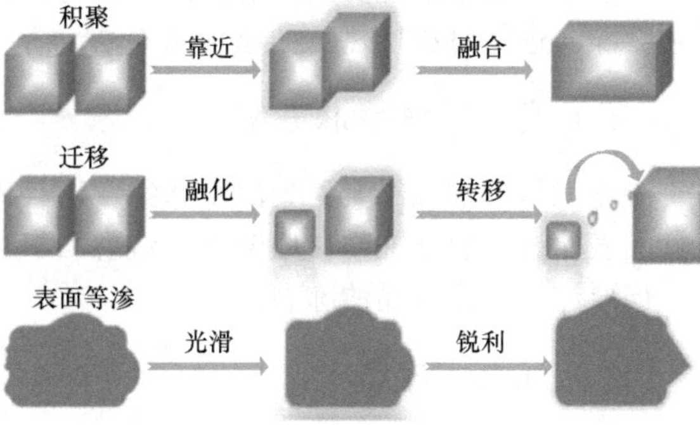

图 16-2 重结晶的 3 种机制（引自 Zhu et al.，2019）

（二）冰晶的影响因素及其控制技术

影响成核作用的重要因素是过冷度和冻结速率。与过冷度密切相关的成核温度和冰点是控制冰晶形成的重要因素。另外，成核后冰晶的重结晶会改变冰晶的形态特征，并且温度波动会加剧冰晶的重结晶。影响冰晶形态特征的 4 种因素和控制冰晶生长的方法如表 16-1 所示。

表 16-1 冰晶的影响因素及其控制技术

影响因素	原理	方法
成核温度	改变过冷度和成核过程	电场和电磁波
冰点	降低冰点，促进成核	抗冻蛋白、天然深共熔溶剂和高压转变冷冻
冻结速率	增强传热传质	普通空气冷冻、浸没冷冻、液氮冷冻和超声波辅助冷冻
温度波动	大冰晶的生长和小冰晶的消失	碳水化合物、抗冻蛋白、聚乙烯醇和纤维素纳米纤维等

二、急冻方法

按食品在冷却、冻结过程中放出的热量被冷却介质（气体、液体或固体）带走的方式进行分类。

（一）鼓风式冻结

这种冻结方法是用空气作冷却介质强制循环对食品进行冻结，是目前应用最广泛的一种冻结方法。由于空气的表面传热系数较小，在空气自然循环中的冻结速率很慢，故工业生产中已不大采用。增大风速能增大冻品表面传热系数，加快冻结速率。

（二）接触式冻结

这种冻结方法的特点是将食品放置在两块金属平板之间，依靠导热来传递热量。由于金属的热导率比空气的表面传热系数大数十倍，故接触式冻结法的冻结速率更快。它主要适用于冻结块状或规则形状的食品。

半接触式冻结法主要是指食品的下部与金属板直接接触，靠导热传递热量。上部由空气强制循环，进行对流换热，加速食品冻结。

（三）液化气体喷淋冻结

液化气体喷淋冻结又称为深冷冻结。这种冻结方法是将液态氮或液态二氧化碳直接喷淋在食品表面进行急速冻结。用液氮或液态二氧化碳冻结食品时，冻结速率很快并且冻品质量高，但要注意防止食品的冻裂。

（四）沉浸式冻结

沉浸式冻结的主要特点是将食品直接沉浸在不冻液（盐水、乙二醇、丙二醇、乙醇溶液或糖溶液）中进行冻结。由于液体的表面传热系数比空气大好几十倍，沉浸式冻结法的冻结速率快，但需要确保不冻液能够满足食品卫生要求。

三、急冻装备

（一）鼓风式冻结装置

鼓风式冻结装置发展很快、应用很广，有间歇式、半连续式、连续式 3 种基本型式。在气流组织、冻品的输送传递方式上，均有不同的特点与要求，因此就有不同型式的冻结装置。下面介绍 4 种连续式鼓风冻结装置。

1．钢带连续式冻结装置 由不锈钢薄钢传送带、空气冷却器（蒸发器）、传动轮（主动轮和从动轮）、调速装置、隔热外壳等部件组成。钢带连续式冻结装置的换热效果好。被冻食品的下部与钢带直接接触，进行导热换热，上部为强制空气对流换热，冻结速率快。在空气温度为－35～－30℃时，冻结时间随冻品的种类、厚度不同而异，一般为 8～40min。

2．螺旋式冻结装置 由于网带或钢带传动的连续冻结装置占地面积大，进一步研究开发出多层传送带的螺旋式冻结装置。这种传送带的运动方向不是水平的，而是沿圆周方向做螺旋式旋转运动，这就避免了水平方向传动长度太长而造成占地面积大的缺点。其由转筒、不锈钢网带（传送带）、空气冷却器（蒸发器）、网带清洗器、变频调速装置、隔热外壳等部件组成。冻结时间可在 20min～2.5h 变化，故可适应多种冻品的要求，从食品原料到各种调理食品，都可在螺旋式冻结装置中进行冻结。若不锈钢网带（传送带）很长，冻结装置将很高、操作不方便，并且冻品出冻时，容易造成机械损伤。因而开发出了双螺旋式结构，使冻品进、出时，均处于相同水平位置，避免了上述缺点。

3．气流上下冲击式冻结装置 其为连续式隧道冻结装置的一种最新型式，因其在气流组织上的特点而得名。在这种冻结装置中，由空气冷却器吹出的高速冷空气，分别进入上、下两个静压箱。在静压箱内，气流速度降低，由动压转变为静压，并在出口处装有许多喷嘴，气流经喷嘴后，又产生高速气流（流速为 20～30m/s）。此高速气流垂直吹向不锈钢网带上的被冻食品，使其表层很快冷却。被冻食品的上部和下部都能均匀降温，达到快速冻结的目的。

4．流态化冻结装置 流态化冻结装置的主要特点是将被冻食品放在开孔率较小的网带或多孔槽板上，高速冷空气流自下而上流过网带或槽板，将被冻食品吹起呈悬浮状态，使固态被冻食品具有类似于流体的某些表现特性。在这样的条件下进行冻结，称为流态化冻结。流态化冻结的主要优点为：换热效果好，冻结速率快，冻结时间短；冻品脱水损失少，冻品质量高；可实现单体快速冻结（individually quick frozen，IQF），冻品相互不粘结；可进行连续化冻结生产。

（二）接触式冻结装置

平板冻结装置是接触式冻结装置中最典型的一种。它是由多块铝合金材料的平板蒸发器组成，平板内有制冷剂循环通道。平板进出口接头由耐压不锈钢软管连接。平板间距的变化由油压系统驱动进行调节，将被冻食品紧密压紧。由于食品与平板间接触紧密，且铝合金平板具有良好的导热性能，故其传热系数高。当接触压强为 7～30kPa 时，传热系数可达 98～120W/（$m^2 \cdot K$）。平板冻结装置按平板放置方向，分为卧式和立式（主要应用于渔轮等冻结作业）两种基本型式。

（三）液化气体喷淋冻结装置

与一般的冻结装置相比，液氮或液态二氧化碳冻结装置的冻结温度更低，所以常称为低温或深冷冻结装置。这种冻结装置中没有制冷循环系统，冻结设备简单，操作方便，维修保养费用低，冻结装置功率消耗很小，冻结速率快（比平板冻结装置快 5～6 倍），冻品脱水损失少，冻品质量高。液氮喷淋冻结装置由 3 个区段组成，即预冷段、液氮喷淋段和冻结均温段。液氮喷淋冻结装置的主要缺点是冻结成本高，液氮消耗量大，一般每千克冻品液氮消耗量为 0.9～2.0kg。

（四）沉浸式冻结装置

冻结时将输送带及其上承载的食品浸渍于设定低温下的载冷剂（如盐水、乙二醇溶液、丙二醇溶液等）中，利用食品和载冷剂之间的温差进行传热。它一般包括给料、提升、传送装置及隔热结构。

第三节 急冻技术在食品领域的应用

冷冻已经被广泛运用于各类食品的保鲜中，它可以在低温下抑制微生物的生长，延长货架期。然而，在冷冻过程中由于冰晶的出现，食品会不可避免地出现品质下降，如机械损伤、水分损失、质量损失、变色、蛋白质变性等。而且冰晶的大小、形态及分布与产品品质之间有很大关系。因此，通过控制冰晶的形成和生长来保障冷冻水产品的品质一直是行业追求的目标之一。

案例 16-1

水产品冻结方式比较

本案例分析了在不同冷冻方式下冰晶对水分特性和蛋白质稳定性的影响，将有助于理解冰晶对水分特性和蛋白质稳定性的影响，这将为改善冷冻水产品质量提供有用的信息。

（一）样品前处理及冷冻

1. 样品前处理

质量在 460～510g 的鲜活大黄鱼（*Pseudosciaena crocea*）以头部敲打致死、清洗。将样品随机分为 4 组：对照组（新鲜大黄鱼）、慢速冷冻（－20℃冰箱组）、快速冷冻（螺旋速冻组）和超快速冷冻（液氮速冻组）。样品中心温度达到－20℃后，将冷冻样品立即放入带封口的聚乙烯袋中，随后移至－80℃冰箱中（避免重结晶）贮藏，在 10 天内完成所有指标的测定。

2. 大黄鱼冻结曲线

将多点温度采集仪的探头插入大黄鱼的背侧中心，监控这 3 种冻结方式样品的温度变化，见图 16-3。

（二）案例分析

1. 微观结构

1）X 射线 CT 扫描　X 射线 CT 扫描可直观反映出样品的内部结构，X 射线 CT 能够用来观察样品冷冻干燥后冰晶升华留下的孔隙，间接地反映出冰晶的大小，冻干样品的扫描图像如图 16-4A 所示。相对于其他样品，观察到超快速冷冻样品的图像有更明显的局部断裂。这可能是因为在液氮的超快冷冻速度下，热量没有及时传递，在大黄鱼的组织结构中产生了温度应力，造成了肌肉组织的低温断裂（图 16-4B）。为了更好地描述冰晶的大小，经过图像软件分析和对孔径边界层的定义，确定了大黄鱼肌肉样品的孔隙率和孔体积的指数，如图 16-4C 所示。不论是孔隙率还是孔体积，结果均显示为：对照＜超快速冷冻＜快速冷冻＜慢速冷冻，表明样品在经过冷冻之后孔隙率和孔体积值增大。由于冻结速率的不同，冷冻组之间有显著性差异，特别是超快速冷冻形成的冰晶最小。

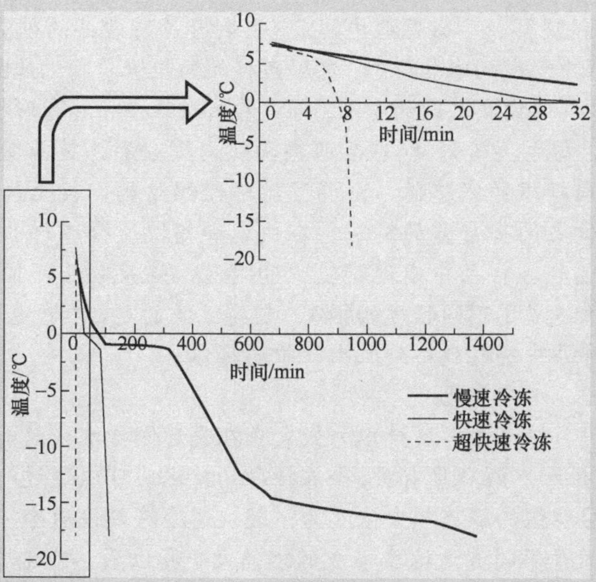

图 16-3 在不同的冷冻条件下大黄鱼中心的冷冻曲线

因超速冻时间短，无法明显展示，特意引用部分图片

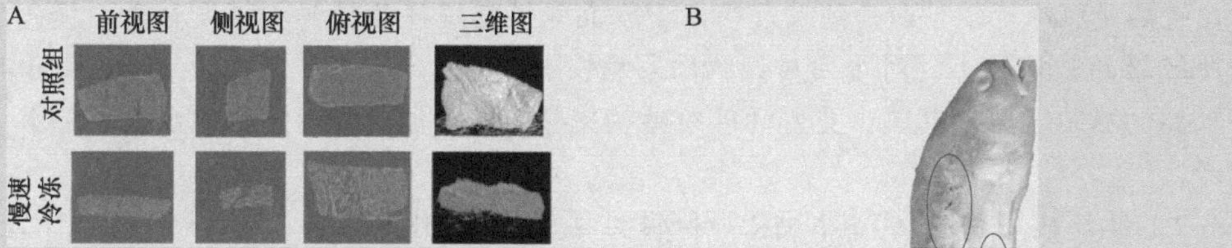

图 16-4 不同冷冻处理后大黄鱼肌肉的 X 射线 CT 图像（A）、超快速冷冻样品图像（B）、孔隙率和孔体积的变化（C）及冷冻-解冻处理的光镜图像（D）（比例尺＝20.0μm）

其中 D 图中的 a、b、c、d 分别代表对照组、慢速冷冻、快速冷冻和超快速冷冻；

C 图中不同小写字母（a～d）表示数据差异显著（$P<0.05$）

2）光学显微镜观察　微观结构的完整性对于冷冻食品的质量至关重要，其主要取决于冷冻过程中形成的冰晶形态。冻融鱼样品的组织学变化如图 16-4D 所示，其中白色区域为肌肉和肌内膜之间的空隙。可以看出新鲜样品具有形状规则、均匀分布的肌纤维。此外，很明显冷冻-解冻后肌肉与肌内膜分离，缝隙变宽。冰晶的形成和生长破坏了肌肉纤维的完整性，削弱了结缔组织结构，甚至严重时肌肉纤维解体，肌肉与肌内膜之间有更宽的缝隙。在快速和超快速冷冻样品中观察到大量的小缝隙，而在慢速冷冻样品中出现了较大的缝隙。这反映出不同冷冻速度下形成的冰晶对肌肉纤维造成了不同程度的损害。值得注意的是，尽管观察到最小的缝隙，但在超快速冷冻样品中仍能观察到肌肉纤维的解体。

数字资源 16-1

2. 水分变化

1）持水力　持水力代表鱼在死后保持水分的能力，其与蛋白质的变性和水解程度有关。冷冻样品的持水力可以通过解冻损失和离心损失来评估。3 个处理组的解冻损失依次为：超快速冷冻≤快速冷冻＜慢速冷冻。解冻损失的变化归因于不同冻结速率形成的冰晶大小和位置。慢速冻结会使质子集中在非冷冻水中，导致蛋白质附近的 pH 降低，从而引起蛋白质变性并影响水分的重吸收能力。除了肌纤维变化对持水能力有较大影响，蛋白质的结构变化也是一个重要因素，尤其是肌原纤维蛋白。结果表明，小冰晶能够延缓样品的解冻损失和离心损失，对肌纤维的破坏较小，对蛋白质结构的影响较小。与鼓风冷冻相比，浸渍冷冻由于具有较高的冻结速率，表现出更好的纤维结构完整性及较低的蛋白质氧化水平，持水力更好。

2）低场核磁共振（LF-NMR）和磁共振成像（MRI）　与新鲜样品相比，水分损失主要集中在肌原纤维之间的不易流动水中。超快速冷冻组和快速冷冻组的 T_{21} 弛豫时间比慢速冷冻短（$P<0.05$）。结果表明与大冰晶相比，小冰晶的生成减少了不易流动水的损失并保持了大黄鱼样品的保水能力。此外，T_{22} 观察到相同的趋势，即冷冻导致自由水的 T_{22} 增加，表明了不易流动水往自由水方向迁移。与其他冷冻方式相比，超快速冷冻的 T_{22} 弛豫时间最低。这表明超快速冷冻样品中的不易流动水具有较低的迁移率，并且不易流动水能够更紧密地被束缚在肌肉组织中，延缓了解冻损失和离心损失。

MRI 显示大黄鱼在经过冷冻之后变暗和变蓝，结果表明冷冻大黄鱼的水分含量降低。特别是慢速冻结样品的趋势更加明显，这与 NMR 中 T_2 弛豫的结果完全一致。这种变化可能是由于大冰晶对肌纤维的损伤和肌肉蛋白质结构的破坏。

（三）结论

不同冻结方式下大黄鱼中冰晶尺寸从大到小依次为：慢速冷冻、快速冷冻和超快速冷冻。与新鲜样品相比，冷冻后大黄鱼水分特性有明显的变化，不易流动水转化为游离水；超快速冷冻处理过的样品中冰晶最小、肌肉纤维完整性最好，超快速冷冻使大黄鱼的组织结构产生了明显的低温断裂，和快速冷冻组相比样品的持水力并没有明显的改善。

案例 16-2

多频超声波辅助浸渍冷冻大黄鱼的应用

本案例分析了多频超声波辅助浸渍冷冻大黄鱼的应用。冷冻与新型技术相结合可能会抑制大冰晶的形成，并减少冰晶对冷冻食品的损害。超声波已被证明是一种可以有效缩短冷冻时间的新技术，在食品工业中的应用前景广阔。

（一）样品的前处理

将鲜活的养殖大黄鱼敲击头部致死、清洗擦干，每个样品独立装入聚乙烯自封袋。所有大黄鱼样品随机分成 7 组：新鲜鱼、浸渍冷冻和不同超声功率（160W、175W、190W、205W 和 220W）的超声波辅助浸渍冷冻（ultrasound-assisted immersion freezing，UIF）。7 组分别标记为 Fresh、IF、SUIF-160、SUIF-175、SUIF-190、SUIF-205 和 SUIF-220。超声波频率设置为 28kHz。多频超声波辅助浸渍冷冻系统见图 16-5。采用 29.3%（*m/V*）氯化钙盐水溶液作为冷冻液，冷冻液温度为（−25.0±0.5）℃。当样品中心温度达到 0℃时，采用超声波间歇模式为 30s 开/30s 关，持续 9min。待鱼体中心温度达到−18℃时，所有样品转移到−18℃冰箱中，贮藏 5 天以稳定各组样品温度，随后进行各项指标的测定。

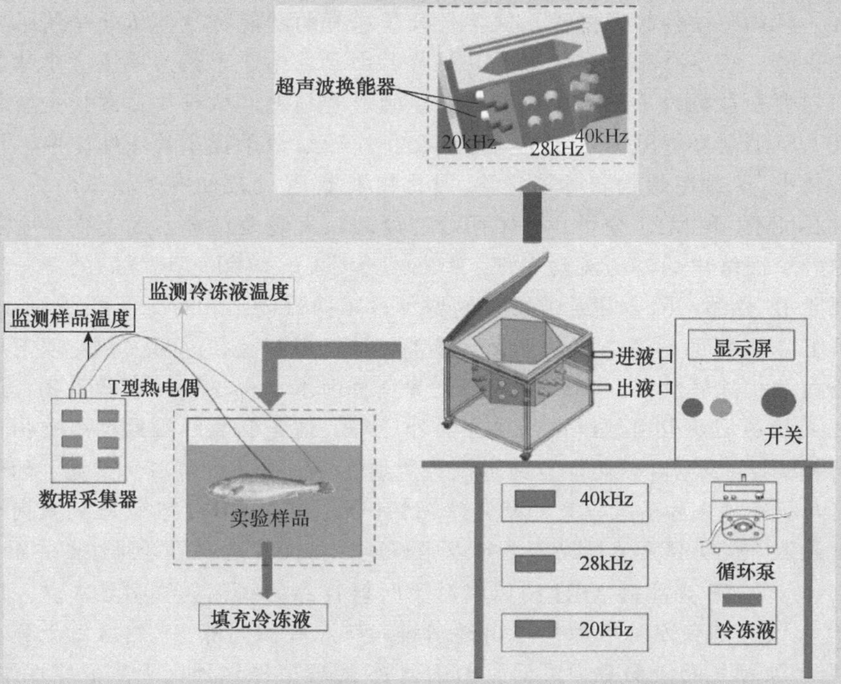

图 16-5 多频超声波辅助浸渍冷冻系统示意图

（二）案例分析

1. 冻结曲线

与 IF 相比，不同功率的单频超声波处理均在不同程度上缩短了总冷冻时间和相变时间，并且大黄鱼样品的总冷冻时间和相变时间随着超声波功率的增大先减少

数字资源 16-2

然后增加。功率为 175W 的超声波处理有着最高的冻结速率，比 IF 加快 26.28%。超声波功率逐渐增加，超声波的空化效应和微流效应也随之增加，有助于提升传热传质效率，并促进了晶核的形成。超声波辅助冷冻相比于浸渍冷冻具有更快的冻结速率。

2. 水分的变化

1）解冻损失　解冻损失是评价冷冻产品质量的一项重要指标。IF 处理组的解冻损失最高，超声波处理组的解冻损失明显低于 IF 处理组。在超声波处理组中，样品的解冻损失随着超声波功率的增加呈现先降低后增加的趋势，SUIF-175 样品的解冻损失最低。UIF 减少解冻损失的机制与冰晶的形成有关，细小而均匀的冰晶在冷冻过程中对肌肉结构的损伤较小。解冻损失与解冻速度、冰晶大小和位置及肌肉组织的完整性等诸多因素有关。对于 IF 样品，缓慢的冻结速率导致水迁移到细胞外空间，形成较大且不规则的冰晶，导致严重的组织变形和细胞萎缩，破坏肌肉结构。

数字资源 16-3

2）蒸煮损失　过高的蒸煮损失通常会对产品的食用品质产生不利影响，并极大地降低其经济价值。新鲜大黄鱼的蒸煮损失最低（5.60%），其他各组样品的蒸煮损失均显著高于新鲜鱼（$P<0.05$）。这是由于大黄鱼肌肉经冷冻处理后，冰晶的产生破坏了肌细胞结构的完整性，使其丧失了原有的功能特性，从而导致肌肉结构保水能力下降。在各冷冻处理组中，IF 组样品由于冻结速率最为缓慢，冰结晶较大且在肌肉内部分散极为不均，造成肌肉组织的严重损失，从而使蒸煮损失增加。而 SUIF-160、SUIF-175、SUIF-190 和 SUIF-220 处理组由于较高的冻结速率、形成的冰晶体积较小、肌细胞结构相对较完整，因此相较于 IF 处理组有着较低的蒸煮损失。

3）LF-NMR 和 MRI 分析　不同冷冻处理下大黄鱼结合水的变化不明显。存在于肌原纤维网络中的不易流动水 T_{21} 变化较为明显，单频 UIF 样品的不易流动水含量均高于 IF 样品，随着超声波功率的增加，不易流动水相对含量先增加后降低，其中，SUIF-175 样品的不易流动水含量最高，接近新鲜鱼，说明该种处理下样品肌原纤维蛋白结构破坏最小。IF 处理后的大黄鱼自由水（T_{22}）相对含量最高，说明该种处理方式极易促使鱼肉组织内的水分向外迁移，这是肌原纤维结构严重损伤的结果，进而导致 T_{21} 向 T_{22} 转变，自由水极易受到外部因素（如解冻和蒸煮）的影响而流失，这与解冻损失和蒸煮损失的研究结果相一致。而 SUIF-175 处理的鱼肉自由水相对含量最低，说明超声波辅助冷冻可以很好地保持大黄鱼肌原纤维组织中的水分。

IF 样品的 MRI 图像相对于新鲜样品的红色区域明显减少，说明浸渍冷冻使水从肌原纤维内逐渐排入肌原纤维间隙中，然后由于解冻后汁液损失而流向鱼肉表面。SUIF-175 处理下保水性优于其他处理组。

数字资源 16-4

3. 微观结构扫描电镜（SEM）观察

大黄鱼经过不同冷冻处理后的扫描电镜观察结果如图 16-6 所示。在图 16-6A 中，在样品的肌肉组织中观察到一些类似蜂窝状的空隙，即大黄鱼冻干时冰晶升华留下的孔洞，其大小能够间接反映出冰晶的大小。由图 16-6A 可知，与 IF 处理相比，超声处理样品的肌肉间空隙更小，肌肉纤维排列更紧密，其中 SUIF- 175 样品孔隙最小，组织最紧密，对组织破坏最小，产生这一结果的原因是较快的冻结速率形成细小致密的冰晶，对细胞结构的损伤程度较小。从图 16-6B 的纵切面同样可以看出，与新鲜样相比，IF 处理的样品损伤严重，肌肉纤维表面粗糙，有明显的分离、裂隙甚至断裂现象。与 IF 处理相比，超声波处理组的纤维完整性破坏较小，肌纤维间形成的空隙明显减小，SUIF-175 样品表面平滑，肌肉纤维紧密连接，肌肉间空隙最小，可以观察到几乎没有分离现象的发生，显示出良好的组织结构。而当超声波功率继续增大时，SUIF-205 和 SUIF-220 处理的样品表面相对粗糙，结构变得相对散乱，并且肌纤维结构出现一些断裂，肌束间空隙也相对较大，可能是高功率的超声波产生较强烈的空化效应，导致肌纤维受到一定程度的机械损伤，这与横切面得出的结论是一致的。结果表明功率为 175W 的单频超声波处理使样品内形成分布均匀的小冰结晶，减少了细胞结构所受的损伤。

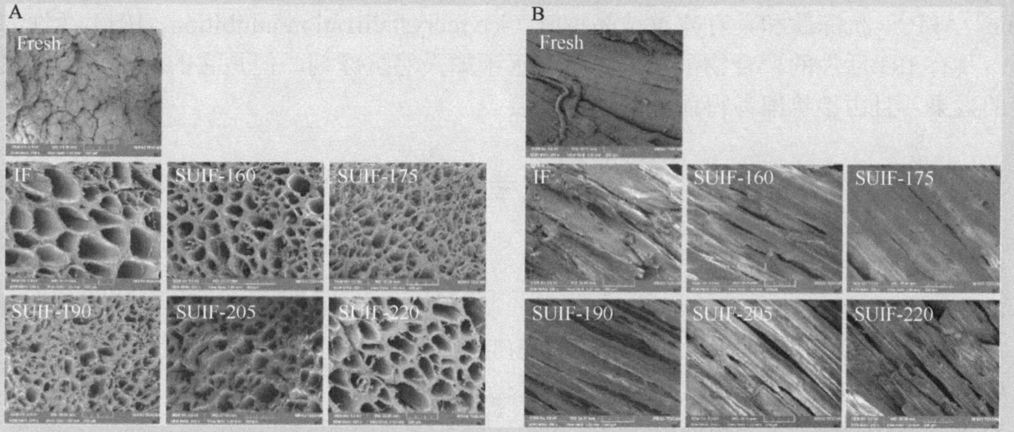

图 16-6　不同功率的单频超声波作用下大黄鱼横切面（A）和纵切面（B）微观结构的 SEM 图

（三）结论

单频 UIF 处理显著提高了大黄鱼样品的冻结速率，冻结速率随着超声波功率的增加表现出先增加后下降的趋势，SUIF-175 样品的冻结速率最高。在适当的超声波功率（175W）下，单频 UIF 显著缩短了大黄鱼的冷冻时间，改善了鱼肉品质。

第四节　未来趋势与展望

在冷冻过程中，水产品中的水会转化为冰晶，从而降低水分活度，有助于延长食品的货架期。然而，冰晶的形成会影响细胞及肌纤维的完整性，从而导致食品品质的下降。在高冻结速率下形成的小冰晶对食品品质的影响较小。因此，在冷冻食品时应在尽可能减少成本和能耗的情况下提高冻结速率。目前，已经引入了多种辅助冷冻手段来提高冻结速率、控制冰成核和冰晶生长，包括高压、超声波、磁场、电场等辅助冻结，以及冰重结晶抑制剂的使用等。

高压冷冻技术是指对食品施加高压，在较低温度条件下使其仍未结冰，当环境压力瞬间释放时，食品内部大量的晶核瞬时形成，并快速生长为形状规则且分布均匀的致密冰晶体，可减小冰晶体积膨胀对食品组织造成的机械损伤。超声波辅助冷冻是指利用超声波技术影响食品的冷冻过程，使食品冻结速率明显提升，有助于冷冻过程中细小且致密冰晶体的形成，进而改善冷冻食品的质量。超声波辅助冷冻的内在机制主要有空化效应和微流效应等理论。电场辅助冷冻是指在冷冻过程中施加电场，诱导水分子发生极化作用，降低水分子的自由能，从而影响水分子冻结成冰。电场主要分为静电场和振荡电场，其中，静电场被广泛应用于食品冷冻领域，而振荡电场通常用于低温材料的快速解冻。磁场辅助冷冻是指在冷冻食品介质的周围施加磁场，当冻品达到较低温度时，磁场的瞬间撤去使冻品内部处于高度过冷的水分快速变成冰晶，从而达到快速冷冻的目的。磁场可以分为静磁场和振荡磁场两类。

此外，为了控制冰晶的重结晶、抑制冰晶的生长、延缓水产品品质的下降，添加抗冻剂也是缓解冰晶重结晶的重要方法。最常用的抗冻剂有二甲基亚砜、甘油，1,2-丙二醇、聚乙烯醇和聚乙二醇等。目前在水产品中常用的冰重结晶抑制剂有糖类、抗冻蛋白（antifreeze protein，AFP）、抗冻肽和具有冰重结晶抑制（ice recrystallization inhibition，IRI）活性的聚合物等。具有 IRI 活性的聚合物虽然抗冻效果远不如天然抗冻剂，但是它的活性可以满足冷冻保存的效果，且由于价廉易得而显得更加重要。

思 考 题

1．简述食品的冻结过程。

2．影响食品冻结过程冰晶形成的因素有哪些？

3．食品速冻机械有哪些类型？各自的特点和适用的范围有哪些？

4．超声波辅助冻结相对于常规浸渍冻结有什么优点？

5．举例说明有哪些新型急冻技术。

主要参考文献

Zhu Z, Zhou Q, Sun D W. 2019. Measuring and controlling ice crystallization in frozen foods: A review of recent developments. Trends in Food Science & Technology, 90: 13-25

第十七章　微胶囊包埋技术

微胶囊包埋技术是一种将需要保护的功能物质包埋在聚合物壁壳中，通过干燥形成固体粉末的技术，具有提高功能物质稳定性、减少芯材损失、掩蔽不良风味、改善功能物质生物可及性及控制功能性成分释放等作用。本章概述了微胶囊包埋技术的工艺原理及对食品中常见成分的保护效果，并以风味成分的微胶囊包埋作为典型案例进行介绍。

本章思维导图

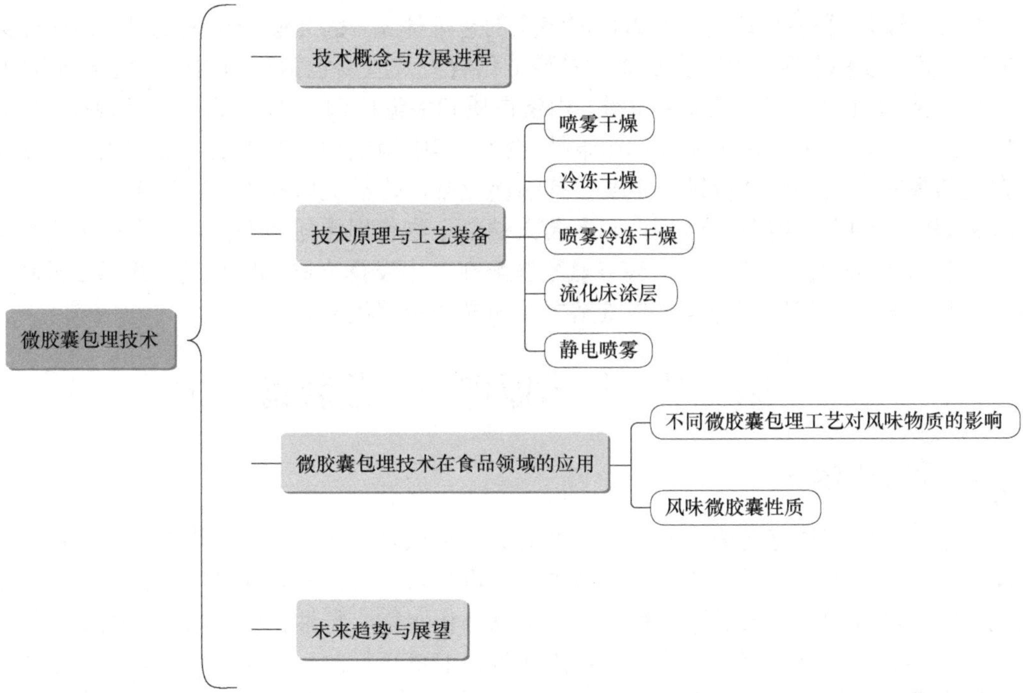

第一节　技术概念与发展进程

自 1954 年微胶囊包埋技术被美国首先应用于无碳复写纸后，几十年来该技术得到了突飞猛进的发展，其应用领域也从最初的药物包埋和无碳复写纸扩展到食品、化妆品、医药、农药、纺织等多个行业。在食品领域中，微胶囊包埋技术通常应用于食品成分的包埋，包括食品添加剂微胶囊化、营养素微胶囊化、风味物质微胶囊化、酶微胶囊化及益生菌微胶囊化等，存在于烘焙食品、果蔬、饮料、乳制品、调味料等各类食品中。例如，食品甜味剂阿斯巴甜在酸性饮料中不稳定，将其制备成微胶囊可大大提升其稳定性，从而被应用于汽水等酸性饮料中。一些容易发生氧化的油脂也可以通过微胶囊包埋技术减少其与外界环境接触从而保持其原有功能特性。微胶囊包埋技术对风味物质的保留也已被大量应用到复合型调味料生产中。总体来说，微胶囊包埋技术产生的有益效果包括：①保护作用。通过将活性成分与外界隔离，抑制其氧化、挥发、降解等作用，从而提高活性成分的稳定性，具有保护芯材的效果。②改变物质的状态及性质。一些疏水性活性成分可通过微胶囊包埋技术提高其溶解性，从而被应用于水溶性食品基质中。③控制释放。微胶囊壁壳延缓了活性成分的扩散，使风味物质、精油等缓慢释放，更长效地发挥其作用。④掩蔽作用。一些活性成分的不良性质如毒性、不良气味等可以通过微胶囊包埋技术掩蔽或降低。

目前，食品中针对微胶囊包埋技术的研究大多集中于对新体系的开发，即微胶囊壁材的选择与研究。壁材是影响微胶囊化效果的重要因素。在加工和储藏过程中，要根据活性物质的特点和包埋作用来选择最佳的微胶囊包埋体系。多糖及蛋白质是最常用的微胶囊壁材。多糖类壁材具有良好的溶解性，对 pH 的敏感度低，在较高浓度时仍然保持较低的黏度。而蛋白质则具有乳化作用和成膜特性，其双亲性质能结合亲水性或疏水性风味物质。但是，蛋白质对 pH、离子浓度和温度敏感，难以形成稳定的包埋体系，因此极少单独使用蛋白质作为壁材，通常将其与多糖复配使用。蛋白质和多糖的结合方式主要包括物理结合和化学结合两种。物理结合即蛋白质和多糖形成非共价键，由蛋白质和多糖比例、pH 和离子强度调控，主要通过静电相互作用、氢键和疏水相互作用维持结构，其中静电相互作用是主要方式。化学结合即蛋白质与多糖之间形成共价键，主要包括酶促交联、化学交联和美拉德反应。例如，在转谷氨酰胺酶的帮助下，用 β-乳球蛋白和海藻酸钠复合物包埋黑胡椒精油，从而产生完整的球形结构并获得了 85.01%的包埋率，转谷氨酰胺酶在其中发挥交联剂的作用，其工作机制是催化谷氨酰胺残基的 γ-羧酰胺基与游离氨基之间的酰基转移反应。

第二节　技术原理与工艺装备

一、喷雾干燥

喷雾干燥是将液体雾化成小的液滴，然后通过热风除去水分形成干燥颗粒的干燥技术。该干燥过程包括：液体悬浮液流经喷嘴被雾化，再与热空气接触，使乳液中的水分等溶剂高温蒸发，最后回收粉体。喷雾干燥被广泛用于风味化合物、精油、维生素和生物活性物质的包埋，以其高质量、高效率、低成本的特点成为目前最流行的微胶囊化技术。所产生的粉末自由流动性高，但颗粒大小和形状不均匀，且易聚集，另外入射口的高温可能不利于对热敏感物质的包埋。

喷雾干燥产生的粉末微胶囊形态多为球形光滑表面并伴有轻微裂纹，或不规则表面伴有孔洞（Carmen et al.，2021）。这种形态差异的原因在于入射口的干燥温度和颗粒中油相的浓度。高温使颗粒形成干燥外壳，内部的水蒸气蒸发形成裂纹和孔洞，而不规则表面则是由于在最初的干燥阶段水蒸气的内部压力使橡胶状颗粒表面膨胀，当蒸汽压降低时，内部脂质的体积减小，颗粒皱缩。雾化液滴较低的膜形成速率也会形成不规则状颗粒表面，这与微胶囊壁材的膜形成速度有关。

二、冷冻干燥

典型的冷冻干燥过程包括 3 个阶段：冷冻、初次干燥和二次干燥。冷冻是将待干燥的乳液置于足够低温的环境中使液体冷冻为固体。冷冻过程中的冷冻速度会影响冰晶大小，快速冻结形成小而多的冰晶，缓慢冻结则形成大而少的晶体。冷冻过程中冰晶的形成可能会引起未冷冻溶液中蛋白质和其他溶质（包括电解质）的浓度显著增加，蛋白质浓度和离子强度的增加及 pH 的变化进一步促进了蛋白质的变性和聚集，所以冷冻速度对后续的干燥过程是至关重要的。目前，冷冻干燥已被广泛应用于药物、生物活性物质和风味物质的包埋过程，能够提高物质的储存稳定性、化学性质和水溶解性。

冷冻干燥产生的粉末粒径比喷雾干燥所产生的粒径更大，表现为固体糕状结构，这是由于液体微胶囊未经过雾化，大液滴未分散成小液滴。经冷冻干燥形成的粉体水分含量也高于喷雾干燥，这是因为喷雾干燥雾化过程中颗粒比表面积较大，暴露在热空气中的面积增加，提高了传热和传质速率，从而降低了喷雾干燥粉末的水分含量。在冷冻干燥过程中，水的扩散是干燥速率的限制因素，干燥时间随样品厚度平方的增加而增加。冷冻干燥粉末的流动性低于喷雾干燥，粉体难以实现自由散落，在复水时结块严重，所以溶解性较差，重构乳液的时间较长。但也有研究表明冷冻干燥的复水性能高于喷雾干燥，冷冻干燥颗粒能够迅速吸水并与水分子结合形成氢键，颗粒的多孔和高表面积结构也能提高水吸附能力，而喷雾干燥粉体的快速失水会导致碳水化合物和蛋白质类壁材收缩及形成更多的分子内氢键，最终降低溶解速率。冷冻干燥经冻结形成稳定的固体骨架，脱水时基架结构不发生改变，所得粉体的结构疏松多孔，物料间存在较大的空隙，因此堆积密度较小，而喷雾干燥颗粒较光滑，结构致密，所以密度较大。

三、喷雾冷冻干燥

喷雾冷冻干燥过程包括雾化、冷冻和干燥 3 部分。冷冻干燥过程中干燥时间可能随样品厚度的平方而变化，而减小粒径可以提高干燥速率，因此在冷冻干燥前将液滴进行雾化可以降低液滴粒径和干燥成本，改善粉末性质。喷雾冷冻干燥的雾化是将液体通过喷嘴分解为细小液滴，直接影响最终的液滴分布；冷冻是让雾化的液滴进入低温冷冻液（液氮、氩、氢氟醚或戊烷）中以获得具有均匀冰结晶的冷冻液滴；干燥是将冷冻液滴中的冰晶直接升华形成干燥颗粒的过程（Ishwarya et al.，2015）。喷雾冷冻干燥技术被广泛应用于热敏性风味的包埋、聚合物纳米颗粒的递送、维生素口服生物利用度的提高、对不饱和脂肪酸氧化的抑制和获得高度稳定的蛋白质微粒。

根据低温冷冻液与雾化液滴的接触状态，可将喷雾冷冻干燥分为 3 种冻结方法，即喷雾冷冻至气体（SFV）、喷雾冷冻由气体至液体（SFV/L）及喷雾冷冻至液体（SFL）。SFV 是指雾化液滴与低温冷冻气体接触形成冻结液滴；SFV/L 是指料液雾化喷嘴与低温冷冻液液面有一段距离；而 SFL 是指喷嘴在低温冷冻液液面之下，液滴可快速冻结为冷冻液滴（Vishali et al.，2019）。对于蛋白质类液滴来说，相比在冰-水界面，其在空气-水界面更易变性聚集，界面吸附会破坏蛋白质天然结构，导致其生物活性的丧失；而在冰-水界面的快速冻结则降低了蛋白质的聚集或扩散程度，蛋白质二级结构较完整，因此，SFL 表现出较小程度的蛋白质变性和聚集，蛋白质单体损失少，结构更稳定。另外，冷冻方式还会影响最终颗粒的粒径分布，在以液氮作为低温冷冻液的冷冻过程中，由于 SFL 的快速成核和限制增长，产生的微胶囊颗粒粒径较小。此外，低温冷冻液的种类也会影响干燥粉末的比表面积和颗粒形态。使用液氮（沸点为－196℃）和异戊烷（熔点为－160℃，沸点为 27℃）作为冷冻剂，液滴进入液氮的冷却速度比进入异戊烷的冷却速度要慢几个数量级，导致发生液滴聚集现象，所以液氮干燥后液滴粒径更大。除此之外，雾化液滴的成核温度和位置也会影响喷雾冷冻干燥粉末的功能性质。成核温度会影响冰晶的尺寸分布和结构，液滴内的成核位置对冰晶尺寸和微胶囊表层厚度有一定的影响，如果被迫在表面成核，则冰晶尺寸较大且多数呈树枝状，微胶囊表层较厚。

喷雾冷冻干燥粉体一般为多孔球形颗粒，大液滴经过雾化分散成小液滴后直接冻结而保持原有球形结构，冷冻干燥过程中冰晶升华而形成多孔状。粉体中水分含量和堆积密度介于喷雾干燥和冷冻干燥之间，粒径分布小于冷冻干燥，与喷雾干燥相比无明显界定。喷雾冷冻干燥粉体的溶解度高于喷雾干燥，因为多孔结构增加了比表面积，颗粒启动表面复水的时间更少，这种高溶解性能够使粉体快速复水。

四、流化床涂层

流化床涂层技术是指在气流作用下将颗粒或片状芯材流化，然后将涂层材料重复喷涂到颗粒或片状芯材上，溶剂蒸发后涂层材料附着在芯材上以形成包衣颗粒和小圆形片剂的过程。流化床涂层的方法包括顶部喷雾、底部喷雾和切向喷雾，具有低能量供应、高再现性，最终产品在粒度分布和形状方面标准化，以及加工时间和费用减少等优势。流化床涂层技术的涂层材料必须具有热稳定和可接受的黏度，从而能够实现雾化和泵送，并能够在颗粒表面形成适当的膜。常用涂层材料包括纤维素、淀粉衍生物的水溶液、蛋白质和胶体。但在涂层过程中，液体涂层材料易凝聚并且在颗粒之间形成液体桥，溶剂蒸发后则形成固体桥，使颗粒聚集（Saleh et al.，2003）。

流化床涂层过程中影响活性成分释放的因素主要包括涂层厚度、涂层温度和流化气体流速等。随着涂层厚度的增加，芯材释放速率减缓，聚合物溶于水中，涂层上吸附的水分使聚合物基质膨胀，活性物质从涂膜上最弱的部位（微孔）开始释放，所以较高的涂层厚度会导致化合物分子通过厚涂膜，这就需要更长的时间才能到达外部环境。但是，经研究发现也存在扩散系数随涂层厚度的增加而增大的现象，因为厚涂层上存在的大孔隙能使被包埋物质快速通过涂层。流化过程中增加流化气体的流速或降低雾化悬浮液的流速能够防止颗粒脱水或过度增长，涂层表面的水分蒸发会影响流化床的稳定，水蒸发速率低使粉末黏附，导致床层塌陷。涂层温度一般与涂层材料的玻璃化转变温度（T_g）有关，若温度高于涂层材料 T_g，则会导致材料塑性变形，涂覆的聚合物量显著增加，从而导致涂覆层变厚，但与此同时会使得涂层的孔隙率随着涂层聚合物颗粒的聚结而降低，从而防止了固化过程中薄膜裂纹的出现，有利于被包埋物质的稳定性（Kondo et al.，2018）。

流化床涂层粉末颗粒微观结构为致密的球形，有良好的流动性和可压缩性，并且颗粒的包衣厚度均匀。颗粒粒径处于喷雾干燥和喷雾冷冻干燥之间。由于涂层材料颗粒附着在粉末表面阻止了颗粒的聚集，大多数颗粒以单个形式存在，但其 T_g 可能由于较高的水分含量而低于喷雾干燥。

五、静电喷雾

静电喷雾是借助高压电场制备微米和纳米颗粒（微球或胶囊）的方法。静电喷涂设备包括喷丝板、粒子收集装置，以及连接到喷丝板和收集装置的高压电场。进料液由注射器泵从毛细管喷嘴挤出形成液滴，然后利用高压电场形成喷射流，通过电力作用使其分解为小液滴落在收集装置中。静电喷雾的喷雾装置有两种类型：一种为同轴静电喷雾装置，即芯材和壁材溶液同时进行喷射而形成核-壳结构；另一种为乳液静电喷雾装置，即先制备活性物质和合适壁材的聚合物乳液，然后进行静电喷射而形成包埋结构（Niu et al.，2020）。静电喷雾技术的操作过程中无需高温或大量的有机/非极性溶剂，对于弱水溶性和低肠道通透性及易氧化的生物活性物质、菌类、油脂和风味物质来说，有利于提高它们在包埋过程中的化学稳定性和生物学功能性。

静电喷雾过程中的高压电场强度、针尖和收集装置的距离、进料速度和聚合物溶液电导率是影响静电喷雾粒径大小、水分含量和微观结构的主要因素。在静电喷射过程中，高温使位于液滴表面和内部的溶剂蒸发，高挥发性则促使液滴表面的挥发速度高于内部向表面的扩散速度，所以会在颗粒表面形成硬壳，颗粒内部结构坍塌。溶液的电导率会影响液滴大小，随着电导率的增加，颗粒粒径减小，但是溶液的高电导率同时使得静电喷雾的净电荷密度更高，破坏射流的稳定性，使颗粒产生异质结构。

静电喷雾颗粒呈光滑球状或纳米纤维状，使用溶剂的挥发性决定了过程中的干燥速率，较高的溶剂挥发率导致颗粒更致密，较低的挥发速率则导致湿颗粒的团聚和粗糙的颗粒形貌。其他性质如导电性、聚合物浓度和分子量也会影响颗粒形态。静电喷雾产生的液滴粒径小于 1μm 且带电荷，所以液滴聚集程度小，包埋率高于喷雾干燥和冷冻干燥。

第三节　微胶囊包埋技术在食品领域的应用

以食品中的风味物质为例，介绍微胶囊包埋技术在其中的应用。风味是食品中的重要组成部分，也是消费者评价食品质量的直观因素。基于食品系统的复杂性和风味结构特性，风味稳定性是在食品质量中起关键作用的重要因素。大多数风味物质通过化学合成或提取而来，再将其应用在饮料、焙烤食品、肉制品和乳制品领域中。但许多风味化合物的性质不稳定，其结构中的活性官能团（如羰基、羟基和硫醇）会受到不饱和化合物聚合或蛋白质相互作用等影响，从而导致化合物在食品制造或储存过程中挥发或降解。另外，加工过程中的包装材料和原料也可能降低风味强度甚至产生不良风味。因此，风味的不稳定性限制了其在食品领域的直接应用。基于风味物质的限制性，微胶囊技术可用来开发多种风味产品及配料，有助于推动食品风味的发展和满足消费者的需求。

一、不同微胶囊包埋工艺对风味物质的影响

案例 17-1

喷雾干燥对风味物质的影响

喷雾干燥工艺流程如图 17-1 所示。喷雾干燥过程中入射口温度和芯材与壁材比例是影响风味物质包埋率的重要因素。增加入射口温度会降低风味物质保留率，因为高温导致液滴迅速形成干燥表面层，而硬壳不利于水分的蒸发，颗粒内部形成气泡，更多的芯材吸附在微胶囊外部，包埋率降低；而在较低温度下产生的微胶囊更

小、更光滑，呈球形，表面的连续覆盖物能降低气体渗透性，有利于芯材的保存。一些研究表明随着芯材浓度的增加，风味物质的包埋率会降低，这是因为芯材浓度过高不利于形成凝聚层，一般认为在3%～10%最合适。芯壁材的浓度比也会影响风味物质释放，较高的芯材与壁材比例形成的微胶囊粒径和载油量（微胶囊中的含油量）较大，膜厚度减少，微胶囊由球形变为不规则状，风味物质在初始释放阶段便具有较高的释放速率。

图 17-1　喷雾干燥工艺流程图

喷雾干燥适合处理挥发性较小、极性较小且分子量较高的风味物质。干燥过程中高温使低沸点风味物质挥发，极性高和分子量低的风味物质易随水分蒸发或迁移到微胶囊表面，而极性小、分子量大的风味物质远离表面分布，提高了风味物质保留率。喷雾干燥过程中风味物质释放的原因可能是微胶囊破损导致风味小分子物质的释放，也可能是微胶囊保持完整，而挥发性分子在界面膜上扩散，这可能与壁材的热变性或降解有关。粉体储藏过程中的风味物质损失可能是氧化降解或直接蒸发导致的，其释放机制以 Fickian 扩散为主，且初始阶段为爆发性释放，之后为缓慢释放。

案例 17-2

冷冻干燥对风味物质的影响

冷冻干燥工艺流程如图 17-2 所示。冷冻干燥技术有利于对疏水性和低沸点的风味物质包埋和控制释放，也适合热敏感、易挥发的风味物质，所包埋的芯材氧化稳定性能高于喷雾干燥。但操作过程需要高真空和低温条件，干燥时间较长，经济和能量成本也较高。

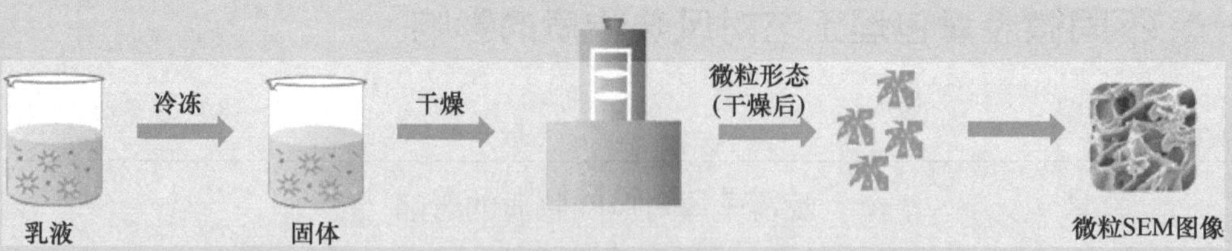

图 17-2　冷冻干燥工艺流程图

冷冻干燥过程中的风味物质损失主要是水相冻结使乳化剂脱水，液滴之间的相互作用增强，降低了乳液稳定性。该过程中风味物质释放的原因可能是壁材经水合、受压破裂而释放大量风味物质，也可能是温度、湿度引起颗粒黏附并转变成橡胶状的糊状物质，从而释放风味物质。冷冻干燥粉体在储藏过程中的风味物质释放则是通过基质的挥发性扩散到环境中，储存条件中的湿度和温度会影响风味物质释放，较低的温度和湿度下，风味物质释放以扩散限制释放和零级释放动力学为主，而升高温度和湿度后，则以一级释放动力学为主。在储藏过程中，冷冻干燥粉末的风味物质保留率可能低于喷雾干燥，因为喷雾干燥微胶囊结构较致密，而冷冻干燥为多孔疏松状，且直接干燥后的粉体需研磨成较小的粒径，这一过程加大了风味物质在环境中的暴露。

案例 17-3

喷雾冷冻干燥对风味物质的影响

喷雾冷冻干燥工艺流程如图 17-3 所示。喷雾冷冻干燥技术由于操作过程低温且能够瞬时冻结，较好地保持原有微胶囊的结构，有利于热不稳定和易挥发性风味物质的包埋。喷雾冷冻干燥过程对于风味的损失较少，能最大程度地保护风味物质。目前，喷雾冷冻干燥对粉体微胶囊中风味物质的缓慢释放研究较少，风味物质的释放以扩散方式为主，而非壁材的溶解。

数字资源 17-1

图 17-3 喷雾冷冻干燥工艺流程图

案例 17-4

流化床涂层对风味物质的影响

流化床涂层工艺流程如图 17-4 所示。由于最佳的传热传质和均匀的温度分布，流化床涂层技术可以在比喷雾干燥低很多的温度下进行，因此适于热不稳定的风味物质的包埋。与冷冻干燥相比，流化床涂层技术粉体的初始水分活度较高，但水分含量的增长速度较慢，且冷冻干燥产生的孔隙率减弱了壁材对芯材在外界环境中的保护，促进风味的释放。流化床涂层技术形成的粉体为核壳结构，风味物质释放可

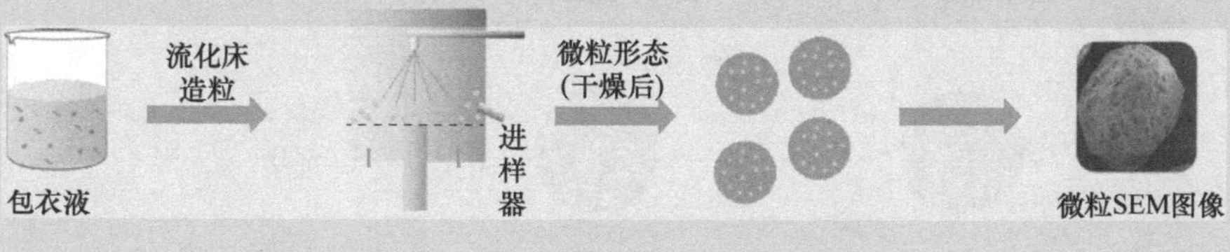

图 17-4 流化床涂层工艺流程图

能是由于壁材溶解或熔化，所以涂层的溶解度和完整性可控制风味物质的释放，释放机制可认为是从微胶囊内部扩散到外部。另外，结构的坍塌可能会促进风味的释放，如结块和收缩。

案例 17-5

静电喷雾对风味物质的影响

静电喷雾工艺流程如图 17-5 所示。静电喷雾粉体中的风味物质从基质内部扩散到外部释放的过程与其负载率有关，高负载率的风味物质一般处于接近颗粒表面的位置，因此可迅速从微粒中溶解出来，形成爆发性释放，其释放行为的主要控制因素为团聚和粒径，在团聚现象和较大的粒径中风味物质的释放速度较快。释放机制是 Fickian 扩散，初始释放速率较高，之后转为缓慢性释放。静电喷雾粉体还可以具有非热加工、有效包埋及低堆积密度的结构优点，如多孔性、亚微米和纳米尺寸的颗粒。

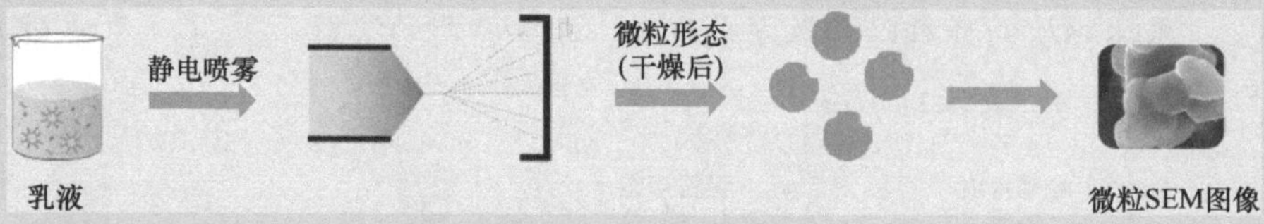

图 17-5 静电喷雾工艺流程图

二、风味微胶囊性质

（一）释放性质

粉体中风味物质释放过程包括两部分，如图 17-6 所示，其一为芯材从基质内部扩散到外部，其二为粉体微观结构的破坏，有裂纹或孔洞，即壁材基质崩塌引起的风味物质释放。目前，已有不少数学模型用于描述风味的释放行为，如零阶方程、一阶方程、Avrami 方程、Higuchi 方程、Kopcha 方程、Korsmeyer-Peppas 方程、Peppas-Sahlin 方程、Weibull 方程等（Tian et al.，2020；Yashaswini et al.，2022）。不同微胶囊体系可以根据拟合系数 R^2 选择最佳的模型来描

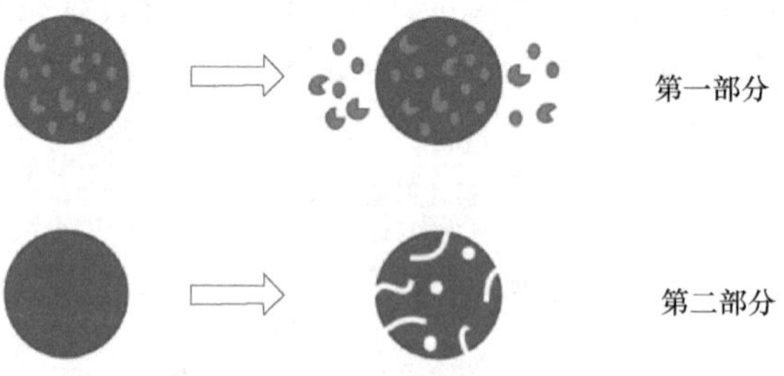

图 17-6 粉体风味物质释放示意图

述微胶囊的风味物质释放过程，通过方程中关键参数确定风味物质的释放机制（扩散、溶胀、侵蚀等）。对风味物质微胶囊释放性质的研究可分为储存过程中（无水）风味物质的释放情况和模拟食品基质中（液体培养基）风味物质的释放规律。

无水介质中风味的释放一般由 Avrami 方程测定：$R=\exp[-(kt)n]$（式中，R 为释放过程中风味化合物的保留量；t 为时间；n 为释放机制的参数；k 为释放速率常数），该模型常用于描述保质期的失效。参数 $n=0$ 说明风味物质释放为零级释放动力学，即释放速率恒定；$n=0.54$ 为扩散限制释放，即风味物质释放主要由于分子从载体基质内部扩散；$n=1$ 为一级释放动力学，即风味在初始阶段爆发释放，后续轻度释放；$n>1$ 表示快速释放，多发生在风味物质释放的初始阶段或微胶囊被破坏时（Saifullah et al.，2019）。粉末在液体介质中的风味破裂性释放是聚合物在浸入液体介质中时的体积膨胀或结构松弛甚至成分溶解所致。在水性液体介质中，亲水性聚合物开始发生水合，导致聚合物链松弛；或者在酸性或碱性介质中，壁材的降解促使风味物质释放。微胶囊在模拟食品基质中的风味物质释放时大多是以扩散方式为主，即在初始阶段呈爆发性释放，而后逐渐缓慢释放，它们的释放速率取决于风味在颗粒基质和周围液体中的相对溶解度及其在基质中的扩散系数。

不同食品体系的酸碱性和极性会对风味物质释放产生不同的影响，风味本身的极性和壁材的亲水性/溶解度也是主要影响因素。常用的食品基质为酸性、碱性、疏水性和亲水性。酸不稳定性壁材形成的微胶囊在酸性介质中的风味物质释放量增加。例如，用淀粉包埋疏水性风味丁香酚所形成的微胶囊在乙酸溶液中释放量最多，这是由于淀粉的部分酸水解形成了开放结构，有利于丁香酚的释放。蛋白质在高浓度乙醇溶液中结构改变，风味化合物和蛋白质的作用力减弱，促进疏水性风味物质在油性介质中的释放。以 β-乳球蛋白和海藻酸钠为壁材制备的黑胡椒精油微胶囊中，微胶囊在水和酸性溶液中保存效果较好，而在 50% 乙醇中风味物质释放量最高，因为高浓度乙醇促使蛋白质二级结构发生不可逆改变。此外，一些亲水性壁材在水中的溶解度和膨胀度较高，导致风味物质的快速释放。

数字资源 17-2

（二）储藏性质

风味微胶囊粉末单独作为调味品或存在于食品体系中时应在储藏过程中起到降低风味物质释放速率的作用。风味物质释放与风味特点和壁材性质有关，储藏过程中的温度和湿度也都会对风味物质释放产生影响。在高温条件下，微胶囊内外的蒸汽压差会导致风味物质快速释放。此外，高温可能使壁材从玻璃态转变为橡胶态，分子扩散程度增加，包埋结构稳定性降低，提高风味挥发速度。温度对风味物质释放的影响一般与粉末的热稳定性有关，热稳定性高的粉体在储藏过程中对芯材的保护性高。对于不同湿度的储藏条件来说，高湿度不利于微胶囊中风味物质的保存，高湿度环境会使壁材和水分子通过氢键产生相互作用而提高粉末微胶囊的水分含量，促进风味物质从粉末基质扩散至环境中。疏水性风味物质的包埋壁材大多是水溶性的，在较高的相对湿度环境中易被部分溶解并变得黏稠，导致风味微胶囊的机械强度降低，整体结构断裂和塌陷，从而加速风味的释放。因此在储藏过程中应该选择适宜的条件减少风味物质释放量。

粉体结构对风味微胶囊的储藏也有影响，多孔疏松的粉体吸湿性强，水分活度增长速度较快，粉体中水分含量的增加可能会使结构坍塌或形成橡胶态，增加芯材从内部到外部的迁移速率。由此可得，孔隙率较低的流化床涂层、喷雾干燥和静电喷雾粉体在不同湿度下储藏的风味稳定性高于喷雾冷冻干燥和冷冻干燥。水分含量一般也与风味粉末的货架期有关，粉末实现稳定性储藏的条件是水分含量需低于 3g/100g，因为高水分含量的颗粒易团聚而导致风味化合物“逸出”，同时也会降低粉末的流动性，还可能引起粉末颗粒的高黏度，最终导致颗粒间发生桥连、结块和颗粒塌陷及芯材的释放/氧化。

第四节　未来趋势与展望

近几十年来，微胶囊包埋技术不断发展创新，已在食品领域被广泛应用。在流床化涂层、静电喷雾等高效包埋技术的加持下，微胶囊包埋技术能更好地保持芯材原有的功能性质，有利于新食品的开发。随着纳米技术的加入，微胶囊包埋技术开始从传统微胶囊向纳米微胶囊的方向发展。此外，对于食品成分的微胶囊化也不再局限于食品加工、储藏等体外环节，更要求微胶囊在体内也能发挥保护与递送作用。因此，对微胶囊壁材的筛选更加严格，开发绿色环保、稳定性佳、负载率高、体内递送的壁材体系是微胶囊包埋技术的发展趋势之一。相信在未来，微胶囊包埋技术将在食品领域进一步发挥其效用，推动食品工业化进程。

思　考　题

1. 微胶囊包埋技术的基本原理是什么？
2. 微胶囊包埋技术的应用有哪些？
3. 微胶囊包埋技术的特点是什么？

主要参考文献

Carmen D M R, Jesús E G, Belén G, et al. 2021. Recent developments in extraction and encapsulation techniques of orange essential oil. Food Chemistry, 354: 129575

Ishwarya P S, Anandharamakrishnan C, Stapley G A. 2015. Spray-freeze-drying: A novel process for the drying of foods and bioproducts. Trends in Food Science Technology, 41(2): 161-181

Kondo K, Ando C, Niwa T. 2018. Mechanical particle coating using ethylcellulose nanoparticle agglomerates for preparing controlled release fine particles; effect of coating temperature on coating performance. International Journal of Pharmaceutics, 554: 387-398

Niu B, Shao P, Luo Y, et al. 2020. Recent advances of electrosprayed particles as encapsulation systems of bioactives for food application. Food Hydrocolloids, 99: 105376

Saifullah M, Shishir I R M, Ferdowsi R, et al. 2019. Micro and nano encapsulation, retention and controlled release of flavor and aroma compounds: A critical review. Trends in Food Science Technology, 86: 230-251

Saleh K, Steinmetz D, Hemati M. 2003. Experimental study and modeling of fluidized bed coating and agglomeration. Powder Technology, 130(1): 116-123

Tian Q, Zhou W, Cai Q, et al. 2020. Concepts, processing, and recent developments in encapsulating essential oils. Chinese Journal of Chemical Engineering, 30(2): 255-271

Vishali D, Monisha J, Sivakamasundari S, et al. 2019. Spray freeze drying: Emerging applications in drug delivery. Journal of Controlled Release, 300: 93-101

Yashaswini P, Shikha P, Arvind K, et al. 2022. Current trends in flavor encapsulation: A comprehensive review of emerging encapsulation techniques, flavour release, and mathematical modelling. Food Research International, 151: 110879

第十八章　膜分离技术

膜分离技术是一种应用基础较成熟的新型浓缩分离技术，利用半透膜的选择透过性高效完成食品体系中不同组分的分离、纯化、富集等，兼具节能低耗、环境友好、操作简便、自动化程度高等特点，在食品工业化增值生产中的应用日趋成熟。本章概述了膜分离技术的基本概念和关键原理，以乳制品梯次加工中膜分离技术的应用为典型案例进行介绍。

本章思维导图

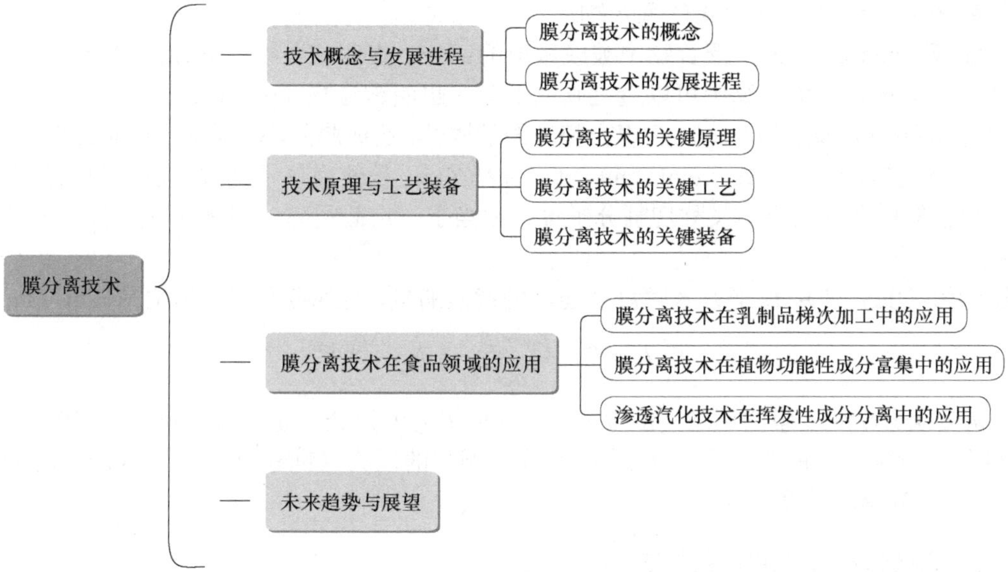

第一节　技术概念与发展进程

一、膜分离技术的概念

膜分离技术是利用半透膜的选择透过性，以膜两侧的能量差作为推动力，允许膜一侧的混合组分中的某些组分透过而其他组分被截留在膜一侧的分离技术，常用于多组分的分离、分级、提纯或富集。

膜分离单元的构成如图 18-1 所示，主要包括半透膜、料液、浓缩液、滤液 4 部分。截留分子量、膜通量和膜污染是食品膜分离过程设计考虑的主要因素，错流过滤是食品膜分离加工常见的排布方式。

半透膜（semipermeable membrane）：利用各组分对其渗透程度的差别实现不同组分分离的薄层元件。

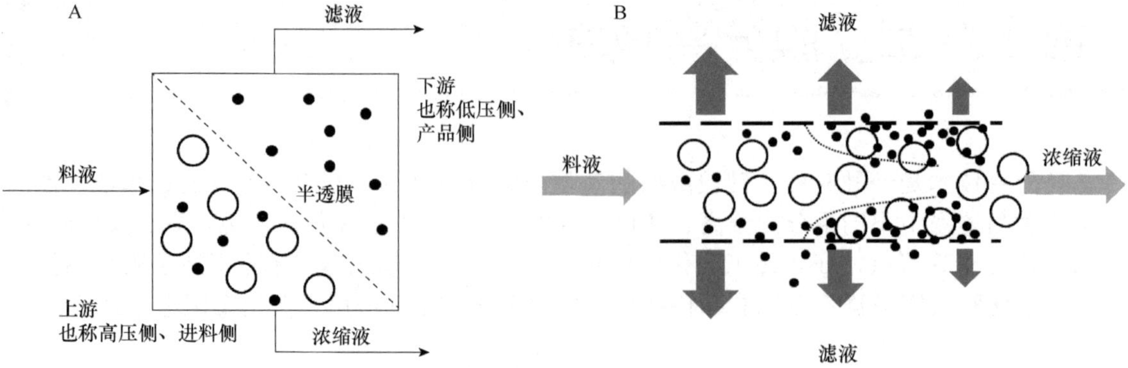

图 18-1 膜分离单元构成简图（A）和错流过滤示意图（B）

进料/料液（feed）：待分离的混合物。

浓缩液（concentrate）：混合物中被膜截留的部分，也叫截留物（retentate）。

滤液（filtrate）：混合物中可以透过膜的部分，也叫透过物（permeate）。

膜污染（membrane fouling）：沉积在膜表面的固体，造成膜效率的降低，也叫结垢（cake）。

截留分子量（molecular weight cut-off，MWCO）：是使用分子量大小表示膜的截留性能参数，可估算膜孔径大小，又称切割分子量；相当于一定截留率（通常为 90%以上）的最小分子量。

膜通量（flux，J_i）：每平方米膜每秒通过的滤液的量，也叫膜效率，单位是 mol/（m²·s）。

$$J_i = P_{\mathrm{M},i}\frac{p_0 - p_\delta}{\delta_\mathrm{M}} = P_{\mathrm{M},i}\frac{\Delta p_\mathrm{extern}}{\delta_\mathrm{M}}$$

式中，J_i为组分 i 通过膜的通量［mol/（m^2·s）］；$P_{\mathrm{M},i}$为组分 i 通过所选膜 M 的渗透率，是膜和组分的特定组合的唯一固定值；p_0 为截留侧膜的压力（N/m^2）；p_δ 为渗透侧膜的压力（N/m^2）；δ_M 为膜的厚度（m）。

二、膜分离技术的发展进程

膜分离技术是对传统分离技术的一场革命，在过去几十年内发展十分迅速，被认为是 20 世纪末至 21 世纪最有发展前景的食品加工新技术之一，也是目前国际公认的效益最高的食品加工技术之一。

膜分离技术的历史可以追溯到 1748 年，法国科学家 Jean-Antoine Nollet 发现猪膀胱通过水的速度大于通过乙醇的速度，可用于分离两种不同浓度的乙醇水溶液。20 世纪中叶，膜分离技术主要集中在膜材料的制备和应用方面。直到 1960 年 Lobe 和 Sourirajan 制备出高性能非对称的乙酸纤维素反渗透膜，并首次将其用于海水淡化，膜分离相关的技术研发才从实验室逐步发展到工业应用。20 世纪 70 年代，食品工业尝试将膜分离技术用于浓缩和分离单元，进行初级分离和纯化，如酿酒加工中的乙醇和果汁浓缩、乳品加工中的乳清分离等。随着技术的发展和经验的积累，高分子材料合成技术不断取得突破，超滤膜和气体膜分离技术陆续得以研发改进，扩展了膜分离技术在食品工业中的应用范围。20 世纪 90 年代到 21 世纪初，膜分离技术在果蔬汁、乳品、酒类等液态食品加工领域大规模推广应用，通过膜分离技术可以实现浓缩、脱水、脱盐、分离、澄清等多种操作，优化了工艺流程，提高了生产效率和产品质量。21 世纪以来，膜分离技术进一步完善发展，食品企业已经可以投资配套成熟的膜加工装备，用于牛奶灭菌、葡萄酒澄清、啤酒脱醇等。成熟的膜分离技术也为新业态食品的研发提供了技术支撑。例如，通过反渗透膜可以生产低盐食品、低糖果汁等，通过超滤膜可以生产高蛋白乳制品等，以满足消费者对健康、营养和功能个性化食品的需求。随着制膜技术的持续发展，新型膜材料和膜结构不断涌现，进一步推动膜分离技术在食品工业中更多样化和深入地应用。无机膜、液膜分离等的出现，为食品加工业提供了更多选择。膜分离技术具有高效、节能、设备简单、造价经济、操作简便等特点，在节能减排、提高产品质量和附加值方面发挥重要作用。

第二节　技术原理与工艺装备

一、膜分离技术的关键原理

膜分离技术的根本原理是基于半透膜的选择透过性，在相邻流体之间形成不连续区，实现对流体中各组分的选择性透过，以达到分离、分级、浓缩、纯化等目的。这一过程通常受到浓度差、压力差、电位差、温度差等外界能量差的驱动。

（一）浓度驱动的膜分离

该过程中的部分料液在浓度梯度的作用下，可以透过半透膜从高浓度向低浓度方向移动，而颗粒较大的组分则因膜孔径的限制无法透过。这样大颗粒组分被截留，而小颗粒组分通过膜进入另一侧，实现料液的分离和纯化。常见的浓度驱动膜分离有渗析和正渗透等。料液的传递过程包括扩散和对流，二者共同影响分离效率和选择性。

（二）压力驱动的膜分离

压力驱动的膜分离是在膜的上游施加一定压力，使料液中的溶剂和小颗粒组分在压力梯度作用下通过膜的微孔传递到膜另一侧的过程。根据料液溶质和溶剂分子大小、形状和电荷等特性差异，其在膜上的传质速度和透过性各不相同，从而实现混合物的分离。常见的压力驱动膜分离有微滤、超滤、纳滤和反渗透等。

超滤过程中，由于膜表面有微孔，在压力作用下，料液流经膜的表面时，小颗粒组分随溶剂穿过膜到达另一侧，形成滤液，而大颗粒组分被截留在原来的一侧，形成浓缩液，实现大颗粒组分与小颗粒组分的分离。

反渗透是一种特殊的压力驱动方式，反渗透膜只允许溶剂通过，离子组分也被截留，以膜两侧压力差为推动力，克服溶剂渗透压，使溶剂通过反渗透膜实现料液浓缩（截留侧）或溶剂分离（透过侧）。

（三）电位驱动的膜分离

电位驱动的膜分离是利用电位梯度和膜的选择透过性实现对不同带电离子的分离。常通过施加外部电场或电化学方法，在膜两侧建立电位梯度，为离子的跨膜移动提供动力。电渗析是电位驱动的膜分离的典型代表，在电场的作用下，料液中阴、阳离子分别向正极、负极方向移动，由于阴、阳离子膜的选择透过性，其交替排列形成了离子浓度减少的淡室和离子浓度增加的浓室（图 18-2）。通过电渗析过程，可以实现料液的淡化、浓缩、精制或纯化。

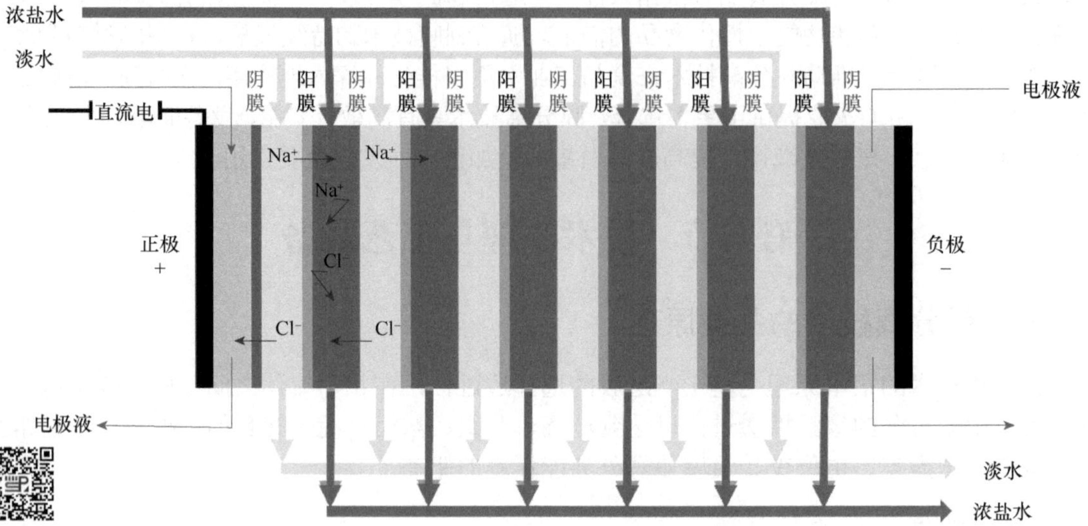

彩图

图 18-2　电渗析进行海水淡化原理示意图

二、膜分离技术的关键工艺

（一）预处理

预处理是膜分离技术的首要环节。其目的是去除食品原料中的大颗粒杂质及悬浮物等，防止其在后期膜过程中堵塞膜孔，给膜性能和寿命带来不良影响。常见的预处理方法包括离心、过滤、调节 pH 等。

（二）膜的选择

选择合适的膜对实现高效分离、保证产品质量有重要意义。应用过程中应根据待分离的料液成分和目标物质性质，选择具有适当孔径和选择性的膜。食品加工常用的膜一般根据其平均孔径或截留分子量进行分类，如图 18-3 所示，包括微滤膜（MF，孔径 0.05～20μm）、超滤膜（UF，孔径 0.001～0.1μm，截留分子量 1～500kDa）、纳滤膜（NF，孔径＜2.0nm，截留分子量 1～3kDa）、反渗透膜（RO，孔径 0.1～1.0nm，截留分子质量＜1000Da）。实际生产中还应考虑分离效率、膜通量、操作条件、机械强度、耐受性、成本效益等多方面因素，挑选适宜的膜材料和类型。

（三）参数控制

膜分离过程中，参数控制至关重要。关键参数包括操作压力、温度、流量、流速等。这些参数不仅影响膜分离效果，还影响膜寿命和性能。因此，需要根据具体的食品物料情况和分离要求，对参数进行合理控制和调整，以实现最佳的分离效果和经济效益。

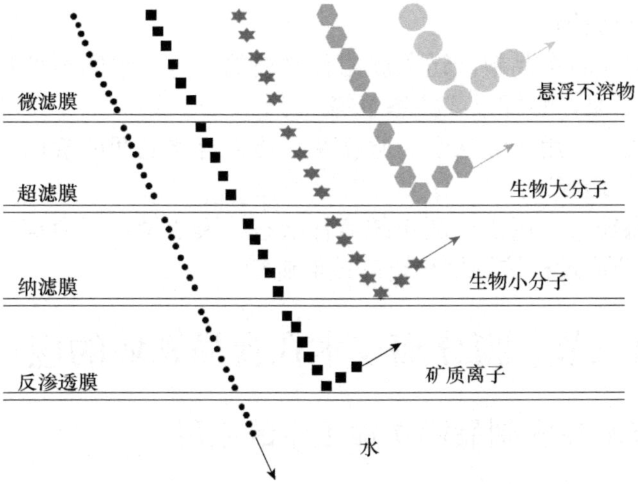

图 18-3　食品加工中常见的膜类型及其截留组分示意图

三、膜分离技术的关键装备

膜分离技术的关键装备如图 18-4 所示，主要包括预处理设备、膜组件、泵、管道连接系统、监测与控制系统等，它们共同作用，实现对不同食品组分的有效分离和纯化。

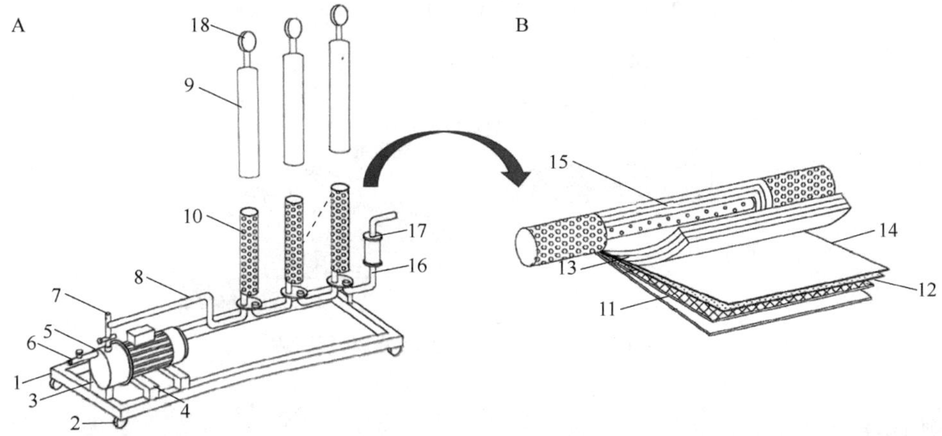

图 18-4　多级中试膜分离系统（A）和膜组件（B）结构示意图（引自徐尚英，2024）

1. 支撑架；2. 万向轮；3. 支座；4. 支撑座；5. 控制泵；6. 连接水管；7. 排气管；8. 进水管；9. 过滤罐；10. 过滤芯；11. 外壳；12. 过滤筛网；13. 中试膜；14. 隔膜网；15. 中心集水管；16. 出水管；17. 出酒泵；18. 液压计

1．预处理设备　包括各种过滤器、调节器和净化器等，用于预处理料液，去除其中的悬浮物、颗粒等杂质，以减轻后端膜组件负担，延长其使用寿命。

2．膜组件　膜组件是膜分离技术的核心装置，是按一定技术要求将膜组合在一起的组合构件，主要分为管状和板式两大类。管状膜又可分为管式、毛细管和空心纤维 3 种；板式膜又可分为平板式、卷绕式和垫套式 3 种。根据使用目的，其研发选型时的侧重点略有差异，主要的考虑因素有机械稳定性、化学稳定性、热稳定性、装填密度、制造成本、清洗、更换膜的成本、压力损失等。

3．泵　用于提供将食品料液送入膜组件必要的动力。泵的类型和规格取决于系统的需求，常见的包括离心泵、螺杆泵或柱塞泵等。

4．管道连接系统　用于连接泵、膜模块和压力容器之间的管道，确保料液能够顺畅地流动，系统能够正常运行。

5．监测与控制系统　用于监测系统运行状态、膜通量、压力等参数，并根据需要对系统进行调控，保证分离过程按预期稳定高效地进行。

第三节　膜分离技术在食品领域的应用

一、膜分离技术在乳制品梯次加工中的应用

20 世纪 60 年代前后，膜分离技术开始被应用于规模化乳制品加工，目前其在乳制品中的应用仅次于水处理。膜分离技术在乳制品梯次加工中的应用具有效率高、能耗低、操作容易、无加热、无二次污染等优点，可以有效减少热敏性营养成分损失、保留乳制品原始风味。目前膜分离技术被广泛用在乳制品除菌、乳蛋白浓缩分离、乳糖分离等方面，如图 18-5 所示，依据乳制品不同组分粒径大小，可选用不同的膜分离技术。

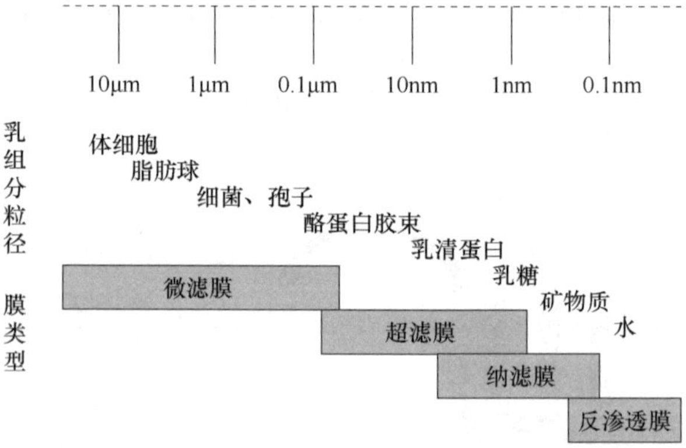

图 18-5　膜类型与乳组分分离过程图

案例 18-1

乳制品除菌

相比经典的热处理技术，乳制品微滤的除菌技术能够以更经济的方式得到含菌量显著降低的乳品滤液，相关专利于 20 世纪 80 年代获得授权（Holm，1989）。生产实践中，常用微滤技术降低乳制品中的细菌数和体细胞数，提升乳制品品质。对工艺参数的优化能够有效提升膜分离性能。例如，提高料液温度可降低液体黏度，提高膜渗透性能。使用 1.2μm 膜孔径、50℃过滤温度、0.12MPa 过膜压强的无机陶瓷膜处理牛乳，细菌的除菌率达到 99%以上，芽孢的去除效率达到 95%以上；采用复合清洗剂［0.5%多聚磷酸钠、0.1%乙二胺四乙酸（EDTA）、0.2%十二烷基苯磺酸钠］在

室温下对膜进行清洗恢复，可有效去除膜表面污染，膜的恢复率可达95%以上（刘云飞和潘道东，2008）。

案例 18-2

乳蛋白分离

乳蛋白主要分为酪蛋白和乳清蛋白两大类，乳蛋白的分级分离有助于其特定功能的靶向应用。酪蛋白一般以胶束形式存在，平均粒径可达200nm；乳清蛋白的平均粒径小于 10nm，通过微滤膜孔径控制，截留脱脂乳中的酪蛋白，可实现二者的有效分离。

酪蛋白去除后，得到的滤液以乳清蛋白为主，与乳酪加工副产物乳清的构成类似。奶酪乳清含约 93%水分、0.8%蛋白质、0.3%脂肪、4.8%乳糖和 0.5%灰分，基于膜分离技术加工得到的各类乳清蛋白制品是食品和医药工业重要的营养与功能性原料。

乳清用微滤膜做预处理，从中分离脂肪和细菌。超滤分离乳清蛋白是乳清增值加工的核心步骤，典型操作包括选用截留分子质量为10kDa的超滤膜，设置入口压强约为 300kPa，操作温度低于 55℃。乳清蛋白回收加工过程中，可用超声波预处理与超滤结合，以强化乳清蛋白的回收；还可以通过转谷氨酰胺酶（40U/g 乳清蛋白）在 40℃、pH5.0 下交联 60min 的酶交联调节蛋白质大小，使乳清蛋白回收率提高 10%以上。通过超滤，通常 90%的乳清蛋白可以被回收。结合脱硝步骤以去除盐和其他次要成分，可以提高乳清蛋白的产量和纯度，所得产品通常经喷雾干燥或冷冻干燥得到乳清蛋白粉。由于蛋白质通常有一定的黏性，且携带远离其等电点的净正电荷或负电荷，故膜很容易出现深度和表面污染。采用特殊材料的聚合物和陶瓷膜可实现高渗透通量，采用螺旋卷式聚砜膜也是众多生产者规模化回收乳清蛋白的选择之一。

乳清蛋白的主要成分为 α-乳白蛋白及 β-乳球蛋白，α-乳白蛋白是婴儿配方食品的重要原料，富含色氨酸；β-乳球蛋白能够形成口感 Q 弹的透明凝胶，常用于凝胶型糖果的生产，以改善产品的口感和质地。由于二者分子量相近，但功能相差甚远，α-乳白蛋白及 β-乳球蛋白的工业化高效分离一直是膜分离研究的热点。一般选用带电荷的离子交换膜，利用 α-乳白蛋白及 β-乳球蛋白等电点的差异进行分离。实践中可以通过选用电增强膜提高分离过程的选择性和效率，也有利用色谱法进一步分离纯化单类型乳清蛋白的案例。

案例 18-3

乳 糖 分 离

我国有相当比例的人群存在乳糖不耐受的情况。传统低乳糖牛奶主要通过添加乳糖酶来分解乳糖，分离加工的性价比较低，目前多采用膜分离技术生产开发低乳糖或无乳糖食品。

目前采用膜分离脱除乳糖的技术以芬兰 Valio 公司为代表，通过膜分离和酶水解组合方式实现牛乳乳糖的脱除，将牛乳中总糖质量分数降低至 0.5%以下，并保留了牛乳感官品质和其他功能特性。直到 21 世纪初，我国才出现第一项具有自主知识产权的采用物理脱除法去除乳制品中乳糖的专利（方雅娴，2006），采用超滤膜单元和纳滤膜单元的两级膜装置连续回流操作，分离原料牛奶或乳清液的同时生产低钠、无糖的牛奶和乳糖。此后，我国多个科研机构开展了膜分离脱除乳糖工艺的研究，安徽农业大学采用 Sepro 公司 1812 型卷式膜组件对牛乳中的乳糖进行脱除，所用超滤膜截留分子质量为 5000Da，该超滤膜可以有效截留牛乳中的蛋白质和乳脂营养成分，而分子质量较小的乳糖可以快速透过膜孔。但由于受膜污染的影响，乳糖存在部分截留，牛乳经超滤膜浓缩 3 倍后，乳糖脱除率达到了 80%；烟台大学对全脂羊乳的粒径分布进行了测试，基于理论所需分离膜孔径值的 2～5 倍，进行了最优孔径的陶瓷膜管筛选实验，证实孔径 0.1μm 的陶瓷膜为全脂羊乳中乳糖和其他组分分离的最佳膜孔径，此时透过液中基本无酪蛋白，而截留液中乳糖质量分数低于 0.5%，为基于膜分离技术实现功能性低乳糖乳制品开发提供了技术支撑。

二、膜分离技术在植物功能性成分富集中的应用

在植物源食品加工领域，膜分离技术主要用于植物源食品如果蔬汁等产品的除菌、澄清和浓缩。近年来，膜分离技术也在植物功能性成分富集方面发挥着重要作用。植物源加工过程中会产生一些废弃物，包括废弃液、废渣、皮、籽等。根据组成的不同，这些加工废料多被用作次要食品成分、动物饲料、肥料、燃料、发酵介质等。这些植物源食品加工废料中通常含有多种生物活性物质，通过超滤、纳滤等膜分离过程，可以实现对植物源中的功能性成分如功能蛋白、维生素、多酚等的选择性提取和浓缩。

案例 18-4

橄榄废水中多酚的分离

橄榄废水是一种深棕色废水，是传统压榨法生产橄榄油过程中产生的废弃物。橄榄废水因有一定的微生物、植物和生态毒性，曾经被认为是农副食品加工业产生的最具污染性的废料之一。然而，橄榄废水中丰富的多酚、膳食纤维及其他成分都有再利用的潜力。由于橄榄油加工过程中酚类化合物受其较低的油/水分配系数的影响，橄榄多酚在橄榄废水中大量富集。橄榄多酚具有抗氧化、抗炎、抗癌等功能活性，具有重要的经济价值。21 世纪初，大量研究者开始对橄榄废水处理开展研究，期望对橄榄废水进行无害化处理的同时，能够有效回收利用其中有价值的生物活性功能性成分。其中“五段法通用回收工艺”是一项结合了多种加工技术的工艺（Galanakis & Kotsiou，2017），主要包括预处理、分离、提取、纯化和产品加工（图 18-6）。

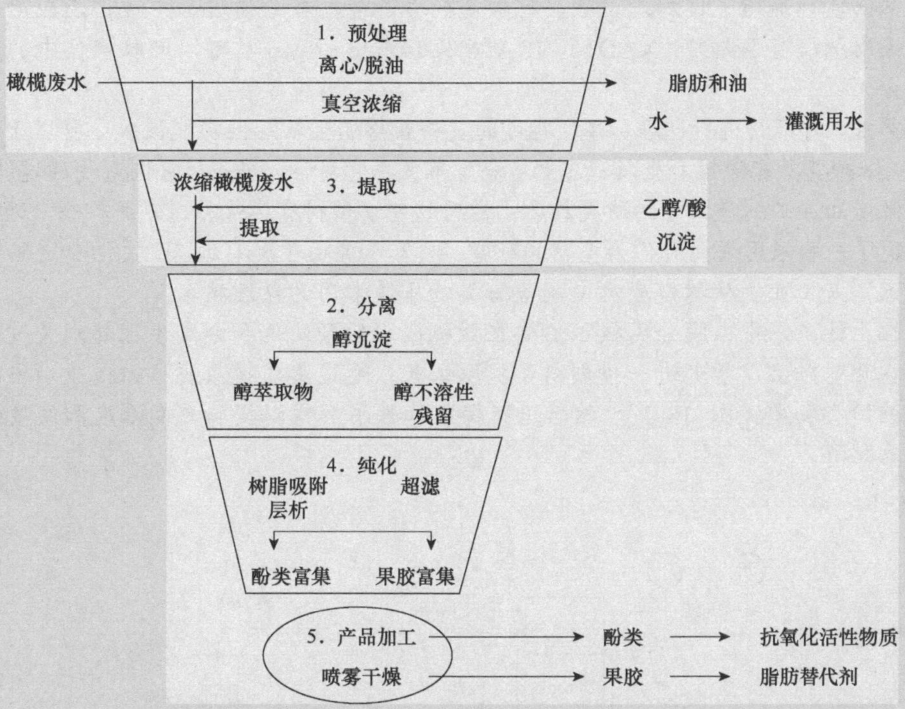

图 18-6　橄榄油加工废水中生物活性物质的回收工艺示意图
（引自 Galanakis & Kotsiou，2017）

第一，橄榄废水应先进行预处理，以便所需物质在下一阶段更容易被分离。橄榄废水的预处理包括去油和浓缩。微滤可用于去除橄榄废水中的油脂和悬浮物。采用 80℃左右的热浓缩可使橄榄废水中的多酚氧化酶和果胶甲酯酶等酶失活，并减少橄榄废水中的水分。

第二，橄榄废水中大分子物质与小分子物质的分离。最初使用醇沉淀将橄榄废水中大分子（果胶、膳食纤维、水胶体）和小分子（多酚、有机酸、离子）分离，大分子物质聚集在醇不溶性残余物中。随着膜分离技术的发展，可利用超滤膜分离技术来非破坏性浓缩大分子和释放渗透液中的小分子，根据溶液中溶质的大小、形状和电荷选择性地分离物质。橄榄废水中的酚类化合物由于分子量较低可以通过超滤膜，得到含有酚类的渗透液，可以在后续操作过程中进行酚类物质的提取和分离。

第三，酚类物质的提取。通常是使用有机溶剂的液-液萃取来实现，在小型橄榄油工厂和家庭加工中也可以应用。通常所需物质的提取效率受扩散系数和化合物溶解速率的影响，一般来说，甲醇-水混合物被认为是提取酚类物质最适宜的提取液，但由于其潜在毒性，业界更倾向于使用更环境友好的乙醇-水混合物。乙醇-水混合物能够抑制低 pH（2～3）条件下的酶活性，并沉淀一些相对较大的膳食纤维类物质。

第四，对所需物质进行纯化。该阶段的目的是从膜渗透液或共提液中纯化或分离所需化合物。可以采用活性炭、树脂或多糖等吸附剂从稀溶液中吸附选定的低分子量酚类或其他所需物质类型，然后通过洗脱步骤将目标物质从吸附剂中解吸附出来，从而实现纯化。该加工过程具有较高的吞吐量，在分离过程中被广泛应用。常见的吸附树脂有 XAD7、XAD16、IRA96 及 Isolute ENV＋，可以回收液体中的多酚类成分。

第五，对产物进行包埋加工。其目的是将获得的生物活性功能性成分包埋于壁材内部，保持其功能活性和生物稳定性，掩盖不良感官特性，并保护它们免受环境胁迫。对于橄榄油加工副产物中的酚类物质，常用的包埋壁材有环糊精、麦芽糊精，近年来也出现了一些采用蛋白质作为壁材的研究。喷雾干燥由于具有经济、灵活和连续操作的特点，是工业上从橄榄废水中制备酚类物质最常用的包埋技术。

在上述工艺中，膜分离技术主要在橄榄废水的预处理和分离步骤起到关键性作用。在此基础上，学者进一步创新了提取工艺，通过集成膜系统从橄榄废水中回收和浓缩酚类物质（图 18-7），然后进行酶解和酸水解，以提取更高浓度和纯度的橄榄羟基酪醇。

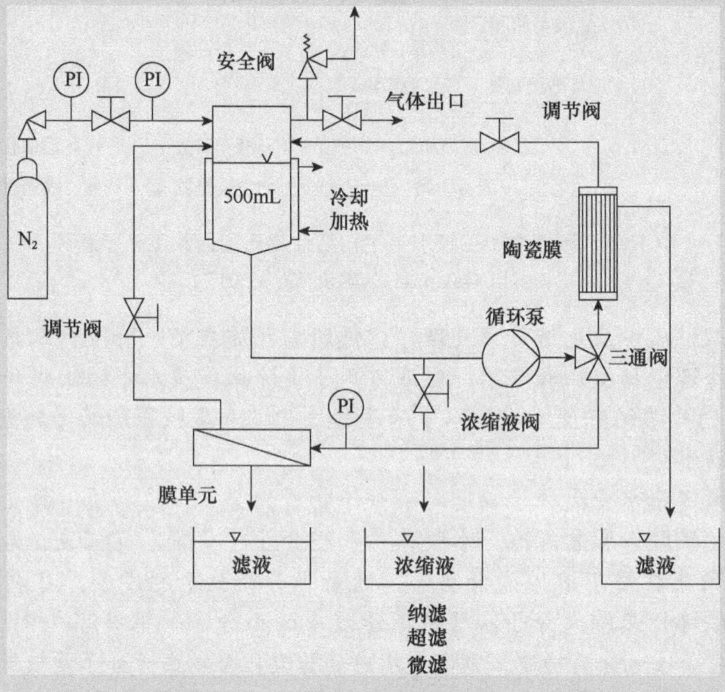

图 18-7　实验室规模膜装置示意图（引自 Abdel-Shafy et al.，2014）

PI. 压力表

在这个集成膜系统中，橄榄废水不经过任何预处理直接进入微滤单元，流过微滤膜的渗透液被分成两等份，一部分进入超滤单元进行处理，另一部分用纳滤进行处理。经超滤处理后溶液内化学需氧量和总悬浮固体的去除率分别为 44.9%和 100%。经纳滤处理后化学需氧量从 33g/L 降低到 6.9g/L，总悬浮固体去除率达到 100%。原橄榄废水中的多酚含量为 2.5g/L，微滤、超滤和纳滤截留液中的酚类物质含量分别为 2.3g/L、2.0g/L 和 2.4g/L。几乎所有的酚类物质都被回收并富集在纳滤液中。膜分离技术优化了橄榄废水中酚类物质的提取流程，显著提升了酚类物质的提取效率（Abdel-Shafy et al.，2014）。

从橄榄废水中提取的生物活性物质具有重要的应用价值。经处理后的橄榄废水可以安全地排放到水系统中或用于灌溉。纳滤截留液含有富集和纯化的低分子量多酚，可被用于食品、制药或化妆品行业，其中羟基酪醇表现出优异的抗自由基性能，可被用作功能补充剂、烘焙食品中的食品防腐剂或保鲜剂。而微滤和超滤截留液可被用作肥料或在厌氧反应器中生产沼气。

综上，从橄榄废水中提取酚类化合物等生物活性物质，不仅可以提升橄榄油生产商的经济效益，还能将橄榄加工废料转化为资源，减少资源浪费和环境污染，是一项兼具实用价值和环保价值的工艺技术。

三、渗透汽化技术在挥发性成分分离中的应用

渗透汽化是利用液体混合物中各组分之间的蒸汽压差，造成不同组分通过膜的溶解-扩散速率发生差异，实现组分分离的一种膜分离技术。渗透汽化过程为：被分离物质先在膜表面选择性吸附，然后以扩散的形式穿过膜，最后在膜的另一侧变成气相解吸附而分离。渗透汽化常被用于恒沸物的分离、水中少量有机物的脱除及有机混合物的分离。目前，采用渗透汽化生产无水乙醇及其他无水有机物已经实现工业化生产。在食品工业中，从发酵液中提取低沸点有机物、酒类饮料的脱醇等也已进入实用阶段。此外，渗透汽化技术在食品热敏性风味成分于热加工过程中的保持发挥着重要的作用。

案例 18-5

热敏性风味成分的分离

食品中热敏性挥发性风味成分与食品其他组分在挥发性方面存在差异，故可以利用该特点将食品中热敏性挥发性风味物质在进一步热处理前进行分离和富集，完成热处理后再将挥发性风味物质回添，实现热敏性风味的保持。

为减少牛奶热杀菌过程可能生成的“蒸煮味”对牛奶风味品质的影响，使用渗透汽化法比较并评价 3 种不同渗透汽化膜收集、浓缩牛奶中挥发性风味成分的分离效果，结果显示聚辛基甲基硅氧烷（POMS）膜的风味分离效果最佳（Overington et al.，2011）。类似的技术也可被用于咖啡香气、果蔬汁青草鲜香等热敏性风味成分的分离与富集。进一步研究显示，pH 对酸类风味成分的渗透汽化分离有较大影响，而对酮类、酯类风味成分富集的影响不大。

第四节 未来趋势与展望

随着食品工业的不断发展，人们对食品的安全与品质的要求和期待也在不断提高。膜分离技术操作方便、分离效率高、无污染、无相变且条件温和，符合现代食品加工生产的需求，

在食品分离领域中应用场景多样，发展前景十分广阔。

虽然膜分离技术在大宗食品中分离应用积累已相对成熟，但食品工业的不断进步仍然对膜分离技术的升级发展提出了新的要求：需在提高膜使用寿命、减少膜污染作用、加强膜分离技术与其他技术的集成等方面进行更深入的基础与应用研究，以使膜分离技术在食品加工领域中发挥更重要的作用。可喜的是，对多功能膜材料的探索方兴未艾，新型材料具有更高的渗透性及操作稳定性。通过材料创新研究，降低膜成本、充分利用膜面积、简化前处理工艺、实现更低的膜维护成本、解决膜污染及压实等问题，是延长膜使用寿命的重要手段。

目前，我国诸多膜分离技术创新成果尚未完全转化为生产力，未来的研究应进一步聚焦工程应用的中试转化，将更多先进膜制备及分离技术推向市场，开发适合工业化应用的高效分离膜及方便、能耗小、易产业化的膜分离过程和大型组件，为产业的发展带来更强有力的技术支撑。

随着膜研究的不断深入，膜分离技术在食品加工中的应用范围将越来越广。

思　考　题

1．食品膜分离加工的基本原理是什么？

2．食品膜分离技术的主要优势和缺陷分别是什么？

3．某公司研发了一款风味乳矿饮料，其蛋白质含量<0.5%、乳糖含量<0.5%，已知乳清是该风味乳矿饮料的重要原料，简述基于膜分离技术利用乳清生产该风味乳矿饮料的过程。

主要参考文献

方雅悯．2006-06-14．一种同时生产低钠无糖牛奶和乳糖的方法．中国, CN1784998A［2024-10-20］
刘飞云，潘道东．2008．鲜乳陶瓷膜除菌技术研究．食品科学，29（3）：256-259
刘选东．2016．基于膜分离技术的低乳糖牛乳制备．合肥：安徽农业大学硕士学位论文
徐尚英．2024-02-20．一种料酒多级中试膜过滤系统．中国，CN202322009178.X［2024-10-20］
杨宝雨．2019．基于陶瓷膜技术的羊乳膜分离工艺研究．烟台：烟台大学硕士学位论文
Abdel-shafy H I, Schories G, Mohamed-Mansour M S, et al. 2014. Integrated membranes for the recovery and concentration of antioxidant from olive mill wastewater. Desalination and Water Treatment, 56: 305-314
Galanakis C M, Kotsiou K. 2017. Recovery of bioactive compounds from olive mill waste. *In*: Galanakis C M. Olive Mill Waste. Princeton: Academic Press: 205-229
Holm S.1989-10-24. Method for producing milk with a lowered bacterial content. US, US4876100A［2024-10-20］
Overington A R, Wong M, Harrison J A. 2011. Effect of feed pH and non-volatile dairy components on flavour concentration by pervaporation. Journal of Food Engineering, 107(1): 60-70

第十九章　细胞培养肉组织化构建技术

随着世界人口的增加及人们对肉类需求的提升，依赖传统畜牧养殖的肉类生产方式与资源环境禀赋之间的矛盾日益突出，新型肉类生产技术的开发备受关注。细胞培养肉（cell cultured meat）是一种依据动物骨骼肌组织发育再生机制，通过对细胞进行体外培养而获得的肉类，具有生产周期短、资源占据少、生态环境友好、绿色安全等优势（周光宏等，2020）。

将获得的种子细胞体外培养成可食用组织是细胞培养肉生产的关键步骤，也是细胞培养肉组织化构建技术的核心。对细胞培养肉组织化构建技术展开研究，有利于建立细胞培养肉组织高效合成体系，提升细胞培养肉产品品质。因此，本章主要介绍细胞培养肉组织化构建过程中所使用的材料及其组织化构建手段，并就工业规模的组织化构建策略进行讨论与展望。

本章思维导图

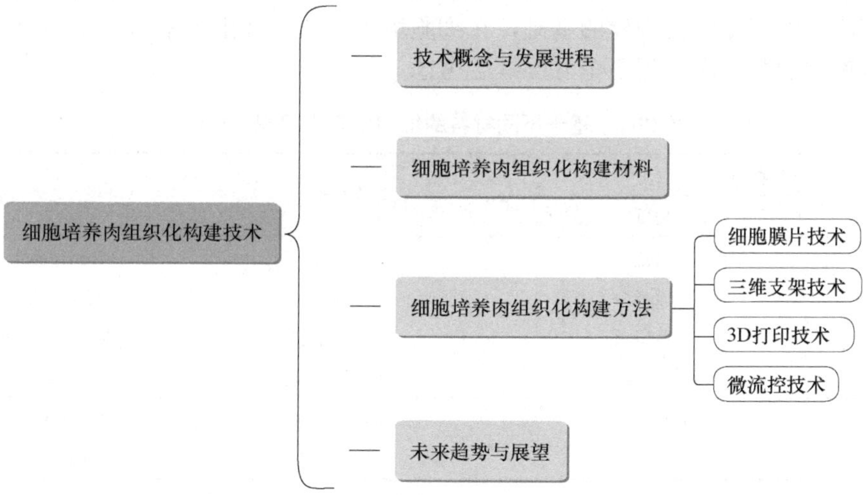

第一节　技术概念与发展进程

1932 年，Winston Churchill 提出了细胞培养肉的初级理念。2013 年，Mark Post 制作出世界第一块细胞培养肉，成功地将细胞培养肉从概念变为现实。自此，全球细胞培养肉产业进入快速发展阶段。2019 年底，南京农业大学周光宏教授团队通过培养猪肌肉干细胞获得中国第一块细胞培养肉，驱动了我国细胞培养肉技术的发展。现如今，细胞培养肉的研究对象已从培养牛肉、猪肉和鸡肉，拓展到培养海鲜、脂肪、内脏和动物源功能性成分等领域。此外，市场化进程也在不断推进。例如，Eat Just、Upside Foods 等公司的相关产品也先后通过新加坡、美国的监管审查，着手进入消费者市场。

细胞培养肉领域的飞速发展离不开细胞培养肉组织化构建技术和理念的进步。在组织化构建过程中，适宜的三维细胞生长基底是将种子细胞体外培养成三维组织的基础，需结合不同种子细胞特性和组织化构建需求对基底材料进行优选。此外，组织化构建方法对种子细胞在三维基底中的生长效果和细胞培养肉产品品质起着至关重要的作用。基于此，组织工程领域的一些经典组织再生手段被用于细胞培养肉组织化构建中，如细胞膜片技术、三维支架技术等，方式基本为批量制备构建单元后集中组装，形成块状细胞培养肉。在构建过程中，根据细胞特性可对构建方法进行适应性改进，如针对肌肉干细胞的定向结构设计。随着行业发展，逐步引入 3D 打印、微流控等技术来实现细胞培养肉组织的自动化、精细化构建。尤其是微流控技术，可制造具有仿生生理结构和尺度的细胞培养肉组织，在提升种子细胞功能性分化、肉类蛋白质合成等方面前景广阔。此外，面向细胞培养肉的工业生产需求，对现有组织化构建技术进行改进，并积极探索工业化生产策略是未来的重要发展方向。

第二节　细胞培养肉组织化构建材料

用于细胞培养肉生产的种子细胞一般以肌肉干细胞、脂肪间充质干细胞和成纤维细胞为主，呈现贴壁生长的生理特性。在种子细胞的体外三维培养过程中需要选择具有良好生物相容性的材料，并使其形成适宜的组织化结构作为生长基底，部分材料分类在表 19-1 中列出。作为细胞培养肉组织化构建的基础，在细胞培养肉的实际生产中组织化构建材料的选取还要从可食性、营养、质地等多个方面综合考虑。

表 19-1　基于不同材料的细胞培养肉组织化构建

材料		组织化结构	参考文献
种类	物质		
蛋白质	明胶	微载体	Norris et al.，2022
	胶原蛋白	纤维	Kang et al.，2021
	大豆蛋白	三维多孔支架	Ben-Arye et al.，2020
	玉米蛋白	3D 打印支架	Su et al.，2022
多糖	海藻酸钠	三维水凝胶	Dohmen et al.，2022
	壳聚糖	定向薄膜	Xiang et al.，2022

鉴于细胞培养肉组织化构建材料的可食性要求，从动物、植物中分离所获得的天然材料是组织化构建材料的首选，主要分为蛋白质和多糖两大类。在蛋白质类材料中，动物蛋白如胶原蛋白、明胶、纤维蛋白，能有效模拟细胞外基质环境并为细胞提供丰富的黏附位点，促进种子细胞的迁移、增殖、分化。基于动物蛋白的三维生长基底，如微载体、纤维、三维多孔支架等，能支持肌肉干细胞等种子细胞的三维组织高效构建。随着产业的发展，使用动物蛋白带来的成本和动物源属性问题日益凸显，因此植物蛋白在细胞培养肉组织化构建中的应用被逐渐开发，如基于大豆蛋白、小麦蛋白、玉米蛋白三维多孔支架的组织化构建（Ben-Arye et al.，2020）。现有的植物蛋白材料在来源、成本和可食性等方面优势明显，但其批次间的稳定性、生物相容性需要进一步提升，少数植物蛋白的致敏性也需要额外重视。

多糖类材料，如海藻酸钠、琼脂糖、结冷胶等，具有更好的机械性能和成本效益，能够在温和条件下快速成型，常用于组织化结构的构建，对细胞培养肉终产品的质地、口感等食用品质有显著提升作用。多糖类材料具有良好的生物相容性，已被用于细胞培养脂肪的合成，但因缺乏细胞黏附位点，难以单独支持肌肉干细胞的组织生成。单一种类的材料往往性质不够全面，难以满足细胞培养肉组织化构建的多方面需求。因此，以种子细胞特性需求为导向，综合考虑不同材料的优缺点，将多种材料组合应用以充分发挥各自的优势，才能达到理想的细胞培养肉组织化构建效果。“蛋白质-多糖”是常用的材料复配策略，蛋白质为种子细胞提供丰富的黏附位点，多糖保障适宜的机械强度以满足不同种子细胞的生长需求，二者优势互补，应用效果显著。

第三节　细胞培养肉组织化构建方法

一、细胞膜片技术

种子细胞在二维培养皿中生长融合形成膜状片层，通过改变培养环境使片层完整脱落，并进一步批量堆叠组装形成不含基底材料的细胞培养肉三维组织，可充分保留细胞及其胞外基质，所获得的细胞培养肉终产品有效细胞含量高。美国 Upside Foods 公司通过该技术生产的细胞培养鸡肉产品，已通过上市前的监管审查。

考虑到种子细胞在二维平面呈无序状态生长，而定向有序的结构能诱导细胞的高效融合与分化。因此，可将种子细胞接种至具有定向图案的膜片基底上，细胞生长成熟后再将“细胞-膜片”整体堆叠组装形成细胞培养肉三维组织。例如，美国加利福尼亚大学 Amy Rowat 团队采用成型模板拓印的方法制作了具有表面定向沟槽结构的载体膜片，完成了种子细胞的三维扩培和组织化构建（Norris et al.，2022）。

二、三维支架技术

相较于二维培养，细胞三维培养能更好地模拟体内细胞所处的生理环境，激活细胞特定生长功能。在细胞培养肉组织化构建过程中，可使用动植物蛋白、多糖材料的水凝胶包裹种子细胞，并辅以三维模具来形成组织。通过对模具的结构、形貌进行设计，为负载细胞的水凝胶提供锚点及空间限制，调控三维水凝胶的组织化构建效果。该技术是经典的细胞培养肉组织化构建方法，世界和中国第一块细胞培养肉均由此方法制得，图 19-1 呈现了基于三维水凝胶支架的中国第一块细胞培养肉制作过程。

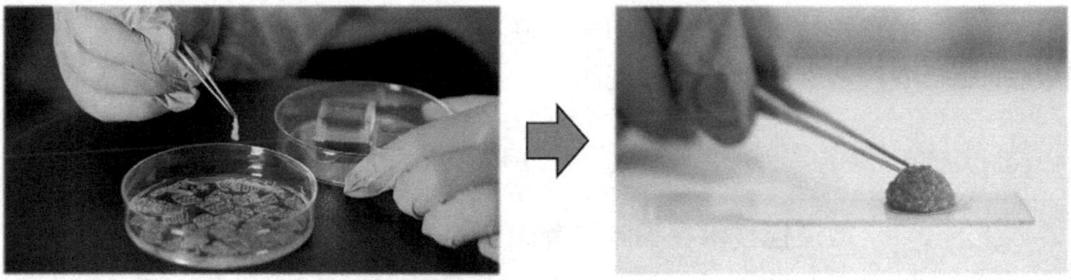

图 19-1　中国第一块细胞培养肉的制作过程（引自 Zhu et al.，2022）

彩图

此外，以动植物蛋白、多糖水凝胶为基础开发三维多孔支架，将种子细胞接种至支架表面与内部，通过体外增殖、分化培养也可形成细胞培养肉组织。通过调节孔径和孔隙结构，为种子细胞提供充足的生长空间和物质交换环境，可实现对种子细胞生长效果的调控与优化。

南京农业大学周光宏教授团队使用冰模板联合冷冻干燥技术制造出具有定向孔洞结构的三维支架，实现了猪肌肉干细胞的高度取向生长，提升了成肌分化和组织形成效率（Chen et al.，2024）。

三、3D 打印技术

3D 打印技术是快速制造三维体的有力手段，具有生产效率与自动化程度高等优势，可制作尺寸精细、结构复杂的三维支架用于细胞培养肉组织化构建。3D 打印三维支架的外观、尺寸、微观结构等性质可通过打印模型、打印指令灵活调整，以满足不同的细胞培养肉组织化构建需求（Wang et al.，2022）。

除上述打印三维支架材料培养细胞外，也可基于负载种子细胞的生物墨水 3D 打印实现细胞培养肉组织的“一步式”构建。以可食性和生物相容性良好的材料混合种子细胞作为生物墨水基底，通过改变材料成分、浓度和成胶条件等参数调节材料的流变性能，使其具备理想的打印性、成型稳定性和细胞生长特性，经喷嘴挤出在打印移动系统的带动下堆叠成型、培养成熟，即可获得细胞培养肉三维组织。日本大阪大学的研究团队就利用 3D 打印技术模拟牛排的组织学结构构建了含有肌肉、脂肪和结缔组织的高仿真细胞培养“和牛”（Kang et al.，2021）。

四、微流控技术

微流控（microfluidics）技术能够在微尺寸通道中精确加工和操控小体积流体，被广泛应用于化学、材料学、生命科学及食品科学等多个学科领域。近年来，微流控技术由于其在制造组织构建模块方面的优越性，获得了细胞培养肉领域学者的青睐。

基于微流控液滴模板可以制备具有不同尺寸、结构的球形细胞载体，如多孔、核壳微载体，有助于缓解种子细胞放大培养过程中剪切损伤细胞、物质交换有限等问题。经培养成熟的“微载体-细胞”单元可整体收获，用于细胞培养肉的三维组织化构建。此外，微流控也是制备纤维载体的有力工具，依据流体的层流效应，可构建具有生理尺度的中空、核壳、多组分微纤维，在模拟天然骨骼肌纤维的基本结构和成分上优势显著。

此外，微流控技术还可与其他技术联用，以提高其对于细胞培养肉组织化构建的适用性。例如，将微流控技术与电喷技术结合可以减少操作步骤，提高载体制备效率，具有绿色、安全、高效的特点；微流控技术与 3D 打印技术联用，可将具有特殊结构、组分的微纤维打印成型，实现细胞培养肉从宏观形貌到微观组分、结构对真实肉类的模拟。

案例 19-1

微流控技术在细胞培养肉组织化构建中的应用

近年来，微流控技术在细胞培养肉组织化构建中初露头角，南京农业大学周光宏教授团队利用微流控技术制备了负载猪肌肉干细胞的仿生微纤维，有效模拟了天然骨骼肌的纤维状形貌，如图 19-2 所示，进一步结合 3D 打印技术构建了块状细胞培养肉组织（Ding et al.，2023）。

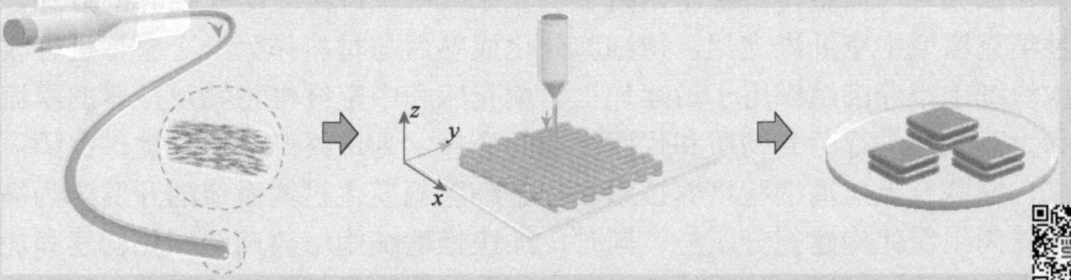

图 19-2 基于微流控技术的细胞培养肉组织化构建

彩图

微流控技术在构建结构、成分各异的纤维状结构单元上优势明显。在细胞培养肉领域，基于微流控技术制备的纤维载体能为种子细胞，尤其是肌肉干细胞，在生理尺度上充分还原体内生长环境，开发出一种创新的细胞培养肉组织化构建方法。案例中，使用内径分别为 120μm、580μm 的内、外相玻璃毛细管开发了具有共轴嵌套结构的微流控芯片。将负载有猪肌肉干细胞的水凝胶溶液与多糖溶液分别通入芯片内、外相通道，流速分别设置为 1.8mL/h 和 2mL/h。两相流体在管道中形成稳定的层流结构，挤出后在收集液中交联成型为具有多糖水凝胶外壳和负载猪肌肉干细胞水凝胶内核的仿生微纤维。

结果显示，利用微流控技术制备的仿生微纤维在调控猪肌肉干细胞生长方面效果显著。在微纤维刚生成时，内核中的猪肌肉干细胞呈球状、分散形态，经培养的猪肌肉干细胞在内核结构的限制下沿着纤维走向迁移、融合形成细胞纤维，呈现高度定向生长。相较于二维培养，仿生微纤维中的猪肌肉干细胞成肌分化和肌肉相关蛋白合成能力得到增强，分化初期成肌分化启动基因上调了 300 余倍，分化末期肌肉成熟标志基因上调了 20 余倍。此外，在培养过程中还成功捕捉到细胞纤维的自发性收缩跳动现象，说明基于微流控技术能实现成熟肌纤维的体外高效合成。将 3D 打印喷头替换为微流控芯片，生成的仿生微纤维在 3D 打印机的带动下堆叠成型，构建得到 20mm×15mm×3mm 的细胞培养肉三维组织。得益于细胞在仿生微纤维中的高效成肌分化能力，打印后培养成熟的细胞培养肉组织在外观、质地、蛋白质及氨基酸组成上与市售猪肉十分相似，其中甘氨酸、脯氨酸和半胱氨酸的含量尤其接近。

数字资源 19-1　数字资源 19-2

第四节 未来趋势与展望

现有细胞培养肉组织化构建技术在工艺流程、产品品质和批次间稳定性等方面还存在限制，需进一步技术优化升级并积极探索工业化生产策略，以满足细胞培养肉的工业生产需求。

一方面，可借鉴植物肉成熟的工业生产方式，将植物肉生产工艺与细胞原料有机结合。例如，将规模化扩增得到的种子细胞与植物蛋白、酶等食品原料混合，通过湿法拉丝工艺将混合原料挤压拉伸从而制备具有纤维状纹理的细胞培养肉。基于湿法拉丝工艺构建细胞培养肉组织，可免除种子细胞的体外分化环节，也可形成类似肌肉般的纤维纹理和感官品质，但其肉类蛋白含量会存在较大局限。另一方面，在利用填充床或中空纤维生物反应器对种子细胞进行规模化放大时，借鉴传统细胞贴附于填充床或中空纤维支架上培养的方式，可以考虑开发可食性填充床或中空纤维支架，待细胞分化成熟后与材料作为一个整体进行收获，从而批量得到大块细胞培养肉组织用于后续加工。填充床和中空纤维生物反应器的灌流式培养模式还能温和、高效地进行营养物质和代谢废物的交换，为最终产品质量提供保障。

在未来，需联合无血清细胞培养技术和种子细胞规模化扩增系统的开发，为高效、低成本的细胞培养肉组织化构建充分赋能。同时，加快推动细胞培养肉组织化构建和加工过程中质量控制标准与风险因子评估体系的建立，为细胞培养肉组织构建的标准化和产业化生产铺平道路。

思 考 题

1．细胞培养肉组织化构建方法有哪些？

2．细胞培养肉组织的工业化生产策略是什么？

主要参考文献

周光宏，丁世杰，徐幸莲．2020．培养肉的研究进展与挑战．中国食品学报，20（5）：1-11

Ben-Arye T, Shandalov Y, Ben-Shaul S, et al. 2020. Textured soy protein scaffolds enable the generation of three-dimensional bovine skeletal muscle tissue for cell-based meat. Nat Food, 1: 210-220

Chen Y, Zhang W, Ding X, et al. 2024. Programmable scaffolds with aligned porous structures for cell cultured meat. Food Chem, 430: 137098

Ding X, Zhuge W, Zhang Y, et al. 2023. Microfluidic generation of bioinspired core-shell structured microfibers for cultured meat. Chem Eng J, 478: 147467

Dohmen R G J, Hubalek S, Melke J, et al. 2022. Muscle-derived fibro-adipogenic progenitor cells for production of cultured bovine adipose tissue. NPJ Sci Food, 6(1): 6

Kang D H, Louis F, Liu H, et al. 2021. Engineered whole cut meat-like tissue by the assembly of cell fibers using tendon-gel integrated bioprinting. Nat Commun, 12(1): 5059

Norris S C P, Kawecki N S, Davis A R, et al. 2022. Emulsion-templated microparticles with tunable stiffness and topology: Applications as edible microcarriers for cultured meat. Biomaterials, 287: 121669

Su L, Jing L, Zeng X, et al. 2022. 3D-printed prolamin scaffolds for cell-based meat culture. Adv Mater, 35: 2207397

Wang J, Ding X, Zhou G. 2022. Cutting-edge tissue engineering strategies for cultured meat. Food Res Int, 2: 20

Xiang N, Yao Y, Yuen Jr J S K, et al. 2022. Edible films for cultivated meat production. Biomaterials, 287: 121659

Zhu H, Wu Z, Ding X, et al. 2022. Production of cultured meat from pig muscle stem cells. Biomaterials, 287: 121650

第二十章　植物肉加工技术

植物基肉制品（简称植物肉）是指以植物原料（如豆类、谷物类等，也包括藻类及真菌类等）或其加工品作为蛋白质、脂肪的来源，添加或不添加其他辅料、食品添加剂（含营养强化剂），经加工制成的具有类似畜、禽、水产等动物肉制品质构、风味、形态等特征的食品（T/CIFST 001—2020）。本章概述了植物肉加工技术的发展进程，介绍了两种植物肉加工方法的作用原理、工艺流程和加工装备，列举了当前植物肉加工应用的案例，展望了植物肉加工的发展趋势。

本章思维导图

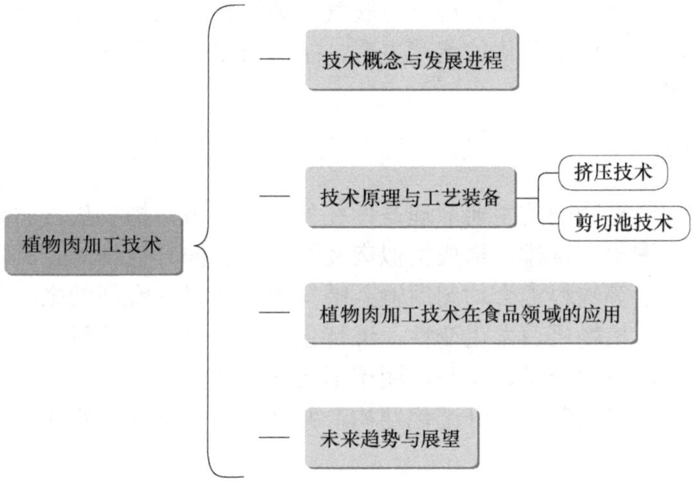

第一节　技术概念与发展进程

随着经济发展、人口增长、环境恶化、战争冲突，全球食物和蛋白质的需求在持续上涨。经济合作与发展组织（OECD）和联合国粮食及农业组织（FAO）（2023）数据显示，预计到2032年，全球蛋白质的平均需求量将增长至88.4g/(天·人)。近年来，由于植物蛋白具有绿色可持续和营养健康的优势而受到广泛关注，其中植物肉的开发成为一大研究热点。我国一直以来就有将豆类、小麦等植物性原料开发为面筋、素鸡等仿禽类肉制品的传统，自20世纪50年代以来，在环境保护、动物伦理等理念的驱动下，现代植物肉加工业开始模拟完全近似肉的口感和风味的植物肉产品，许多新型的植物肉产品不断涌现，大大推动了植物肉加工技术的兴起。植物肉产品在新技术和新工艺的推动下逐渐呈现多样化，包括植物肉饼、植物肉肠、植物肉酱、植物肉丸等碎肉产品，以及植物鸡块、植物牛排、植物五花肉等整肉产品，这些产品逐渐出现在各种中西式饮食场景中，为消费者尤其是素食主义者提供了更多的饮食选择。

豆类蛋白（大豆蛋白、豌豆蛋白、鹰嘴豆蛋白、花生蛋白等）、谷物蛋白（小麦蛋白等）、蔬菜蛋白（马铃薯蛋白等）是植物肉加工中常用的蛋白质原料。肉类由肌肉纤维组成，这些纤维形成的显著各向异性的结构为其提供了良好的咀嚼性和口感。然而，植物蛋白不具备此结构特征，因此对植物蛋白进行结构重组、人为构建各向异性结构是模拟肉类（肌肉整肉）质构的核心（赵一果等，2019）。实现这种质构重组的技术包括挤压技术、剪切池技术、3D打印技术、静电纺丝技术等。

第二节　技术原理与工艺装备

一、挤压技术

挤压技术主要依靠螺杆挤压机实现，通过连续的加热和机械作用，改变蛋白质原料原有的结构，转化为具有组织化结构的产品。植物蛋白的挤压技术并不是仅有单一的挤压作用，而是包括物料的混合、水化、剪切、均质、脱气、高温、高压、料流对齐、成型、膨胀、干燥等一系列过程，能够实现工业化的连续生产。挤压技术是目前商业化程度最高、应用最广泛的植物肉加工技术。

（一）作用机制

利用挤压技术生产植物肉的主要原理是：在外力作用下，植物蛋白质分子改变其原有的空间结构，重新定向聚集和重排，形成类似肉类纤维的各向异性结构。具体过程为：将植物蛋白原料和油脂、色素等辅料混合均匀后输入喂料器，物料在螺杆的推动下与水混合；在高温、高剪切的条件下，植物蛋白发生变性，维持蛋白质原有结构的氢键、二硫键等化学键和疏水作用力被破坏，蛋白质分子链展开，团聚形成熔融体；再经过分子间重新交联和聚集、亲疏水相分离等过程，形成明显的纤维化结构，并被冷却模具赋予相应的大小和形状，最终得到成品。

（二）工艺和装备

挤压机的类型主要包括螺杆挤压机、柱塞挤压机和辊式挤压机。其中，螺杆挤压机最为常见，根据螺杆数量的不同又分为单螺杆挤压机、双螺杆挤压机（图 20-1）和多螺杆挤压机，

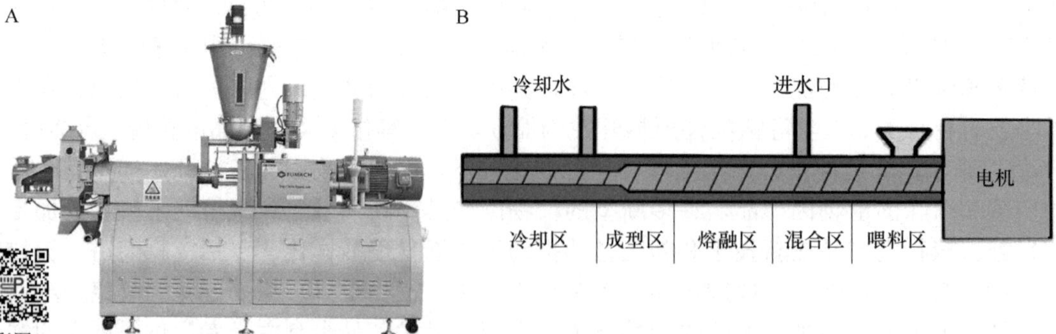

彩图

图 20-1　双螺杆挤压机实物图（A）及双螺杆挤压机结构示意图（B）

其中单螺杆挤压机和双螺杆挤压机是挤压技术中最常用的设备。单螺杆挤压机依靠单根螺杆进行物料加工；双螺杆挤压机结构更加复杂，依靠一对完全啮合、同向或反向旋转的螺杆完成物料的加工。

根据产品水分含量的不同，挤压技术可分为高水分挤压技术和低水分挤压技术。采用低水分挤压技术生产的产品水分含量为 20%～40%，可采用单螺杆挤压机或双螺杆挤压机实现（图 20-2A）。低水分挤压无冷却模具，利用螺杆与物料、物料与机筒内壁的摩擦进行输送，在挤压过程中螺杆外径逐渐变大，挤压机内部空间变小，压力增大，同时伴随升温，在挤出瞬间压力减小，物料膨化。低水分挤压蛋白产品一般呈海绵状，水分含量低，易于贮藏和运输，但其设备能耗大、设备磨损较大，对营养物质的破坏程度较高，且使用前需要复水。采用高水分挤压技术生产的产品水分含量为 40%～80%，通常采用双螺杆挤压机实现（图 20-2B）。高水分挤压具有冷却模具。固体物料混合均匀后传送到挤压机的喂料区，接着在混合区与水分或其他液体混合均匀，然后输送到熔融区，在高温、压力、剪切力等作用下形成熔融体，在此期间蛋白质、多糖等物质的结构发生变化，最后经过一段较长的冷却模具，使物料冷却降温定型。高水分挤压蛋白产品水分含量高，富有弹性且组织化程度高，能为消费者提供类似肉的口感，使用前无需复水，但一般在贮运过程中需要保持冷藏或冷冻。

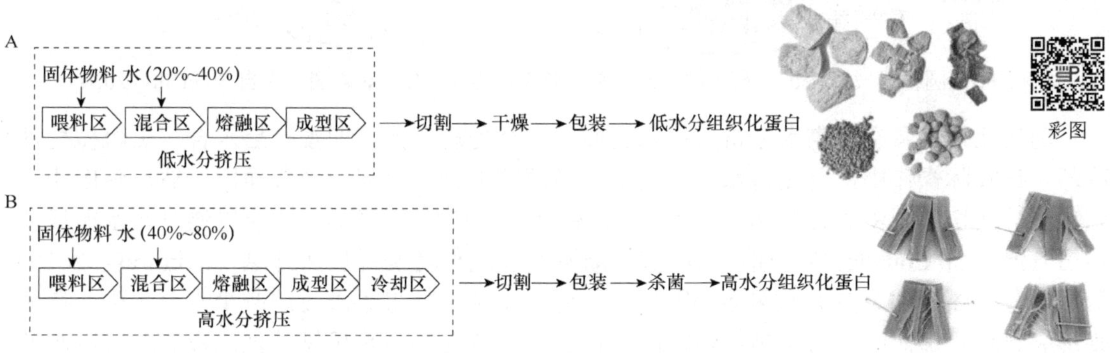

图 20-2　不同水分组织化蛋白质生产工艺

A．低水分挤压产品（引自 Guyony et al.，2023）；B．高水分挤压产品（引自 Chiang et al.，2019）

蛋白质挤压产品的特性与原料种类和挤压工艺参数密切相关，影响因素主要包括挤压温度、水分含量、螺杆转速、螺杆直径等。在挤压过程中，各原料组分相互作用，且受挤压参数的影响很大，往往需要各个因素的综合调控。

二、剪切池技术

剪切池技术是受流变仪的启发开发出的一种植物肉加工技术，与挤压技术类似，剪切池技术也是利用热机械应力塑造植物蛋白的纤维结构，不同的是剪切池工艺在加热过程中利用了剪切流。

（一）作用机制

剪切池技术以流动感应技术为基础，近年来被应用于植物蛋白组织化加工领域。其机制为在剪切池中，两个加热的平行板之间发生相对滑动，引起物料变形。在温和且明确的剪切流作用条件下，物料发生相分离、变形、凝固，从而形成各向异性结构（Grabowska et al., 2014）。

（二）工艺和装备

常见的剪切池装置根据转子形状分为两种：锥形式和同心圆柱式（图 20-3）。锥形装置又称为剪切单元，由固定的顶部锥体和旋转的底部锥体组成。同心圆柱式以库埃特（Couette）装置为例，其是放大版的锥形装置，由固定的外筒和旋转的内筒组成。这些圆柱体会在间隙上引起库埃特流，该流动类似于锥形装置内的剪切流。

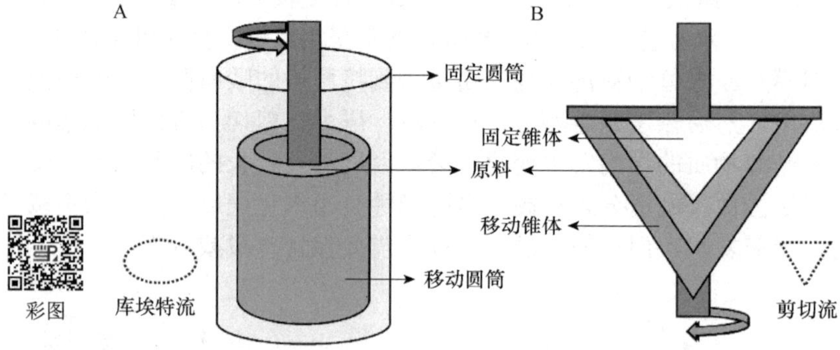

图 20-3 圆柱式（Couette）剪切池（A）和锥形式剪切池（B）示意图（引自 Su et al., 2024）

剪切池技术具有与高水分挤压技术类似的 3 个处理单元，即混合后水合、热机械处理和冷却。在实际操作中，首先将水、蛋白质、多糖等组分充分混合形成面团，然后将面团转移到预热的剪切装置中进行剪切处理（Cornet et al., 2022）。锥形圆筒式装置通过热水循环或油传热升温，而 Couette 装置通过同心圆筒周围的蒸汽夹套实现加热升温（Krintiras, 2016）。剪切装置（图 20-4）具有密封条和加压腔，可防止沸腾并最大限度地减少水分损失。在使用锥形装置进行加热时对材料施加恒定的剪切速率，从而实现热机械处理。最后通过冷却油循环进行冷却，冷却过程中底部锥体不运动（不产生剪切作用），在温度降至 50℃左右时打开剪切装置，得到具有纤维化结构的产品。

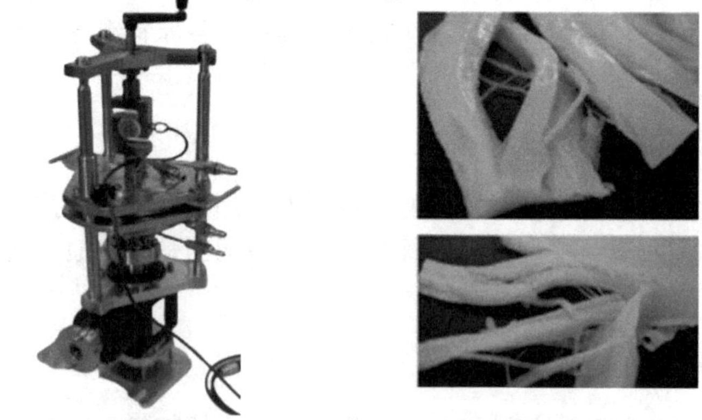

图 20-4 剪切装置实物图（A）及产品图（B）（引自 Manski et al., 2008）

第三节　植物肉加工技术在食品领域的应用

植物肉产品凭借其营养健康和绿色可持续的优势，近年来在食品领域发展迅速。在中式餐饮中，植物肉被广泛应用于方便食品和冷冻调理食品，如植物肉肠、植物肉丸、植物肉馅等；在西式餐饮中，植物肉可以作为快餐、沙拉等食品的配料，如植物鸡块、植物汉堡等。总之，植物肉为不同的消费群体提供了更多元的膳食选择。

案例 20-1

AI 辅助植物肉加工

利用人工智能（AI）技术辅助植物肉产品开发，可以提高研发效率。食品科技公司 NotCo 的 AI Giuseppe 利用庞大的数据集，通过机器学习算法系统性地寻找和测试新的植物成分组合与加工方式，以模拟肉类的味道和质地，以期利用植物成分复现动物产品的感官风味。为了更好地复现动物性产品特性，AI Giuseppe 设计的数据库中涵盖了动物产品的多个维度信息，除去基础的成分组成信息，还包括光谱信息、物理化学特征组成、感官信息等。此外，它还能够解析与动物蛋白风味相近的植物来源，并通过机器学习不断提高配方开发速度。向 AI Giuseppe 指定一种动物基食品，便可以利用其数据库从世界各地的食用植物中筛选出适合替代肉类的原料，从而生成初始食谱，以匹配特定的口味、色泽和质地。利用 AI Giuseppe 辅助可以系统性开发和完善新配方，而不需要经过偶然和反复试验。目前 NotCo 公司已经将 AI Giuseppe 用于植物蛋、植物奶、植物奶油、植物肉等多种产品的开发中。例如，AI Giuseppe 通过筛选发现菠萝和卷心菜作为配方组合，可以产生一种动物乳制品中特有的芳香化合物内酯，以此开发出植物奶产品 NotMilk。

尽管 AI 在植物肉生产中展现出巨大潜力，但依旧面临诸多问题和挑战。例如，如何确保基于 AI 开发的植物肉产品能够被人们接受，以及如何处理与食品安全相关的监管问题。此外，AI 算法本身还可能存在偏见，或许会影响产品开发的多样性和适应性。总之，随着科技的不断进步和消费者意识的提高，我们可以期待 AI 技术开发出更美味、更健康、更可持续的植物肉产品。

案例 20-2

植物肉调味技术

植物肉风味中存在的豆腥味、苦味和涩味等问题是其推广困难的主要原因。调查显示，有 35%的消费者在初次尝试植物肉后不再愿意购买，其原因是植物肉冷却后的豆味太重（Good Food Institute，2021）。

于是，国际香料品牌奇华顿公司从植物基食品的风味入手，开发出用于中式菜肴和馅料的植物肉产品，其风味对标土猪肉，满足了广大中国消费者的口味需求。奇华顿利用顶空分析设备解吸出猪肉的香味物质，并结合感官测评，综合评价土猪肉糜香味、滋味、气味等，有针对性地改进大豆蛋白生产工艺，在加工过程中使用风味阻滞和风味掩盖技术，掩盖了豆腥味等不良风味，同时消除了苦涩的口感，同时结合专利调香技术，开发出猪肉香型，更真实地模拟出自然新鲜的猪肉香味。

还有一些科研机构和植物肉生产公司使用醇/醛脱氢酶、风味蛋白酶等新型酶制剂，通过发挥酶的专一性作用形成良好的风味，从而改善植物基食品固有的风味缺陷。此外，包埋技术也逐渐被用于植物肉的风味调配中，通过添加植物脂肪、香精、香料等物质，实现对植物蛋白原料的保护，并增强其稳定性，以期减少烹调过程中风味物质的挥发逸散。

第四节 未来趋势与展望

Good Food Institute（2022）数据统计显示，2022 年全球植物肉的销售额达到 61 亿美元，同比增长 8%。未来在膳食健康和可持续的理念指导下，植物肉的加工将向更绿色、更多元、更高效、更营养的方向发展。一方面，用于植物肉开发的原料将从常用的大豆蛋白、小麦蛋白等向新型的蛋白质资源拓展，如食用菌蛋白、藻类蛋白等；利用天然植物原料代替着色剂、乳化剂，最大限度地保留植物基原料中的营养组分，追求更科学和可持续的配方设计。另一方面，植物肉加工技术在不断创新，分段挤压、在线调味、一体化加工、AI 辅助等技术将逐步被应用于植物肉加工工艺及装备开发，助力高效赋味塑形，实现更加多元和个性化的产品制造。

思 考 题

1．简述植物肉的概念。
2．植物肉的加工方法有哪些？
3．高水分挤压技术生产植物肉的原理是什么？

主要参考文献

刘欣然，吴元浩，邓文亚，等. 2020. 植物基仿肉类食品纤维结构设计与评价研究进展. 食品安全质量检测学报，11（17）：5935-5941

张金闯，刘丽，刘红芝，等. 2017. 食品挤压技术装备及工艺机理研究进展. 农业工程学报，33（14）：275-283

赵一果，何君，孙翠霞，等. 2019. 食品各向异性结构及其仿生构建方法. 中国食品学报，19（6）：1-12

中国食品科学技术学会. 2020. 植物基肉制品（T/CIFST 001—2020）. https://www.oecd.org/en/publications/oecd-fao-agricultural-outlook-2023-2032_08801ab7-en.html[2024-10-20]

Chiang J H, Loveday S M, Hardacre A K, et al. 2019. Effects of soy protein to wheat gluten ratio on the physicochemical properties of extruded meat analogues. Food Structure, 19: 100102

Cornet S H V, Snel S J E, Schreuders F K G, et al. 2022. Thermo-mechanical processing of plant proteins using shear cell and high-moisture extrusion cooking. Crit Rev Food Sci Nutr, 62(12): 3264-3280

Good Food Institute. 2021. Plant Protein Primer, The Good Food Institute Analysis. https://gfi.org/resource/plant-protein-primer/[2024-10-20]

Good Food Institute. 2022. Cultivated meat and seafood. https://gfi.org/resource/cultivated-meat-and-seafood-state-of-the- industryreport/[2024-10-20]

Grabowska K J, Tekidou S, Boom R M, et al. 2014. Shear structuring as a new method to make anisotropic structures from soy-gluten blends. Food Res Int, 64: 743-751

Guyony V, Fayolle F, Jury V. 2023. High moisture extrusion of vegetable proteins for making fibrous meat analogs: A review. J Food Reviews International, 39: 4262-4287

Manski J M, van der Zalm E E J, van der Goot A J, et al. 2008. Influence of process parameters on formation of fibrous materials from dense calcium caseinate dispersions and fat. Food Hydrocolloids, 22: 587-600

OECD, FAO. 2023. OECD-FAO Agricultural Outlook 2023-2032. Paris: OECD Publishing

Su T Y, Le B, Zhang W, et al. 2024. Technological challenges and future perspectives of plant-based meat analogues: From the viewpoint of proteins. Food Res Int, 186: 114351

第二十一章　增材制造技术

增材制造是一种新型的物体成型技术，通过层层叠加原材料的方式构造物体的立体结构，工艺简便且成品结构高度定制化，可实现对食品外观形状和营养成分的精准控制。本章概述了食品增材制造的技术概念、基本原理与主要工艺分类，并以巧克力的增材制造加工作为典型案例进行介绍。

本章思维导图

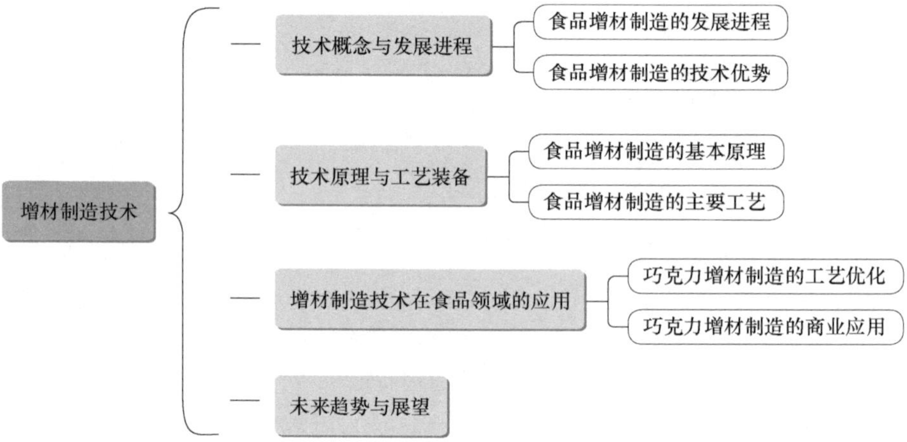

第一节　技术概念与发展进程

一、食品增材制造的发展进程

增材制造又被称为 3D 打印或分层制造技术，最早由美国 UVP（Ultra-Violet Products, Inc.）公司的研究人员 Charles W. Hull 于 1984 年提出。传统的物体成型方式为减材加工，即以一整块原材料为基础，经过切削、钻孔等处理后得到预期的形状。增材制造则与之完全相反，采用逐层固定原材料的方式直接制作所需结构，有效减少原材料浪费，并可实现复杂的内部构成。2000 年，美国 Nanotek Instruments 公司的研究人员报道了使用挤出式打印制作的复杂形状蛋糕，正式将增材制造技术引入食品领域。2007 年，美国康奈尔大学的 Dan Periard 等首次开发出专为食品设计的 3D 打印机 Fab@Home，使用蛋糕糖霜、巧克力、奶酪和花生酱等原料制作了可食用的增材制造食品。自此，增材制造技术在食品领域迅速得到应用。

二、食品增材制造的技术优势

增材制造食品的优势在于食品的成分、风味、形状和大小可以个性化定制，以满足不同人的个体需求（包括健康状况、生活方式和食欲偏好等）；可以加入新来源的营养密集成分；食物准备过程更加方便快捷；消费者可以自由创造具有创新形状、质地和味道的个性化食品。

（一）个性化定制食品

绝大多数食品加工技术面向大规模生产，难以实现具有个性化形状、结构和风味的产品制造。传统的定制食品依赖于手工制作，生产效率低且成本高。增材制造能够克服这一障碍，从造型、色彩等多维度提高产品的个性化水平，并可调整成分与结构以满足不同用户的喜好和需求，精准满足不同年龄、性别、职业和生活方式人群的需要、口味和饮食模式。

（二）特殊人群膳食

超过 1/4 的 50 岁以上人群有咀嚼和吞咽问题，需从糊状食物中获取营养，但糊状、捣碎的食物在视觉上接受度差，难以激发食欲。为吞咽困难人群提供质地柔软、同时兼备营养需求与良好外观的食品，是食品行业的一大挑战（Aguilera & Park，2016）。增材制造食品可以模仿食物的原始形状，增加吞咽困难患者的食欲，从而帮助此类人群更有尊严地进食。

（三）特殊领域用途

增材制造因其个性化定制、节约食材贮存空间等优势可用于生产军用食品或航天食品（Liu et al.，2017）。增材制造生产的军用食品可实现战场上按需生产膳食，并根据不同士兵个体的营养和能量需求进行个性化定制。航天食品需保障宇航员在太空环境中的营养供给，而高昂的运输成本对食材存在诸多限制。在太空中通过增材制造生产食品能够最大化食材的利用效率和保存时间，同时仅占用少量航天器资源，可满足宇航员在长期太空任务中的饮食需求。

第二节　技术原理与工艺装备

一、食品增材制造的基本原理

食品增材制造的基本原理可分为 3 部分。首先通过软件绘制、网络下载或扫描实物等方式获取立体光刻（STL）格式的 3D 物体模型；之后采用切片软件分解 STL 格式的物体模型，将其转换为 3D 打印机可识别的 G 代码格式文件，也就是在打印过程中打印机喷头的移动路径；最后 3D 打印机的喷头按照预先设置好的参数和 G 代码文件逐层移动，喷涂食品原料或将食品原料固化，完成后即可得到打印成品。

二、食品增材制造的主要工艺

在食品增材制造过程中，必须在考虑到食品本身的性质和状态的同时兼顾食品安全。常用于食品增材制造的工艺如图 21-1 所示，根据其技术特点，可分为挤出式打印（extrusion-based printing，EP）、选择性激光烧结（selective laser sintering，SLS）、黏结剂喷射（binder jetting，BJ）、喷墨打印（inkjet printing，IP）4 类主要工艺（Godoi et al.，2019）。

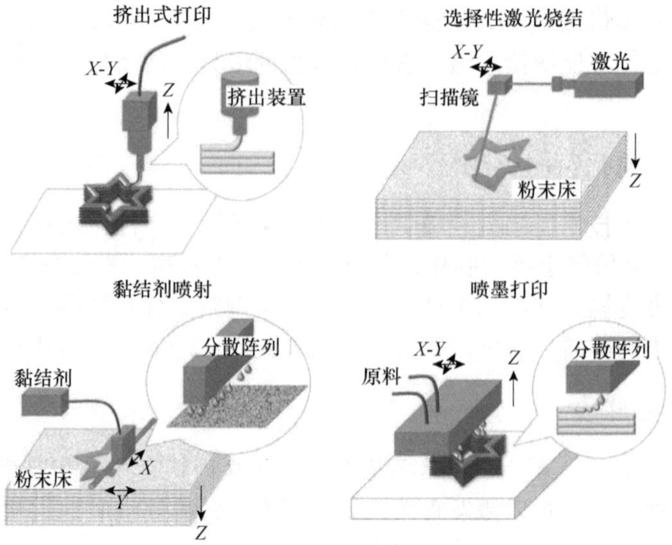

彩图

图 21-1 食品增材制造工艺示意图（引自 Sun et al.，2015）

（一）挤出式打印

挤出式打印是目前应用最为广泛的增材制造工艺，具体可细分为熔融沉积成型（fused deposition modeling，FDM）和墨水直写（direct ink writing，DIW）两种方式。熔融沉积成型是将固体物料在高温下熔化为半固体挤出后，沉积在打印平台或已打印截面上，通过层层堆积的方式完成整个打印操作。墨水直写则是在熔融沉积成型方式的基础上去掉了加热熔化这一步骤，原料依靠自身的黏性实现连接，这就要求原料能够在打印过程中流畅地挤出，在挤出后还需维持原有的形状不发生流动。熔融沉积成型和墨水直写的优点在于工艺简便、成本较低、普适性好，多用于打印巧克力、土豆泥、奶酪、面团等固体性质食材。

（二）选择性激光烧结

选择性激光烧结工艺是将预热到低于熔点的粉状原料平铺在粉末床上，再通过高强度的激光按照模型截面的预设路径运动照射粉状原料使其烧结固化，在形成模型对应截面的同时与已打印成型的下层黏合，之后重新覆盖一层新的粉状原料，重复进行上述操作直至得到成品。由于原料为粉末状，选择性激光烧结成型速度快且未凝固的材料可以回收利用，可减少原料浪费。目前，此工艺常被应用于打印如糖果、巧克力等可由粉末状原料制成的食品。

（三）黏结剂喷射

黏结剂喷射工艺又被称为物理黏结成型工艺，其与选择性激光烧结类似，同样需要粉状原料。粉状原料平铺在粉末床后，喷嘴在预设位置喷出黏结剂使颗粒黏结并固定于底层材料上，之后重新覆盖一层粉末状原料，不断重复直至得到成品。打印过程中使用的黏结剂除可帮助成型外，一般还具有改善食品风味和色泽的作用。本工艺同样具备加工速度快、原料损耗少的优点，适用于生产可由粉末原料制成的食品。

（四）喷墨打印

喷墨打印工艺是通过喷嘴将低黏度液体直接喷射到待打印的物料表面，液体在物料表面固化成型。由于低黏度的液体不具备支撑性，无法在其上层叠加其他结构。本工艺在食品领域中常用于对饼干、蛋糕、比萨等食品表面的图形修饰和表面填补，以及对面包等内部具有腔体的食品进行填充等。

第三节　增材制造技术在食品领域的应用

一、巧克力增材制造的工艺优化

巧克力是目前在增材制造中应用最为成熟的食品原料之一。在结构组成上，巧克力可视为非脂肪颗粒分散于可可脂中形成的悬浮系统。由于可可脂的熔点较低，很容易熔化，并且在熔化状态下具有良好的流动性；在冷却至低温后，可可脂又能够恢复到固体状态。因此，巧克力非常适于挤出式打印工艺。此外，巧克力还可被粉碎为粉末，适用于选择性激光烧结和黏结剂喷射工艺。另外，熔融状态下的巧克力还具有出色的流变性，因而可作为喷墨打印的原料之一。鉴于巧克力对食品增材制造工艺的普适性，其相关工艺优化已经得到了充分研究。

案例 21-1

巧克力的墨水直写打印

墨水直写工艺不需要对原料加热，这有助于以增材制造方式实现温度敏感物质的递送。室温下呈固体的巧克力无法直接用于墨水直写，但巧克力制品一般具有较好的流动性，可通过优化配方使其可用于墨水直写工艺。巧克力糖浆具有高流动性，可通过加入可可粉改良其流变性能。图 21-2 展示了添加可可粉的巧克力糖浆打印网格效果。

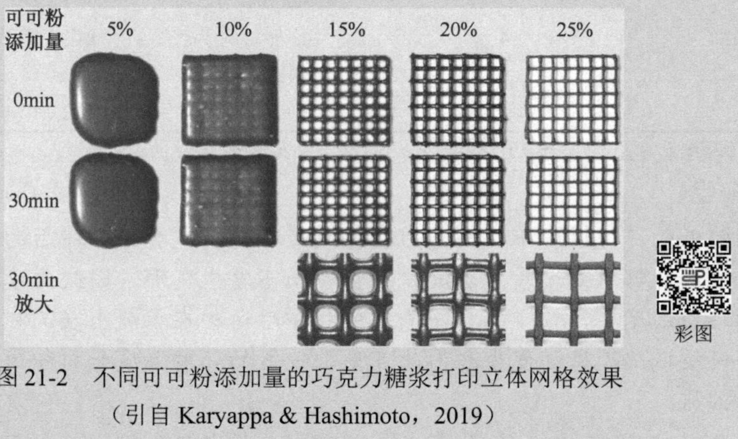

图 21-2　不同可可粉添加量的巧克力糖浆打印立体网格效果
（引自 Karyappa & Hashimoto，2019）

在未添加可可粉和较低的可可粉添加量下，巧克力糖浆在打印时快速扩散，打印的网格强度很低，会在重力作用下发生流动。随着可可粉添加量的增加，打印后结构的自支撑性能明显提高。可可粉质量分数 20%和 25%的巧克力糖浆能够有效维持打印后的网格结构，可以作为打印原料使用。在玻璃基板和饼干作为基板的情况下，都表现出了良好的打印效果（图 21-3）。

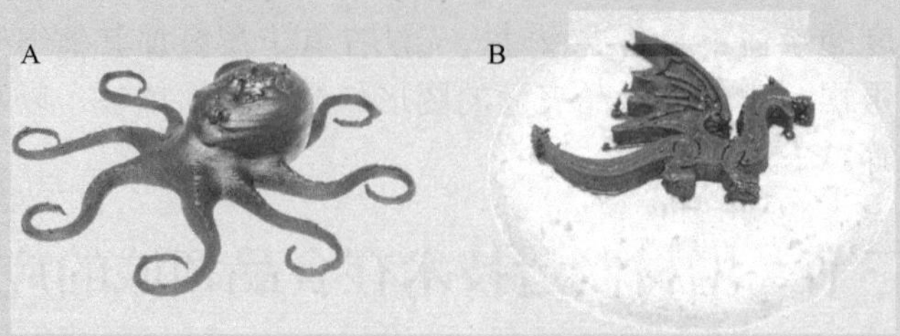

彩图

图 21-3　可可粉质量分数 20%的巧克力糖浆以玻璃（A）和饼干（B）作为基板打印立体几何形状的效果（引自 Karyappa & Hashimoto，2019）

案例 21-2

影响巧克力打印品质的环境因素

在使用熔融沉积成型工艺制备巧克力时，巧克力在挤出后的沉积固化质量会直接影响打印后成品品质，而其沉积固化质量除与原料本身性质有关外，还与打印环境温度、打印速度等外界因素密切相关。表 21-1 列举了某品牌黑巧克力在不同环境温度和打印速度条件下打印结构出现坍塌时的结构温度、结构高度、打印时间。

表 21-1　不同环境温度和打印速度条件下打印结构出现塌陷时的结构温度、结构高度、打印时间比较（引自 Rando & Ramaioli，2021）

环境温度/℃	打印速度/(mm/s)	结构温度/℃	结构高度/mm	打印时间/s
18	16	25.0±0.4	2.25±1.1	121.0±15.27
20	8	24.7±0.1	2.69±0.4	245.0±6.1
	12	25.6±0.2	2.07±0.3	160.4±2.1
22	4	26.5±0.3	2.84±0.1	183.7±6.3
	8	26.4±0.2	1.80±0.1	52.5±0.7
	12	26.9±0.3	1.80±0.1	43.7±4.1

注：环境温度为 20℃，打印速度 4mm/s 时打印结构未出现塌陷；环境温度为 18℃，打印速度为 4mm/s、8mm/s、12mm/s 时打印结构均未出现塌陷

在较低的环境温度下，巧克力能够快速冷却，这会使打印后的巧克力结构更为坚硬，进而能够承载大量上层沉积的物料而不发生变形，因此更难以发生塌陷。在相同的环境温度下，较慢的打印速度使打印后结构在承载上层沉积时冷却更充分，同样可延缓塌陷现象的发生。由此可见，较低的环境温度和打印速度有利于提升打印成品品质。

二、巧克力增材制造的商业应用

巧克力增材制造的商业应用首先出现于餐饮行业。西餐厅、咖啡厅等利用巧克力增材制

造设备能够为顾客提供个性化的巧克力甜点。这种定制化服务能够吸引更多的客户，提高品牌的知名度和声誉。例如，巧克力生产商百乐嘉利宝旗下的装饰巧克力工作室“Mona Lisa 3D Studio”与著名糕点师 Jordi Roca 合作，创作了独特的巧克力增材制造作品“可可豆之花”（Flor de Cacao）。通过增材制造技术，巧克力被加工成闭合的可可花形状，浇上热巧克力酱后，巧克力可可花能够绽开，展现出引人注目的视觉效果。

在直接面对消费者群体方面，增材制造巧克力不仅可用于满足消费者对个性化和高品质巧克力的需求，还可高度结合文旅产业，定制彰显当地特色的文化创意产品。通过直接为消费者展示增材制造过程可增强消费者的体验感知，提升互动性和参与感。目前，我国消费级巧克力增材制造设备商业化处于领先地位。以杭州时印科技有限公司、南京威布三维科技有限公司等为代表的企业开发的自助式巧克力增材制造设备已经覆盖了全国数十个城市的景区、博物馆、科技馆、购物中心、主题乐园等场景，消费者可参与选择设计符合自身喜好的图形和形状，创造独特的巧克力作品。

第四节　未来趋势与展望

增材制造技术正在颠覆传统食品成型工艺，为食品行业提供了创新的生产解决方案，已经成为当前食品领域备受关注的研究热点之一。从工艺设备角度，食品增材制造工艺将继续发展和完善，智能化、高效化和精细化的设备有助于满足不断增长的增材制造加工需求。在打印原材料设计方面，新食品原料和增稠剂的应用将有助于改善传统食材的物理特性，使其能够符合增材制造工艺的要求，从而推动更多可用于增材制造的食品原料的开发。此外，4D 打印在维度上增加了时间的概念，使得打印出的产品具备了自主变形、展开或执行特定功能的能力。在食品增材制造领域，4D 打印的应用能为食品产品增添多种创新元素和功能，如形状记忆食品、可响应温度变化的食品等，使产品更具智能和多样化，为消费者带来更加丰富新颖的选择和体验。

思　考　题

1．常用的食品增材制造原料有哪些？它们具有哪些共同特点？
2．食品增材制造相较于传统加工方式有哪些优势和劣势？
3．如何保证增材制造食品的安全与卫生？

主要参考文献

Aguilera J M, Park D J. 2016. Texture-modified foods for the elderly: Status, technology and opportunities. Trends Food Sci Technol, 57: 156-164

Godoi F, Bhandari B, Prakash S, et al. 2019. Fundamentals of 3D Food Printing and Applications. London: Academic Press: 21-22

Karyappa R, Hashimoto M. 2019. Chocolate-based ink three-dimensional printing (Ci3DP). Sci Rep, 9: 14178

Liu Z B, Zhang M, Bhandari B, et al. 2017. 3D printing: Printing precision and application in food sector. Trends Food Sci Technol, 69: 83-94

Rando P, Ramaioli M. 2021. Food 3D printing: Effect of heat transfer on print stability of chocolate. J Food Eng, 294: 110415

Sun J, Peng Z, Zhou W B, et al. 2015. A review on 3D printing for customized food fabrication. Procedia Manuf, 1: 308-319

第二十二章　大数据技术

信息科学与技术的发展推动了众多行业的革新与进步，特别是在食品的加工和生产领域。食品供应链体量庞大、环节复杂、分布广泛、类型多样，其中涉及的数据也具有高度分散的特点。面对日益复杂化的食品供应链管理，需要使用大数据技术，从海量的数据中高效地提取出有价值的信息，并对市场趋势及消费者偏好等关键指标进行深入洞察。同时大数据技术还可以帮助食品企业优化供应链管理、减少资源浪费、提升食品安全水平、提高整体生产效率，对于推动行业可持续发展具有重要的战略意义。本章将介绍大数据技术的概念、基本方法、食品领域常见的数据库等知识，并通过案例分析重点讲解大数据技术在食品领域的应用。

本章思维导图

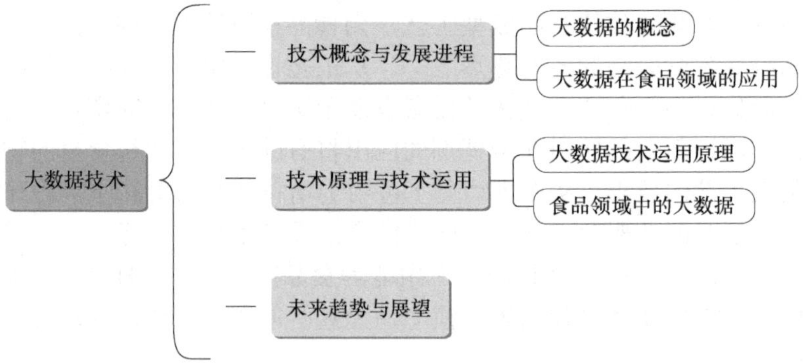

第一节　技术概念与发展进程

随着时代发展与科技进步，消费者对食品的期望已从基本的充足性转向对质量的更高要求，“健康营养”已超越“基本饱腹”成为主要趋势。消费者对于食品的偏好也会受到季节、时间、气候、情绪等多种因素影响而呈现动态变化。在此背景下，大数据技术为食品科学提供了一种创新的分析工具，能够更精准地捕捉不同来源、不同内容、不同维度的信息，综合分析并进行准确预测，推动食品行业的创新和发展。

一、大数据的概念

大数据通常被定义为在可接受的时间范围内使用传统软件工具捕获、管理和分析的数据集合，其规模远远超出了传统数据库软件的处理能力。世界卫生组织（WHO）认为，大数据是指快速收集的大量复杂的数据。欧洲委员会将大数据定义为各种类型来源的大量数据。其存储量可以达到太字节（10^{12}字节）、艾字节（10^{15}字节），甚至泽字节（10^{21}字节）。大数据的特性可以被概括为5V，即大容量（volume）、高速度（velocity）、多样化（variety）、高价值（value）和真实性（veracity）。大数据通常由大量传感器或移动设备生成，也可从互联网和其他来源获取，包括数据库、文本、图像和视频等结构化和非结构化数据。它的核心价值在于存储和分析海量数据，而不仅仅是掌握大量数据信息本身。因此需要使用定制技术来存储、处理和分析这些数据，这些技术现在通常被称为“大数据技术”（WHO，2015）。

二、大数据在食品领域的应用

随着当今社会的发展，消费者的个性化食品需求不断增多，靠传统的食品科学和技术已日渐无法满足。大数据分析可以提供意想不到的信息和洞察力，帮助食品企业做出业务决策，以提高生产率，改善产品质量。新型的人工智能和大数据技术可以给食品供应链带来优化，给食品安全带来革命性变化，已经在食品风味匹配、食品安全、食品检测等方面取得了显著成效（Marvin et al.，2017）。

（一）个性化营销与推荐系统的应用

个性化营销是根据消费者的兴趣、偏好和行为特征定制的营销策略和推荐内容，通过大数据分析和人工智能算法实现个性化营销和推荐系统的应用。在大数据技术的帮助下，公司可以了解消费者的购买历史、偏好和行为，以提供个性化的产品推荐、定价策略和促销活动，从而提升消费者的购买体验和购买倾向性（Liao & Yang，2021）。推荐系统利用算法和模型，根据消费者的偏好和类似的消费行为，推荐符合其口味和需求的食品，以提高购买转化率和销售额。

数字资源 22-1

（二）消费者行为分析和预测

大数据可以帮助公司更好地了解消费者行为模式、消费者决策过程及购买动机。基于此，可以预测消费者行为趋势和偏好的改变。通过消费者行为分析，公司可以识别不同消费者群体的特征和需求，并优化产品定位、营销和渠道策略。预测消费者行为可以帮助企业做出更准确的库存管理、生产计划和供应链决策，提高运营效率和满足消费者需求的能力。通过应用个性化营销和推荐系统及消费者行为分析和预测，食品企业可以更好地了解消费者，提供个性化的产品和服务，提高消费者的满意度和忠诚度，从而在市场竞争中获得优势。

（三）大数据分析在供应链管理中的应用

大数据分析在食品供应链管理中占有重要地位。通过收集和分析大量的供应链数据，公司可以深入了解库存、采购、生产、分销等情况。大数据分析可以帮助企业优化供应链流程、提高运营效率、降低库存成本和缩短运输时间。实时监控和反馈机制通过物联网传感器和先进的数据分析提高供应链的可见性和响应速度，帮助及时发现和解决问题。这些先进的应用为提高供应链效率和减少食物浪费提供了强有力的支持。

数字资源 22-2　数字资源 22-3

第二节 技术原理与技术运用

一、大数据技术运用原理

大数据的运用需要前期大量的工作积累，以及使用过程中对数据的保护和不断地更新，每一步对于大数据的实际运用都具有至关重要的影响。

（一）数据收集

现在有很多具有有用信息的各种类型的数据源可以用于食品安全，如在线数据库、传感器数据、基因组数据和社交媒体数据。然而，数据的多样性也带来更多的挑战，很难识别数据源中的相关信息及与其他数据源的关系。表 22-1 中总结了食品领域常用的公共监管数据库。

表 22-1 公共监管数据库（引自 Tao et al.，2021）

数据库	数据描述	国家/地区	链接地址
进出口食品抽样	食品样品检验结果	中国	https://www.cfsn.cn/
消费数据库	消费习惯数据	欧洲	https://www.efsa.europa.eu/en/data-report/efsa-food-composition-db
进口食品抽样	食品样品检验结果	日本	https://www.mhlw.go.jp/content/11135200/000663987.pdf

（二）数据存储

从互联网、基因组学数据、社交媒体和传感器数据收集的大规模数据需要用 MySQL、Oracle、PostgreSQL 等数据管理软件实现数据的存储和管理，但是这些软件的灵活性和可靠性受到查询语言的限制。因此，现在研究人员经常使用 NoSQL 系统，如 MongoDB、Cassandra 和 HBase 等数据库。

（三）数据分析

在数据存储之后，需要将数据移入处理单元进行数据分析。Python 是食品领域进行数据分析常用的编程语言（Oliphant，2007）。Scikit-Learn 是一个用 Python 语言编写的机器学习模块。它集成了针对监督和非监督问题的广泛高级机器学习算法（Pedregosa et al.，2011）。类似地，PyTorch 是一个深度学习框架，它支持许多深度学习算法，并使用图形处理单元及其他框架（如 TensorFlow、Kera、MXNet）进行计算（Paszke et al.，2020）。

（四）数据可视化

R（Schumacker & Tomek，2013）和 Circos（Xiao et al.，2013）是现在两种最常用的数据可视化工具。R 是数据科学中广泛采用的一种开源编程语言，经常用于可视化和分析数据。Circos 可以使用圆形布局来可视化数据，并可以说明对象或位置之间的关系，已成为基因组染色体可视化的主要选择。

（五）数据安全

食品供应链是极为复杂的，其中的信息可靠性和数据安全性尤为关键。因此，区块链技术经常被用来保证数据在采集、存储和处理阶段的安全。区块链是基于其独特的基础设施构建的，包含数据层、网络层、共识层、激励层、合同层和应用层等机构。每一层执行一个核心功能，各层通过相互协作实现去中心化的信任机制（Wu & Tran，2018）。在食品安全研究领域，区块链技术主要应用于保证食品生产过程中产生的数据不被篡改，保障食品安全，加强食品溯源，增加消费者对食品安全的信任度。食品数据使用过程面临的挑战及应对技术见表 22-2。

表 22-2　食品数据使用过程面临的挑战及应对技术（引自 Tao et al.，2021）

运用环节	挑战	应对技术
数据收集	数据丢失、泄露和伪造	数据加密
数据储存	非法入侵造成数据泄露	储存加密、区块链
数据传输	数据泄露和损坏	数据加密、区块链及访问控制
数据使用	数据泄露和滥用	差别隐私保护
数据销毁	隐私泄露和破坏数据媒体	数据可信删除

二、食品领域中的大数据

（一）数据的常见来源

与食品有关的数据通常包括食物成分、理化性质和食品风味数据等。食品成分数据库主要关注食品的组成、营养成分和标签，如美国农业部（USDA）、欧洲粮食信息资源网（EuroFIR Aisbl）、联合国粮食及农业组织（FAO）等组织创建的食品成分数据库。FooDB 之类的食品理化性质数据库包含 70 000 多种食品中化合物的理化性质信息。食品风味数据库则是另一类专注于天然和合成风味分子性质的数据库。最著名的风味数据库之一 FlavorDB 包含 25 000 多种风味分子。

1．食物成分数据库　美国农业部创建的食品成分数据库 USDA Food Data Central，前身为 USDA 食品成分数据库，自 2019 年 10 月 1 日起开放访问。这是一个以研究为重点的综合数据系统，含有基础食品数据库、2017 年膳食研究食品和营养数据库（FNDDS）、2018 年国家标准参考遗产发布营养数据库（SR Legacy Foods）、美国农业部全球品牌食品数据库（Branded Foods）和实验食品数据库等 5 个用途和属性不同的数据集。其中既包括一系列单一食品和配料的营养分析数据，也包括食品行业自愿提交的各种品牌食品信息。研究人员可以使用这些数据制定饮食指南或膳食计划，也可以深入地了解与食品成分有关的因素，如不同加工储藏条件下的食品成分变化（McKillop et al.，2021）。

2．食品理化性质数据库　FooDB 可能是关于食品理化性质最全面的在线数据库之一（https://foodb.ca）。它是由加拿大卫生研究院（CIHR）、加拿大创新基金会和代谢组学创新中心（TMIC）联合建立的。其中每种食品成分的化学信息数据来自教科书、科学期刊、在线食品成分或营养数据库、风味数据库和一些代谢组学数据库。FooDB 收录了 70 000 多种化合物和近800种食物，详细记录了它们的化学信息、分类、物理化学性质和光谱。除了信息搜索，FooDB中的数据还可以与其他工具相结合，用来研究食品中可能的生物活性物质，并预测这些化合物与人体靶蛋白的相互作用，助力用户研究和开发新的药物与功能性食品。

3. 食品风味数据库 FlavorDB是由印度德里信息技术研究所计算生物学中心开发的一个在线数据库，旨在整合食品风味的多维信息。其中的风味数据来源于Fenaroli的风味成分手册、FooDB在线数据库、arxiv预印本服务和文献调查等资源。FlavorDB网站上总共记录了25 595种与食品风味相关的分子，并提供每个分子的基本特性、官能团、物理化学性质、2D/3D性质和药物动力学性质（Garg et al.，2018）。

（二）用于食品科学研究的大数据算法

在过去的几十年里，许多机器学习和深度学习算法已经在食品科学的研究中得到广泛的应用。其中机器学习指的是一套广泛的算法，可以自动检测数据中的模式，然后使用这些模式进行预测。常用的方法包括支持向量机、随机森林和基于决策树的算法。深度学习被认为在许多领域更强大和更适用。自动从输入数据集中提取特征，使其在从大规模数据集中发现重要信息时更加高效和准确。递归神经网络、卷积神经网络和图卷积神经网络都是常用的深度学习方法。以下阐述了6种常用的机器学习和深度学习方法，以及其在食品数据分析中的潜在应用前景。

1. 支持向量机 支持向量机（SVM）是一种被广泛应用于模式识别、分类及回归分析的监督学习模型。该算法的核心是通过将样本映射到高阶特征空间，找到一个超平面，使得样本点到这个超平面的最小距离（即间隔）最大化，并将数据集中的样本划分为不同的类别，可用于食品图像识别、生物信息学分析等场景。尽管SVM在处理大规模数据集时可能会遇到计算和存储上的挑战，但它因具有强大的分类性能和良好的泛化能力而受到青睐（Karamizadeh et al.，2014）。

2. 决策树 决策树（DT）是一种直观且常用的机器学习算法，用于分类和回归任务。它通过树状结构来表示决策过程，每个内部节点代表一个属性的测试，每个分支代表一个测试结果，而每个叶节点代表最终的决策（分类）或输出值（回归）。研究者可利用决策树进行食品品质分级、风味预测、加工过程控制等。决策树模拟了人的决策过程，模型可解释性强，易于理解和实现。然而，决策树方法容易过拟合、对噪声和异常值敏感。因此在实际应用中，决策树通常与随机森林等其他算法结合使用（Michele Fratello，2018）。

3. 随机森林 随机森林（random forest，RF）是一种集成学习算法，它通过构建多个决策树来进行分类或回归预测。随机森林的核心思想是“集思广益”，即利用多个决策树的预测结果提高整体模型的性能和准确性。相比于决策树，随机森林能够更好地处理大型数据集，但它对于算力等资源的要求更高，耗时也更长（Michele Fratello，2018）。

4. 递归神经网络 递归神经网络（recursive neural network，RNN）是具有一个或多个反馈环的人工神经网络，其核心思想是利用递归的方式对数据结构进行处理。递归神经网络特别适合处理具有树状结构的数据，如自然语言句子的语法树。可以利用这一特性将其应用在食品推荐系统中，有效地捕捉食品之间的层次化关系，如类别和子类别，以提供更准确的推荐。计算效率较低、训练难度较大是应用中需要克服的难题（Salehinejad et al.，2017）。

5. 卷积神经网络 卷积神经网络（convolutional neural network，CNN）是一种由多个

层次组成的深度学习模型，在计算机视觉任务中占主导地位。通常卷积神经网络方法由卷积层、池化层（pooling layer）、全连接层（fully connected later）和输出层等多个层次组成（Yamashita et al.，2018）。该算法适用于食品的图像识别、视频分析、危害物评估、生物标记物的发现等研究领域，未来可以在食品质量检测、安全监控等方面发挥更大的作用。

6．图卷积网络　图卷积网络（graph convolutional network，GCN）是一种专门用于处理图结构数据的神经网络架构。它使用加权节点来做出模仿脑神经网络的决策，从而生成对物理系统的预测，提供有关现实世界实体及其属性的准确信息。例如，研究者可利用图卷积网络从简单的图结构描述中提取特征，对食品中功能性成分的性质进行预测。研究人员也可以对蛋白质-蛋白质相互作用进行建模来预测功能（Lee et al.，2022）。

第三节　未来趋势与展望

大数据技术现在被广泛应用于食品部门，包括生产、销售和消费的许多方面。虽然大数据技术可以带来许多好处，如提高生产效率、改进营销策略、提升产品质量，但也有一些问题。这些问题包括数据隐私问题、质量控制问题和偏见问题。在大数据分析的过程中，必须收集和分析大量的数据，包括消费者的个人信息、行为和偏好。这些数据可能会被非法获取和滥用，给消费者带来隐私泄露的风险。虽然大数据分析可以帮助生产商更好地了解消费者的偏好和需求，但有时可能会导致生产商过度强调市场需求，而忽视产品质量和安全，从而对消费者构成健康风险。大数据分析基于历史数据，用于做出预测和分析，因此可能存在一些偏差。如果生产商仅根据数据分析做出决定，而不考虑其他因素的影响，最终的决定可能是错误的或有风险的。

大数据技术的高速发展和在食品领域的全面应用，需要在以下方面努力。首先是基础设施的建设和知识的普及。对于缺乏背景知识的人来说，需要时间来接受大数据技术，如区块链。此外，还要继续建设能够满足这些技术的基础设施，如更为丰富的数据库、算力更大的计算中心等。美国、欧盟和中国已经建立了超级计算中心、高性能计算基础设施和云计算，以支持大数据研究。利用云计算技术对食品领域中的大数据进行研究仍处于起步阶段。其次是新技术的实施。大数据、人工智能和区块链在食品行业的应用有一定的难度，其中一个原因是这些技术的开发成本很高。如何降低成本，扩大竞争优势是未来研究的一个重点。最后是兼容性和标准化。这些系统跨行业的兼容性和标准化在系统的实际应用中非常重要。这些架构需要构建以支持行业解决方案之间的可解释性保护，实现协作信任和信息共享。因此，不同系统的兼容性和标准化是另一个挑战。

在未来，大数据可以与物联网、人工智能、云计算及决策支持系统等其他技术工具相结合，从而大大提高大数据技术在农业食品行业的运用价值。随着技术的不断进步，我们可以探索更先进的深度学习算法来提高食品领域的检测精度，加速食品行业各种技术的发展，推动食品行业向着智能化的方向发展。

思　考　题

1．简述大数据在食品领域中的运用。

2．大数据在食品领域中的进一步运用所面临的挑战有哪些？

3．大数据对食品科学领域的发展带来了哪些影响？

主要参考文献

Garg N, Sethupathy A, Tuwani R, et al. 2018. FlavorDB: a database of flavor molecules. Nucleic Acids Research, 46 (D1): D1210-D1216

Karamizadeh S, Abdullah S M, Halimi M, et al. 2014. Advantage and Drawback of Support Vector Machine Functionality. Langkawi: 2014 International Conference on Computer, Communications, and Control Technology (I4CT): 63-65

Lee S, Lee M, Gyak K W, et al. 2022. Novel solubility prediction models: Molecular fingerprints and physicochemical features vs graph convolutional neural networks. ACS Omega, 7(14): 12268-12277

Liao S H, Yang C A. 2021. Big data analytics of social network marketing and personalized recommendations. Soc Netw Anal Min, 11: 1-19

Marvin H J, Janssen E M, Bouzembrak Y, et al. 2017. Big data in food safety: An overview. Crit Rev Food Sci Nutr, 57: 2286-2295

McKillop K, Harnly J, Pehrsson P, et al. 2021. Food Data central, USDA's updated approach to food composition data systems. Current Developments in Nutrition, 5: 596

Michele Fratello R T. 2018. Decision trees and random forests. Encyclopedia of Bioinformatics and Computational Biology: ABC of Bioinformatics, 1: 374-383

Oliphant T E. 2007. Python for scientific computing. Comput Sci Eng, 9: 10-20

Paszke A, Gross S, Massa F, et al. 2020. PyTorch: An imperative style, high-performance deep learning library. Vancouver: Conference on Neural Information Processing Systems: 7960-8760

Pedregosa F, Varoquaux G, Gramfort A, et al. 2011. Scikit-learn: Machine learning in Python. J Mach Learn Res, 12: 2825-2830

Salehinejad H, Sankar S, Barfett J, et al. 2017. Recent advances in recurrent neural networks. https://arxiv.org/abs1801.010078 [2025-04-10]

Schumacker R, Tomek S. 2013. Understanding Statistics Using R. Cham: Springer Science & Business Media

Tao Q, Ding H, Wang H, et al. 2021. Application research: Big data in food industry. Foods, 10(9): 2203

WHO. 2015. Guidance Document for the Integration of Data in FOSCOLLAB. Geneva: World Health Organization

Wu J, Tran N K. 2018. Application of blockchain technology in sustainable energy systems: An overview. Sustainability, 10: 3067

Xiao M, Prabakaran P, Chen W, et al. 2013. Deep sequencing and Circos analyses of antibody libraries reveal antigen-driven selection of Ig VH genes during HIV-1 infection. Exp Mol Pathol, 95: 357-363

Yamashita R, Nishio M, Do R K G, et al. 2018. Convolutional neural networks: An overview and application in radiology. Insights Into Imaging, 9(4): 611-629

第二十三章　智能食品工厂

智能食品工厂（smart food factory，SFF）是在人工智能、物联网和自动化技术不断发展的背景下，通过智能机器人、自适应控制系统和智能生产计划系统等物理技术与网络技术高度整合来更好地适应市场个性化要求的新一代食品工厂。本章概述了智能食品工厂的主要组成、核心技术及原理，分析介绍其在承接未来食品智能加工新技术中的重要角色和发展方向。

本章思维导图

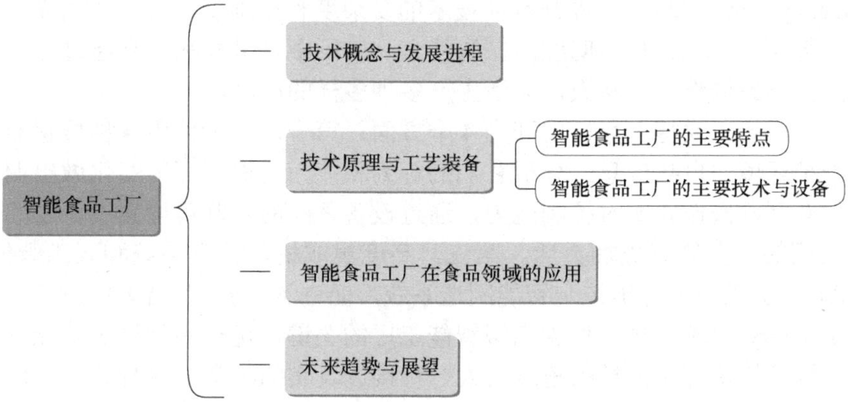

第一节　技术概念与发展进程

智能工厂的概念最早源自德国在 2010 年发起的工业 4.0 技术倡议，是智能制造的核心内容，旨在通过互联网和物联网技术实现工业生产的革命性变革。虽然一些世界领先制造商已开始实施智能工厂的转型升级，但大多数公司仍然缺乏相关认知和技术资源。智能食品工厂是智能工厂概念在食品工业的具体形式，是不同于传统食品工厂及其加工制造模式的一种新型工业形态（Shi et al.，2020）。

虽然食品制造具有统一的目标，即在确保食品安全、营养价值、风味/香气、口感/质感、保质期及可持续发展的前提下，将农产品等主要原料转化为食品产品的过程，但食品产品差异大，品质易劣变流失。食品工厂需要稳定地为人类提供生活必需品，同时也受到人类消费、收入与人口变化等对于其营销、研发和供应链的多重影响。因此食品工厂实际生产面临的问题较复杂，需要全面考虑产品、工艺及消费者不断变化的需求。其中可能出现的实际问题列举如下：①加工制造过程能源的利用率如何？②加工后产生了多少废料？③操作人员能否快速将控制系统的故障恢复？④不同原料在生产设备中的运行情况如何？⑤检测方法对于不同批次产品的重复性如何？⑥能否及时按需追溯物料的来源或流向？这些问题都需要基于相应的技术知识和获取数据信息来解决。例如，检测员取样核验加工后产品质量、大小、水分含量、营养成分或感官品质等指标，再根据结果决定是否达到合格标准（Wetzel & Damsgard，

2020）。这些问题在智能食品工厂中可能以更新颖的方式更高效地得以解决。2023 年，我国规模以上食品工业企业数量超过 4 万家，占全国规模以上工业企业数量的 8.4%，食品工业增加值占全国的比例达到 5.9%，占据国民经济生产的重要地位。但目前食品工厂在自动化到智能化阶段的升级还处于萌芽阶段，需要大量的研发技术投入。

第二节 技术原理与工艺装备

一、智能食品工厂的主要特点

智能食品工厂是一个由互联、协作和执行组成的工程系统，其架构包括物理资源层、网络层、数据应用层和终端层。智能工厂的主要共性特点是基于物理和网络技术系统（cyber-physical system，CPS）来提升具体技术的复杂度和精确度，可以大幅提高制造过程的性能、质量、可控性、管理和透明度。在智能食品工厂中，机器和产品通过工业无线网络相互通信和协商，不断调整配置参数，灵活生产多种多样的产品。

智能食品工厂的主要特点可以展开为 4 个方面：第一，大量使用各种传感器，通过自组织、学习和维护环境与自身信息，分析它们的行为和能力，根据环境变化做出调整行动的决策。第二，具有互联操作和实时控制能力，通过设备之间的互联可增强设备之间的协调，并使生产模块之间的配置协议更加灵活。第三，高度集成机器视觉系统和人工智能（artificial intelligent，AI），员工将更好地控制智能制造系统，促进 AI 与人类智力的融合。第四，虚拟现实（virtual reality，VR）技术作为高级智能工厂的关键，进一步促进了智能食品工厂的人机整合，VR 技术从感官和视觉的角度给人一种接近真实的感觉，这种智能界面是智能制造的一个显著特征（Shi et al.，2020）。

二、智能食品工厂的主要技术与设备

（一）智能食品工厂的主要技术

与传统食品工厂相比，智能食品工厂采用的食品加工技术差别不大，但生产制造的方式和 CPS 的应用却是颠覆式的革新，其主要技术基于工业化 4.0 的核心技术，可以大体总结为七大类别（表 23-1）。本部分主要对人工智能、物联网及机器人与自动化 3 项关键技术进行介绍和案例分析。

表 23-1 智能食品工厂的主要革新技术（引自 Hasnan et al.，2018）

技术	具体介绍
物联网技术（internet of things）	物联网是指互联设备和传感器在互联网上收集和交换数据的网络。在工业 4.0 中，物联网使物理机械和数字系统相互整合，实现工业过程的实时监控、控制和优化
人工智能（AI）	人工智能主要包括机器学习、深度学习和自然语言处理，在工业 4.0 中发挥着关键作用，使机器能够分析数据、自主决策和从经验中学习，增强了生产效率和创新能力
机器人与自动化（robotics and automation）	自动化重复性任务，提高精度，并增强制造过程的灵活性。此技术减少了劳动成本，提高了安全性，并缩短了生产周期
大数据与分析技术（big data and analytics）	从多个不同来源记录的大数据集中确定风险、提供解决方案和预防控制措施，并根据这些数据预测新问题的出现

续表

技术	具体介绍
云计算（cloud computing）	云计算允许数据在连接的设备之间及在同一生产线上的产品之间进行共享，随后在眨眼之间开始执行不同任务，实现了实时协作、远程监控和全球连接
网络安全（cybersecurity）	网络安全措施包括加密、身份验证和入侵检测系统等，提供可靠的通信、身份验证和访问控制，以防范网络威胁、数据泄露和恶意攻击
增强现实（augmented reality，AR）和虚拟现实（VR）	AR 和 VR 技术分别将数字信息叠加到现实世界中或创建沉浸式的虚拟环境，增强了培训、维护和可视化任务，提高了工人的生产率、准确性和安全性

（二）物联网技术与设备

物联网技术的核心是传感器，在食品加工中用于感知食品原料、加工条件或环境中的温度、湿度、压力、光照等参数。一方面，各类传感器将感知到的数据转换为数字信号，并通过无线或有线网络传输到物联网平台。另一方面，物联网设备之间及物联网设备与云平台之间需要进行数据传输和通信，这通常采用无线通信技术如无线保真（Wi-Fi）、蓝牙或以太网等。在 5G 技术的快速发展下，通信技术能够确保数据的高速、稳定、低延迟传输。

传感器技术的典型例子是射频识别（RFID）技术，其工作原理可以简单概括为：读写器发送射频信号，RFID 标签接收到信号并回应，读写器接收并解码标签的回应信号，将数据传输到后端数据库系统进行处理和存储。在食品包装上搭载 RFID 标签可以记录食品生产批次、日期、地点、运输轨迹等信息，便于追踪食品的整个生产过程，提高食品安全和质量追溯的效率。此外，RFID 技术可以用于实时监测食品库存情况，对食品进行身份识别和真伪鉴别等。

数字资源 23-1

（三）人工智能技术与设备

传统食品工业为劳动密集型产业，人工智能取代重复的人工劳动一直是一项重要研究目标。人工智能在食品中最关键的应用技术为机器学习（machine learning，ML）、深度学习（deep learning，DL）和自然语言处理（natural language processing，NLP）等。可以帮助提高生产效率、优化生产流程、提升产品质量，并且能够更好地满足消费者的个性化需求。

1. 机器学习　机器学习是一种让计算机系统通过学习数据和模式来改进性能的方法，通过训练算法来识别数据中的模式和趋势，从而能够做出预测或决策。在食品制造加工中，可以利用机器学习算法来分析生产数据，识别生产线上的潜在问题，并采取措施避免或减少不良品的产生等。

2. 深度学习　深度学习是机器学习的一种特殊形式，它模仿人类大脑的神经网络结构，通过多层次的神经元网络进行数据处理和学习。深度学习在食品制造加工中可以用于图像识别、声音识别和自然语言处理等任务。例如，可以利用深度学习算法对食品制造过程中的图像进行分析，检测产品的外观缺陷或污染物。常用的深度学习算法主要有人工神经网络（artificial neural network，ANN）、卷积神经网络（convolutional neural network，CNN）、递归神经网络（recursive neural network，RNN）等（图 23-1）。

3. 自然语言处理　自然语言处理是一种使计算机能够理解、解释和生成自然语言文本的技术。可以利用自然语言处理技术对消费者反馈进行情感分析，了解消费者对食品产品

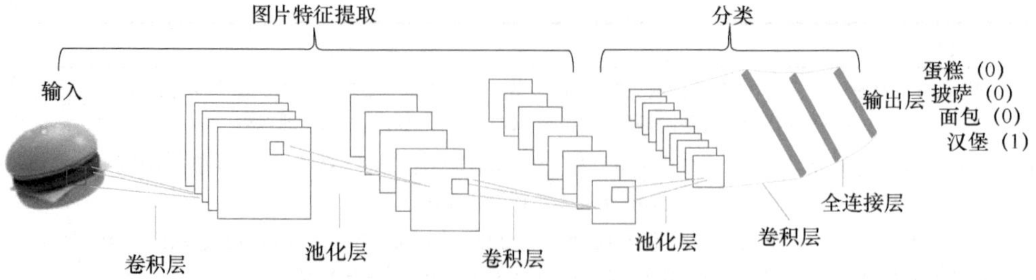

图 23-1 一种典型的卷积神经网络模型（引自姚仁朋等，2024）

的态度和反应，从而指导产品改进和市场营销策略的制定。

（四）机器人与自动化技术及设备

智能食品工厂要求机器可以高效效仿人的操作，进行分装、拾取、包装甚至检测，目标是完成更复杂和更精确的机械动作。当下的工厂生产即便可以实现较大程度的自动化，但难以适用于不同形状和结构的原料，同时保证较低的能耗和物料损耗。目前食品工厂已有应用，但还可以进一步提升的自动化技术与设备主要包括：自动传送带、包装机、调配机等；可以监测和调节温度、湿度、压力等的智能控制系统；实时采集和分析生产数据，提供生产状态监控和加工过程优化建议的数据分析系统；通过自动化货架、自动导引车（AGV）、机器人等设备实现原材料和成品的自动存储、取货和搬运的智能仓储系统。

有待于实现应用的技术与设备主要包括柔性机器臂、协作机器人等。工业机器臂能够提供高位置精度和高运动速度，但通常成本较高。目前食品厂中最常用的机器人末端执行器是吸盘，它们价格低廉且操作简单。然而许多食品柔软潮湿，或容易被二次污染，无法使用吸盘完成。因此，在大量原料前处理和最终分装时还需要人工执行。另外，将协作机器人整合到食品加工行业中可以改变行业格局，这种机器人配有安全传感器，可以安全地与人类劳动者合作，进行大量人机交互，提高效率。

数字资源 23-2

第三节　智能食品工厂在食品领域的应用

智能食品工厂是核心加工模式的整体升级，可能被应用于食品实际生产制造中的各个方面。例如，包装设备的运行维护预测对生鲜食品生产十分关键，因为卫生安全要求标准较高，一旦发生故障导致停机，会导致产品的大量浪费，因此是工业 4.0 中对生产成本控制和过程优化的关键步骤。

案例 23-1

基于机器学习和工业物联网架构的工厂包装生产效率预测

通过深度学习方法建模，以自动纸箱灌装机为研究对象，收集机器历史数据（包括报警次数及原因、生产状态等参数）进行分析，预测生产过程中的机器机械效率（machine mechanical efficiency，MME）和机器整体效率（overall equipment effectiveness，OEE）指数，可以实现对生鲜食品包装设备的生产效率预测。

利用物联网框架实时监控生产设备（图 23-2），针对 6 台机器的 18 个月数据进行分析，获取工艺设置、包装设备故障警报数据等。以日粒度形成训练数据集，包括 MME、OEE、生产时间、清洗时间、停机时间等指标。采用长短期记忆（long short time memory，LSTM）递归神经网络、时域卷积网络和 TCN（temporal convolutional network）两种算法，构建了 12 组模型来预测 MME 和 OEE，逐渐增加特征数量，并使用均方根误差评估模型性能。结果表明，TCN 算法稍优于 LSTM，尤其是在特征数量更多的情况下。这一创新方法为设备供应商提供了成本最小化和提高可持续性的见解，促进了远程监控和基于物联网的食品智能工厂解决方案开发。此外，这也标志着未来预测分析的转变，有助于监管者深入了解设备状态，并推动先进数据分析在智能工厂中的广泛应用（Brunelli et al.，2019）。

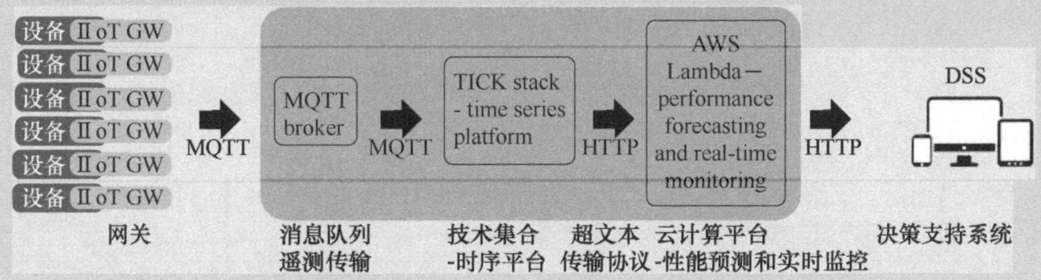

图 23-2　包装设备的物联网架构示意图（引自 Brunelli et al.，2019）

第四节　未来趋势与展望

智能食品工厂是食品加工形式必然的发展方向，可以大幅提升当前食品制造的规模、效率和安全性。然而，传统工厂的智能化升级还需要一个发展过程，尤其对于中小企业居多的食品工业，如若不能确定场景适用的具体技术及可控的成本投资，大多数还会长期保持观望态度。同时，智能食品工厂还需要更多智能化技术的专业人才和开发友好且容易上手的操作界面。在未来发展方向上，一方面跟随人工智能、物联网和大数据技术的整体发展，另一方面还需要对食品加工适用的智能化技术进行深入研究，建立海量数据的不同食品数据库及针对复杂食品体系的专用技术体系。

思　考　题

1．简述智能食品工厂的概念。
2．RFID 技术的基本原理是什么？
3．机器学习在食品工厂中的应用有哪些？

主要参考文献

姚仁朋，孟瑞锋，孙玉敬，等．2024．机器学习在食品工业中的应用．中国食品学报，24（1）：350-363

Brunelli L, Masiero C, Tosato D, et al. 2019. Deep learning-based production forecasting in manufacturing: A packaging equipment case study. Procedia Manuf, 38: 248-255

Hasnan N Z N, Yusoff Y M. 2018. Short review: Application areas of industry 4.0 technologies in food processing sector. Singapore City: 2018 IEEE Student Conference on Research and Development (SCOReD): 1-6

Konur S, Lan Y, Thakker D, et al. 2023. Towards design and implementation of Industry 4.0 for food manufacturing. Neural Comput Appl, 35(33): 23753-23765

Shi Z, Xie Y, Xue W, et al. 2020. Smart factory in industry 4.0. Syst Res Behav Sci, 37(4): 607-617

Wang S, Wan J, Li D, et al. 2016. Implementing smart factory of industrie 4.0: an outlook. Int J Distrib Sens N, 12(1): 3159805

Wetzel J, Damsgard C. 2020. Smart manufacturing in the food industry. Smart Manufacturing, DOI:10.1016/b978-0-12-820028- 5.00001-1

Zuo J, Feng J, Gameiro M, et al. 2022. RFID-based sensing in smart packaging for food applications: A review. Future Foods, 6: 100198